Ralf Herbold

Technische Praxis und wissenschaftliche Erkenntnis.
Soziale Bedingungen von Forschung und Implementation im Kontext der Wissensgesellschaft

Libri Books on Demand

Das vorliegende Buch ist als »Book on Demand« über die neue Digitaldrucktechnologie hergestellt worden und über den klassischen Buchhandel und Internet-Buchhandlungen zu beziehen.

Für sein innovatives Technologiekonzept »Libri Book on Demand« erhielt der Hamburger Buchgrossist Libri, der dieses Buch gedruckt hat, den Smithsonian Award 1999 in der Kategorie »Manufacturing«.

Weil Books on Demand elektronisch gespeichert und erst auf Bestellung gedruckt werden, sind sie nie vergriffen.

Oktober 2000
Herstellung: Libri Books on Demand
Hamburg
Printed in Germany   ISBN 3-8311-0813-7

Inhalt

Vorwort 7

Einleitung 9

1	Zum Verhältnis von Wissenschaft und Gesellschaft	17
1.1	Vorbemerkung	17
1.2	Beobachtungen	19
1.3	Legitimation der Wissenschaft	28
1.3.1	Die Vereinbarkeit von Religion und innerweltlichem Lernen	33
1.3.2	Die Rationalisierung des Verhältnisses von Naturphilosophie und Religion	41
1.3.3	Aspekte der Entwicklung autonomer Wissenschaft	52
1.3.4	Modernisierung und Verwissenschaftlichung	57
1.3.5	Verwissenschaftlichung der Politik	68
1.3.6	Angewandte Wissenschaft und Folgenkritik	78
1.4	Zusammenfassung	87
2	Experimente	91
2.1	Experiment, rationalistisch	93
2.2	Experiment, praktisch-kontextuell	105
2.2.1	Relativismus	107
2.2.2	Sozialkonstruktivismus	118
2.3	Synthesen	120
2.4	Das Labor	127
2.4.1	Grenzziehungen	128
2.4.2	Entgrenzungen	129
2.4.3	Politische Steuerung der Technikfolgen	132
2.4.4	Die Vergesellschaftung von Erkenntnisrisiken	133
2.5	Anschlüsse	139
3	Experimente mit Abfall	143
3.1	Die Abfallbeseitigung als politisches Problem	147
3.1.1	Entsorgung und Regulation	151
3.1.2	Die Kompostierung: Erste technische Schließung	156
3.1.3	Defensive Normung	162

3.2	Die technische Lösung als Experiment	171
3.2.1	Abfallrecht	176
3.2.2	Die Entwicklung der Abfallwissenschaft	182
3.2.3	Deponieforschung	194
3.2.3.1	Messtechnik	195
3.2.3.2	Deponiekonzeption	199
3.3	Technikgenese und Gesellschaft	206
3.3.1	Implizite Normung	207
3.3.2	Technische Konzepte als experimentelle Aufbauten	211
3.3.3	Schließung: Wissenschaftliche und politische Interessen	217
3.4	Zusammenfassung	228
4	Zum Verhältnis von Wissenschaft und Gesellschaft in der Wissensgesellschaft	235
4.1	Ambivalenzen im Verhältnis von Wissenschaft und Gesellschaft	237
4.2	Abfallbeseitigung und Risikomanagement	247
4.3	Fazit	260
Literatur		265

Verzeichnis der Abbildungen

Abb. 1:	Gründungen wissenschaftlicher Vereinigungen zwischen 1560 und 1799	51
Abb. 2:	Angewandte Beseitigungsverfahren deutscher Städte mit mehr als 20.000 Einwohnern 1954-1961	156
Abb. 3:	Artikel zu den Abfallbeseitigungsverfahren in der Zeitschrift „Der Städtetag" 1954-1961	157
Abb. 4:	Zentralisierung der Abfallbeseitigung anhand der Anlagenzahl	180
Abb. 5:	Lehrpersonal im Bereich Abfall an deutschen Universitäten und Fachhochschulen	187
Abb. 6:	Artikel zum Thema Abfall in „Der Städtetag" 1949-1997	188
Abb. 7:	Artikel zu den Abfallbeseitigungsverfahren in der Zeitschrift „Der Städtetag" 1962-1972	189
Abb. 8:	Artikel zum Thema Abfall in „Wasser und Boden" 1949-97	190
Abb. 9:	Artikel zum Thema Abfall in „Der Spiegel" 1949-1997	191
Abb. 10:	Übersicht über die Gründung von Periodika im Abfallbereich	193
Abb. 11:	Merkmale klassischer und moderner Entsorgungssysteme	228

Vorwort

Das vorliegende Buch ist eine überarbeitete Fassung meiner im Dezember 1999 von der Fakultät für Soziologie der Universität Bielefeld angenommenen Dissertation. Entstanden ist es in mehreren Forschungsprojekten zu modernen Technisierungsprozessen in unterschiedlichen empirischen Feldern, die am Institut für Wissenschafts- und Technikforschung der Universität Bielefeld (IWT) durchgeführt worden sind. Als dessen Leiter hat mich Günter Küppers großzügig organisatorisch und persönlich unterstützt.

Zu danken habe ich verschiedenen Kollegen am IWT, die Teile der Arbeit gelesen und kritisch kommentiert haben, besonders aber Jupp Asdonk und Ralf Wienken sowie Michael von Bach, der mir bei der Erstellung des Manuskripts tatkräftig geholfen hat.

Über dieses hinaus hat mich Uli Kowol über Jahre hinweg nicht nur mit seiner Kritik unterstützt, sondern mir auch mit Rat und Tat zur Seite gestanden. Hervorheben muß ich auch die Unterstützung durch Niklas Luhmann, der mir Sicherheit in schwierigen Phasen der Arbeit vermittelt hat, sie aber leider nicht mehr zu Ende betreuen konnte. Der Einfluß von Wolfgang Krohn auf die Arbeit ist so evident, dass ich dies nicht besonders herausstreichen muß.

Meiner Frau Inga Jesinghaus und unserer Tochter Laura bin ich sehr dankbar für Rückhalt und Unterstützung.

Bielefeld, im Oktober 2000

„Today, the only possible alternative to the belief in progress would be total despair."
(Sidney Pollard 1971: 205)

„Let us redefine progress to mean that just because we can do a thing it does not necessarily follow that we must do that thing."
(Aus der Ansprache des Präsidenten der United Federation of Planets in dem Science fiction-Film „Star Trek VI: The Undiscovered country" von 1991)

1 *Einleitung*

Die diesen beiden Zitaten zugrundeliegende Fortschrittsvorstellung ist auf den ersten Blick sehr ähnlich. In beiden Fällen gilt die wissenschaftlich-technische Entwicklung als die wesentliche Quelle für einen kontinuierlichen, aber nicht ontologisch gedachten Fortschritt. Diese Vorstellung ist keine säkularisierte Form der Offenbarung mehr, der moderne Fortschrittsglaube nährt sich vor allem aus der Überzeugung, dass eine weitere Verbesserung der menschlichen Lebensbedingungen kontinuierlich erfolgt. Es liegt auch kein zyklisches Entwicklungsmodell zugrunde, das immer wieder hohe Konjunktur hat, obwohl es bereits Hume und Smith überwunden hatten. Die wesentliche Differenz liegt in einem anderen Bereich. Die Herausforderungen an die Fortschrittsidee sind nach Pollard bestimmte Folgen der Modernisierung wie der Verlust an (religiöser) Orientierung und die Unsicherheit darüber, ob das westliche Modell dem Wort „Entwicklungsland" überhaupt noch den Sinn verleihen kann, vor allem aber die Tatsache, dass zwei Weltkriege und die Entwicklung totalitärer Systeme es zweifelhaft erscheinen lassen, ob die gesellschaftliche Entwicklung mit dem wissenschaftlich-technischen Fortschritt mithalten kann. Eine gewisse Ratlosigkeit ist festzustellen, auf die das obige Zitat trotzig reagiert. Der Verweis auf die Fortführung der Aufklärung, mit der die parallele Entwicklung von wissenschaftlich-technischem und gesellschaftlichem Fortschritt geleistet werden kann, bleibt als Hoffnung. Interessanterweise wird von Pollard gerade hier auf die Science fiction-Literatur verwiesen, die darauf pessimistisch reagiert und ein Szenario des Missbrauchs technischer Entwicklungen durch den Menschen ausmalt, wie er bei allem

Verständnis für genrespezifische Notwendigkeiten verärgert feststellt.

Fortschritt ist für ihn ein unumkehrbarer Prozess, dessen Geschwindigkeit im Wesentlichen durch die Wissenschaft vorgegeben ist; die Erfahrungen der Ungleichzeitigkeit von technischem und sozialem Fortschritt erklären sich vor allem aus dem unterschiedlichen Zugriff der Naturwissenschaften und Sozialwissenschaften auf ihren jeweiligen Objektbereich und den sich daraus ergebenden Bedingungen der Erzeugung von anwendungsfähigem Wissen. Neben der Wissenschaft ist ihm vor allem noch die Politik ein Garant des Fortschritts, indem sie sozialwissenschaftliches Wissen - trotz seiner Reflexivität - anwendet. Fortschritt der Wissenschaft und Technik, so die Überzeugung, wird auf Dauer einen gesellschaftlichen Fortschritt erzeugen; die Voraussetzung dafür liegt in der Bereitschaft der Gesellschaft, daran auch zu glauben.

Knappe Ressourcen und die Grenzen des Wachstums gefährden die Basis dieser Vorstellung. Der in dem klassischen liberalen Wirtschaftsmodell entwickelte Fortschrittsbegriff basiert bekanntlich auf der Annahme einer kontinuierlichen Ausweitung von sozial begründeten Bedürfnissen, deren Befriedigung eine unbegrenzt ausbeutbare Natur voraussetzt. Das Problem liegt dann nicht länger allein im Nachweis eines sozialen Gegenparts zur wissenschaftlich-technischen Entwicklung, sondern in der Möglichkeit eines quantitativen Wirtschaftswachstums. Damit gerät das evolutionäre Fortschrittsmodell an seine Grenzen. Auf die in den Blick geratende Notwendigkeit einer qualitativen Erklärung des Fortschritts verweist das Zitat aus dem Science fiction-Film. Dabei wird der Politik - wie bei Pollard - eine besondere Rolle zugewiesen.

Woher stammen eigentlich die Impulse, die Selbstgefährdung des Menschen durch seine gestiegenen Möglichkeiten zur Beherrschung der natürlichen Umwelt zu thematisieren? Und: Wer beeinflusst die Richtung des technisch-wissenschaftlichen Fortschritts? Die Soziologie bearbeitet diese Fragen unter den Stichworten Risiko und Technikgenese. Risiken werden dabei - ähnlich den Bedürfnissen des liberalen Fortschrittmodells - als soziale Konstruktionen begriffen, die das Ergebnis von Thematisierungen innerhalb der Gesellschaft sind. Dass dabei die Wissenschaft eine große Rolle spielt, ist evident angesichts der Verwissenschaftlichung der Gesellschaft. Nur ist damit noch keine Richtung für politische Entscheidungen vorgegeben. Die Rationalität der gesellschaftlichen Teilsysteme, durch Offe(1975) prägnant auf den

Begriff „*Interesse des Staates an sich selbst*" gebracht, legt es nahe, handlungsgenerierende politische Selbstalarmierung nur dann für wahrscheinlich zu halten, wenn genau dieses Eigeninteresse berührt wird, wofür es verschiedene Auslöser geben kann. Einer liegt im Bereich der Technikentwicklung. Die soziologische Technikforschung betont hier die Verkopplung technischer Innovation und Implementation mit sozialen Anpassungen und Verwendungsweisen, die dem Fortschrittsbegriff der beiden obigen Zitate nur wenig entspricht. Es geht dabei nicht darum, etwas zu entlarven, was an sich selbstverständlich ist, nämlich dass Technik sozial konstruiert ist und nicht unabhängig von der Gesellschaft konzipiert werden darf, wie sich dies MacKenzie/Wajcman (1985) vornehmen. Vielmehr geht es darum, den Entwicklungs- und Implementationsprozess von Technik und die sozialen Anpassungen an sie und vice versa, die vielfältigen organisatorischen Probleme, die es dabei zu bewältigen gibt, vor allem aber die teilweise nur unvollständig vorhersehbaren Nutzungen und gesellschaftlichen Einstellungen zu technischen Systemen zu untersuchen. Die Technikgeneseforschung wirft deshalb auch einen besonderen Blick auf den Bereich der soziotechnischen Systeme. Damit kommen neben der Wissenschaft, Wirtschaft und Politik noch weitere Akteure ins Spiel, die Einfluss auf die technische Entwicklung haben. Im Bereich der Risiken sind dies z.B. Gerichte, aber auch die sog. neuen sozialen Bewegungen.

Eines dieser soziotechnischen Systeme steht im Mittelpunkt dieser Arbeit, die Abfallentsorgung. An dem Fallbeispiel soll herausgearbeitet werden, welchen Einfluss gesellschaftliche Entwicklungsvorstellungen, die aus dem Widerstand gegen Standortentscheidungen entstanden sind, auf Veränderungen von technischen Artefakten und auf komplexe Entsorgungsstrukturen genommen haben. Der Abfallbereich bietet sich für eine Untersuchung derartiger Einflüsse aus verschiedenen Gründen an. Zum einen deshalb, weil Abfall als die klassische Modernisierungsfolge erst in den letzten dreißig Jahren den Rang eines gesellschaftlichen Problems erhalten hat. Zu der Überschaubarkeit dieses Bereichs kommt der kommunale Bezug hinzu; politische Entscheidungen sind hier durch den engen Wählerbezug gekennzeichnet und damit empirisch leichter zu erfassen als Technikentwicklungen ohne lokalen Bezug. Neuere Untersuchungen über Konfliktlösungsverfahren bestätigen diese Annahme.[1] Ein weiterer Grund, der für den gewählten Gegenstandsbereich spricht, liegt in seiner Öffentlichkeit. Da anders als bei privatwirtschaftlichen Innovationen die ökonomischen Verwertungsinteressen im Hintergrund stehen, ist der Zugang auf die beteiligten Personen und die verschiedenen schriftlichen Materialien (Verwaltungs- und Planungsunterlagen) relativ einfach herzustellen. Hinzu kommt, dass die Frage nach Akzeptanz von allen Beteiligten als ein wichtiges Moment wahrgenommen wird und deshalb in der Regel gewissen Transparenzansprüchen Rechnung getragen wird. Zuletzt sei hier noch darauf verwiesen, dass der Abfallbereich den Beginn der bundesdeutschen Umweltpolitik markiert und an ihm die Veränderungen in Politik und Gesellschaft in Bezug auf die Umwelt besonders gut nachvollziehbar werden.

Zum Aufbau des Buches: Fortschritt und Technikentwicklung thematisiere ich unter dem Bezugspunkt des Experiments. Experimente sind seit der Propagierung der neuen Wissenschaft durch Francis Bacon im 17. Jahrhundert das zentrale Hilfsmittel der empirischen Wissenschaft. Dieses Instrument und die Erzeugung des Labors sind Ergebnisse eines sozialen Prozesses der Legitimation der Wissenschaft. Wie ich zeigen werde, stehen dabei zwei gegenläufige Begründungen im Mittelpunkt: Einmal die Nützlichkeit der Wissenschaft, zum anderen deren unmittelbare Folgelosigkeit, die so miteinander verknüpft werden, dass ein Freiraum für die Wissenschaft entsteht.

Die These, der ich im Kapitel 1 nachgehe, bezieht sich auf die Legitimationsgrundlage der Wissenschaft. Die Behauptung lautet hier, dass sich die moderne Wissenschaft bisher nur unzureichend auf die gesellschaftliche Wahrnehmung von Erkenntnisrisiken eingestellt hat. Ich mache dies fest an der Trennung von Herstellung und Anwendung von Wissen. Die Unterstellung, dass durch die Wissenschaft Wissen erzeugt wird, über deren Verwendung in anderen Systemen entschieden wird, kann in einer *„Wissenschaftsgesellschaft"* (Kreibich 1986) nicht länger zur Legitimation ausreichen. In der *„Wissensgesellschaft"* (Stehr 1994) wird darüber hinaus deutlich, dass die Wissenschaft eindeutige Wahrheiten nicht mehr liefern kann und möglicherweise auch gar nicht länger soll. Das bekannte Modell der Politikberatung, nach der die Politik auf der Basis wissenschaftlichen Wissens entscheidet (und

---

1 Als Überblick siehe etwa Daele/Neidhardt (1996).

entscheiden kann), wird ergänzt durch ein Modell gesellschaftlicher Entscheidungen über Technik. Diese reichen weit in den Bereich der Wissenschaft hinein, etwa dann, wenn die Funktionsfähigkeit eines technischen Artefakts nicht durch die Wissenschaft festgestellt werden kann, sondern darüber hinaus auch soziale Bewertungsmaßstäbe einfließen. Ich werde dies an dem Beispiel der Auseinandersetzung um die Versenkung der Ölplattform Brent-Spar illustrieren, die 1995 stattgefunden und damals ein breites Medienecho gefunden hat. Danach werde ich den Legitimationsbedingungen für die wissenschaftliche Forschung nachgehen und dabei die Diskussion des Fortschrittsbegriffs wieder aufnehmen. Das wesentliche Ergebnis dabei ist, dass die Fortschrittsidee gerade deshalb zu einem Problem geworden ist, weil der Wissenschaft als zentralem Motor des Fortschritts zuviel aufgebürdet worden ist. Ich analysiere dies anhand des nach dem 2. Weltkrieg einsetzenden Verwissenschaftlichungsschubes, der bis Ende der 1970er Jahre starke Anklänge an die Technokratiebewegung der 1920er und 1930er Jahren aufwies.

Die Hoffnungen auf ein wissenschaftliches Steuerungspotential der Gesellschaft auf der einen Seite und auf ein grenzenloses Wachstum der gesellschaftlichen Wertschöpfung mithilfe der wissenschaftlich-technischen Entwicklung auf der anderen haben sich nur teilweise erfüllt. Anhand von zwei Entwicklungen gehe ich der Frage nach, welche Faktoren zu der erfolgten Ernüchterung geführt haben: zum einen der Verwissenschaftlichung der Politik am Beispiel der amerikanischen Sozialprogramme der 1960er Jahre und zum anderen dem Beginn der systematischen Wahrnehmung der Modernisierungsfolgen für die Umwelt. Die Evaluationsforschung als Bestandteil der Sozialpolitik hat ebenso zu der gesellschaftlichen Einsicht in die begrenzte Problemlösungskapazität der Wissenschaft geführt wie die durch Rachel Carson ausgelöste Welle des Umweltschutzes. Eine zentrale Rolle spielt dabei, wie ich zeigen werde, die Sekundärverwissenschaftlichung, über die die Folgen der Wissenschaft selbst wieder wissenschaftlich untersucht werden. Problematisch wird dann, dass der Verlust der Orientierungsfunktion der Wissenschaft nicht parallel durch Veränderungen des Verhältnisses der Wissenschaft zur Gesellschaft ergänzt wird, wie man anhand der noch immer aktuellen Forderung nach der Freiheit der Forschung sehen kann, die dann in den Mittelpunkt rückt, wenn man die Wissenschaft stärker auf Anwendung hin konzipiert.

In den Mittelpunkt des 2. Kapitels habe ich das Experiment und die Institutionalisierung des Labors gestellt. Eine wesentliche Ressource bei der historischen Entwicklung stellte dabei die Trennung von Erkenntnisgewinn und Anwendung, fraglich ist, was daraus folgt, wenn diese zumindest partiell aufgegeben wird. Für die Untersuchung des Experiments bieten sich unterschiedliche Perspektiven an, für die Frage nach dem Zusammenhang zwischen Theorie und wissenschaftlichem Praxishandeln, die sich bei der Trennung von Erkenntnisgewinn und Anwendung aufdrängt, stellen die Positionen des kritischen Rationalismus und der sozialkonstruktivistischen Wissenschaftsforschung die Eckpunkte einer Skala dar. Während die eine im Experiment ein bloßes Hilfsmittel zur Bewährung von Theorien sieht, liegt für die andere im Laborexperiment der Schlüssel zur Wirklichkeitskonstruktion. Beide Antworten können, wie ich zeige, nicht befriedigen, als eine Synthese zwischen ihnen bietet sich u.a. das leider noch nicht durchkomponierte Programm der Experimentalsysteme an. Mit diesem lässt sich die Stabilität der Wissenschaft und ihrer Ergebnisse durch ein Bündel von Faktoren erklären, zu denen neben Theorien auch experimentelle Aufbauten zählen. Technik steht hier dann deshalb im Mittelpunkt, weil die Herstellbarkeit von bestimmten Phänomenen und ihre Stabilität technisch vermittelt wird, also z.B. durch Aufbauten und erworbene technische Fähigkeiten der Experimentatoren. Im Mittelpunkt steht Technik aber auch deshalb, weil der Stellenwert der Wissenschaft für die Gesellschaft in der Naturbeherrschung gesehen wird, d.h. in dem Verfügbarmachen von Wissen über stabile Prozesse. Daran anschließend diskutiere ich einen Ansatz, der aus einer ganz anderen Perspektive heraus zu einem ganz ähnlichen Ergebnis kommt. Wenn behauptet wird, das „*Ende der Wissenschaft*" (Horgan 1997) sei angesichts der bereits gemachten Entdeckungen gekommen und deshalb die Verstärkung der Anwendungsentwicklung von der Wissenschaft gefordert wird, so verweist dies auf die Möglichkeit von gesellschaftlichen Zielsetzungen für die Wissenschaft und auf Veränderungen im Verhältnis von Wissenschaft und Gesellschaft, die mit der Tendenz zur Vergesellschaftung von Erkenntnisrisiken einhergeht.

Bevor ich im 4. Kapitel dieser Entwicklung nachgehe, stelle ich in Kapitel 3 die oben genannte empirische Untersuchung vor. Anhand der Verwissenschaftlichung des Politikfeldes Abfallbeseitigung arbeite ich den Zusammenhang einer technischen Lösung mit der gesellschaftlichen Praxis der Abfallerzeugung und der Risikowahrnehmungen heraus. Im Mittelpunkt steht dabei der Nachweis der Notwendigkeit der Vergesellschaftung von Erkenntnisrisiken bei der Entwicklung technischer Artefakte und Verfahren bzw. der Herausbildung soziotechnischer Systeme. Der gesellschaftliche Einfluss auf die Technikgenese lässt sich im Wesentlichen durch zwei Reaktionen nachweisen: zum einen durch eine technische, mit der die Zusammensetzung des Inputs von Deponien beeinflusst werden soll und eine soziale, die auf das Abfallaufkommen einwirken will. Eine gesellschaftlich akzeptable Lösung lässt sich allerdings dann nicht entwickeln, wenn technische Normen auf eine Sicherheit abzielen, die sich prinzipiell immer anzweifeln lässt bzw. gesellschaftliche Veränderungsoptionen mit dem Ideologieverdikt belegt werden können, weil Versuche in diese Richtung von vornherein als undurchführbar und riskant bezeichnet werden. Erst die Verkopplung unterschiedlicher Fortschrittsvorstellungen, einer wissenschaftlich-technischen auf der einen Seite und einer auf gesellschaftliche Lernprozesse abzielenden auf der anderen, führt, wie sich am Beispiel zeigen lässt, zu stabilen Lösungen. Daraus lässt sich ableiten, dass auf die Anwendungsorientierung der Wissenschaft durch die Erweiterung des Kreises relevanter Entscheider reagiert werden muss.

1 Zum Verhältnis von Wissenschaft und Gesellschaft

1.1 Vorbemerkung

Das Verhältnis von Wissenschaft und Gesellschaft ist einer tiefgreifenden Veränderung unterworfen, da der durch die Wissenschaft und Technik ermöglichte Fortschritt nicht länger als ein auf die globale Verbesserung der menschlichen Lebensbedingungen abzielender Prozess der Beherrschung der Natur beobachtet wird, sondern auch als die Ursache der Gefährdung der natürlichen Umwelt. Damit werden neue Steuerungsversuche notwendig, die neben die alten treten, mit denen in den Industriestaaten seit Mitte des 19. Jahrhunderts die wissenschaftlich-technische Entwicklung weiter dynamisiert werden sollte. Die Gründung von Universitäten und Technischen Hochschulen, die Ausstattung mit Finanzmitteln für Forschungsorganisationen und -einrichtungen wurde zuerst Ende des 19. Jahrhunderts intensiviert, parallel entwickelte sich vor allem im Bereich der Chemie die industrielle Forschung zur *„Big science"* (Price 1963), in den 1960er Jahren wurde die Forschungspolitik dann selbst zu einem verwissenschaftlichten Feld. Die bei der Steuerung im Vordergrund stehenden Chancen des Fortschritts sind seit längerem das Thema der punktuellen Kritik durch sog. *„Fortschrittsfeinde"* (Sieferle 1984), die die Gefährdungen für bewährte gesellschaftliche Strukturen konzeptualisierten. Ebensowenig neu ist die Kulturkritik, die die mit der Modernisierung einhergehende Entfremdung thematisiert. Relativ jungen Datums sind dagegen Steuerungsbemühungen, die sich auf die Nebenfolgen des Fortschritts beziehen und der Einfluss der neuen sozialen Bewegungen, die sich einer Stilisierung als Traditionalisten entziehen, da die von ihnen gesetzten Impulse häufig auf Veränderungen abstellen, die angesichts der funktionalen Differenzierung durch andere gesellschaftliche Akteure nicht zu leisten sind (Japp/Krohn 1994). Dass ihre Kritik an der Einführung bestimmter wissensbasierter Technik, wie der Kernkraft und der Gentechnologie, durch wissenschaftliche Argumente untermauert wird, markiert eine zentrale Entwicklung im Verhältnis von Wissenschaft und Gesellschaft.

Die Bereitstellung von Analysen und Bewertungen von Fortschrittsfolgen durch die Wissenschaft in Entscheidungssituationen und die von ihr ausgehenden Alarmierungen sind gesellschaftlich deshalb von besonderer Bedeutung, weil damit Erwartungen an Eindeutigkeit und Sicherheit wissenschaftlicher Urteile obsolet werden. Der innerwissenschaftliche Prozess der Generierung von Wissen wird dabei partiell transparent gemacht, wie auch die Vorläufigkeit der Ergebnisse deutlich wird. Für die Wissenschaft selbst stellt dies vielleicht nicht einmal ein Problem dar, da Wissen auf eine andere Weise als durch Forschung nicht zu beziehen ist; gerade die Risikogesellschaft (Beck 1986) kann auf die Wissenschaft nicht verzichten. Problematisch wird aber, dass damit die Trennung von Erkenntnisgewinn und Anwendung nicht länger aufrechterhalten werden kann. In seinem klassischen Text hat Häfele (1975) für den Bereich der Kernenergie auf diese Entwicklung aufmerksam gemacht, die wesentlich durch die Unmöglichkeit bestimmt ist, durch maßstäbliche Experimente die großtechnische Einführung ausreichend überraschungsfrei zu gestalten: *"Der Prozeß des Wechsels von Theorie und Experiment, der zur Wirklichkeit im traditionellen Sinne führt, ist nicht anwendbar. Diese Wirklichkeit kann nicht mehr durch Experimente bewiesen werden. Das bedeutet, dass Argumente im Bereich der Hypothezität notwendigerweise und letztlich ohne Beweis bleiben."* (Häfele 1975: 554f.)

Die auf der Basis divergierender Annahmen entwickelbaren Szenarien führen zu einem Entscheidungsproblem; daraus, dass diese Szenarien die Grundlage für gesellschaftliche Risikokontroversen darstellen, ergibt sich das Legitimationsproblem der Politik. In derartigen Problemlagen kann die Wissenschaft keine Entscheidungen vorgeben, wie dies etwa ein szientistisches Modell nahelegt, nach dem die Rationalisierung gesellschaftlicher Entscheidungen das Ergebnis eines gerichteten Prozesses darstellt, in dem die Wissenschaft als Instanz zur Definition und Lösung von Problemen fungiert. Die Hoffnungen auf das *"Ende der Ideologien"* (Bell 1960) oder eine spezifische Ausprägung von Entscheidungsstrukturen, die von der Wissenschaft dominiert werden, etwa in der Form der *"knowledgeable society"* (Lane 1966), erscheinen damit von der Realität überholt worden zu sein, bevor sie überhaupt Wirklichkeit geworden sind. Der damit verbundene Verlust einer universalistischen Orientierung hin zu lokalen und kontextuellen Wertbezügen verweist dagegen auf die Postmoderne

(Lyotard 1982) und die damit verbundenen Kontingenzen von Werten und Entscheidungen.

Ich werde im Folgenden versuchen, die Entwicklung des Verhältnisses von Wissenschaft und Gesellschaft nachzuzeichnen. Ich beginne dabei mit einer Analyse einer aktuellen Auseinandersetzung. Am Beispiel der Brent Spar will ich zeigen, wie der wissenschaftliche Diskurs in Entscheidungssituationen durch strategisches Handeln von Akteuren in die Öffentlichkeit verlagert wird, mit der Folge, dass Akzeptanz zu einem wichtigen Aspekt von Entscheidungen wird. Aus diesem Beispiel sollen erste Hinweise auf die relevanten Problemfelder gewonnen werden, in deren Mittelpunkt das Vertrauen in die Wissenschaft, die Bewertung von Ansprüchen auf Richtigkeit auf der Basis unterschiedlicher Interessen und Rationalitäten und die genutzten Entscheidungsverfahren stehen. Danach werde ich das Verhältnis von Wissenschaft und Gesellschaft als das Ergebnis eines gesellschaftlichen Prozesses darstellen, bei dem die Kategorie „Fortschritt" selbst erst zu einem kulturellen Wert entwickelt wurde. Zentral ist dabei, dass die Ausdifferenzierung der Wissenschaft mit Begründungen einhergeht, die auf die Trennung von Anwendung und Erkenntnisgewinn abstellen, ein Umstand, der als normativ gesetzte Folgelosigkeit die Freiheit der Wissenschaft absichert.

1.2 Beobachtungen

Vor den Augen der Öffentlichkeit hat sich Mitte 1995 ein Konflikt zwischen Shell und Greenpeace abgespielt. Shell sah sich der Forderung gegenüber, auf die Versenkung einer ausgedienten Ölplattform in die Nordsee zu verzichten und die Entsorgung statt dessen an Land vorzunehmen. Seit Dezember 1994 besass Shell eine Studie, die aus dreizehn Optionen die Versenkung als umweltverträglichste Lösung (Rudall Blanchard 1994a und 1994b) herausgearbeitet hatte. Es lag eine Mengenuntersuchung vor, nach der in der Brent Spar ca. 100 t Ölschlämme, mehrere Kilogramm Schwermetalle und verschiedene geogene radioaktive Salze, die während des Betriebs in der Anlage konzentriert wurden, enthalten waren. Dem Vorschlag der Gutachter lag die Hypothese zugrunde, dass die Mengen nur kurzfristig lokale Veränderungen bewirken würden.[2] Argumentiert wurde, dass frühere Untersuchungen über die Umwelteinflüsse der Ölförderung nachgewiesen hätten, dass diese sich auf einen engen Radius erstrecken würden und nach einer gewissen Zeit nicht mehr nachweisbar seien. Ähnliche natürliche Stoffeinträge, etwa durch Geysire auf dem Meeresboden, hätten sogar durchaus positive Einflüsse auf die Entwicklung bestimmter Lebewesen.[3] Diese und weitere Studien reichte Shell bei der Genehmigungsbehörde, dem britischen Handelsministerium, ein und erhielt Mitte Februar 1995 die Erlaubnis zur Versenkung.[4]

Mit dem Hinweis auf die vorliegende Genehmigung und auf den mehr als drei Jahre dauernden Entscheidungsprozess mit mehr als dreißig, zum Teil unabhängigen Gutachten, wies Shell die Forderung von Greenpeace nach einer Demontage an Land zurück. Die Plattform wurde zum Versenkungsgebiet geschleppt und dabei Ende April 1995 durch Greenpeace-Aktivisten besetzt. Greenpeace forderte während der Aktion einen Boykott der Shell-Tankstellen, der nach Schätzungen zur Halbierung des Umsatzes in Deutschland und in den Niederlanden führte. Der Konflikt wurde durch den Umstand, dass der damalige deutsche Bundeskanzler Kohl und seine Umweltministerin Merkel sich auf die Seite des Protests schlugen, der britische Premierminister dagegen vehement die Umsetzung der Entscheidung forderte, zum Gegenstand politischer Auseinandersetzungen innerhalb der EU. Auch im Shell-Konzern wurde der Konflikt unter den Vorzeichen national divergierender Politik- und Implementationsstile geführt: Die für die Aktion verantwortliche britische Shell wollte den Widerstand brechen und lieferte damit die medienwirksamen Bilder der durch den massiven Einsatz von Wasserwerfern bedrohten Greenpeace-Aktivisten auf der Plattform, während die deutsche Shell eher zum Nachgeben bereit war und Gefahr für ihre neue Imagekampagne befürchtete, mit der sie sich

---

2 Diese Mengen entsprechen nach einer Meldung der FAZ vom 21.06.95 in etwa der bei der Ölförderung in der Nordsee täglich anfallenden Freisetzung.

3 Ähnlich argumentierten nach dem Ende der Auseinandersetzung die Geologen Nisbet/Fowler (1995) in der Zeitschrift Nature.

4 Die Genehmigungsgrundlage stellte die sog. IMO-Resolution von 1989, eine UNO-Konvention zur Entsorgung von Offshore-Anlagen, nach eine Entsorgungsplanung allen IMO-Unterzeichnern, unter denen sich auch die Bundesrepublik befindet, vorgelegt werden muss. Auf dieser Ebene wurde allerdings kein Protest eingelegt.

vom Ruch des Umweltverschmutzers befreien wollte.[5]

Nach mehr als sieben Wochen gab Shell den Kampf gegen Greenpeace schließlich auf und schaltete eine bundesweite Anzeigenkampagne unter dem Motto *„Wir werden uns ändern"* und gab zu, bei der Entscheidung zur Versenkung die gesellschaftliche Akzeptanz der Lösung nicht ausreichend berücksichtigt zu haben. *„...wir haben auch daraus gelernt. Denn obwohl die ursprüngliche Entscheidung der Shell U.K. in völliger Übereinstimmung mit den einschlägigen britischen Gesetzen und...mit den internationalen Konventionen...stand, war die geplante Tiefsee-Entsorgung nicht durchsetzbar...Das hat uns gezeigt, daß die Übereinstimmung einer Entscheidung mit Gesetzen und internationalen Bestimmungen allein nicht ausreicht. Hinzukommen muß die notwendige Akzeptanz in der Gesellschaft...Damit haben wir auch gelernt, daß für bestimmte Entscheidungen Ihr Einverständnis genauso wichtig ist wie die Meinung von Experten und die Genehmigung durch Behörden...Und wir sind daran erinnert worden, daß - wie bei uns um die ‚Brent Spar' geschehen - viele gute Leute aus ihrer Sicht das Vernünftigste und Beste tun können und daß dies dennoch zu einer Gesamtentscheidung führen kann, die die Gesellschaft nicht akzeptiert."* (Neue Westfälische Bielefeld vom 27.06.1995)

Die Auseinandersetzung um die Brent Spar war, wie der Vorstandsvorsitzende der deutschen Shell Peter Duncan später in einem Interview meinte, ein von Greenpeace inszeniertes *„geniales Theaterspiel...Shell selbst, die Politik, die Medien, auch die Kirchen...spielten so gut, daß der Regisseur es kaum fassen konnte."* (Frankfurter Rundschau vom 24.02.1996) Ermöglicht wurde diese Aufführung vor allem dadurch, dass die britische Shell und die britische Regierung ein Arenenmodell zugrunde legten, das der Öffentlichkeit keinen Platz einräumte und nicht ausreichend berücksichtigten, dass vor dem Hintergrund einer für Umweltrisiken sensibilisierten Bevölkerung Versuche, technische Entscheidungen allein auf der Basis von Recht und Wissen zu treffen, selbst riskant werden. Interessanterweise hatte die deutsche Shell dieses Problem antizipiert und eine Pressekampagne konzipiert, mit der die für besonders kritisch gehaltene deutsche Öffentlichkeit

---

5 Seit Beginn des Jahres 1995 versuchte Shell mit dem Slogan *„Wir wollen etwas ändern"* der Öffentlichkeit mit einer Anzeigenkampagne die Umorientierung der Konzernpolitik hin zu High-Tech-Produkten und umweltfreundlichen Technologien zu vermitteln.

über die Entscheidung und die damit verbundenen ökologischen Risiken informiert werden sollte. Die hohen Kosten und die Überzeugung, die Entscheidung sachlich gut begründen zu können, führten allerdings zum Verzicht auf diese Kampagne.

Umweltorganisationen, neue soziale Bewegungen und die Öffentlichkeit machen sich in derartigen Fällen zu Beobachtern von Entscheidungen, die, wie im Fall der Brent Spar, ihre Ressourcen zur Verhinderung von Implementationen nutzen können. Zugrunde liegen dabei konfligierende Ansprüche auf Wissen und Rationalität. In der modernen Gesellschaft werden Risiken vor allem durch die Wissenschaft in Form von Risikoabschätzungen ermittelt (Krohn/Krücken 1993), die über den „Stand der Technik", „Stand der Forschung" bzw. „Stand der Wissenschaft" in Entscheidungen einfließen. Die gesellschaftliche Akzeptanz derartiger Festlegungen basiert auf dem Vertrauen, dass den beteiligten Organisationen und der Wissenschaft entgegengebracht wird. Im Fall der Brent Spar war das Vertrauen der Öffentlichkeit in die involvierten Akteure offensichtlich unterschiedlich verteilt. Shell und die von ihr beauftragten Gutachter sowie die britische Regierung, die die Genehmigung für die Versenkung erteilt hatte, waren bereits zu Beginn des Konfliktes diskreditiert, da Shell auf die ökonomische Bewertung festgelegt wurde. Den Gutachten wurde nicht geglaubt. Der Vertrauensvorschuss für Greenpeace zeigte sich etwa darin, dass die von der Organisation veröffentlichten Zahlen der auf der Brent Spar vorhandenen Mengen an Ölschlämmen von der deutschen Öffentlichkeit und Politik für richtig gehalten wurden, eine Annahme, die durch die drei Monate nach der Affäre im Oktober 1995 erfolgte Richtigstellung durch Greenpeace, die tatsächlichen Mengen entsprächen etwa den von Shell angegebenen, enttäuscht wurde.[6]

Expertisen werden, wie das Beispiel zeigt, offensichtlich selbst Bewertungen unterzogen, die sich zum einen auf den kognitiven Bereich (Untersuchungsmethoden, wissenschaftliche Ansätze), zum anderen auf den sozialen Bereich (Praxisrelevanz, die Interessenlage der Gutachter und ihre Wertmaßstäbe) beziehen. Damit werden technokratische Vorstellungen, nach denen mit der Nutzung wissenschaftlichen Wissens eine Rationalisierung der Gesellschaft durch das Zurückdrän-

---

6 Shell hatte ursprünglich eine Menge von 100 t Ölschlämmen angegeben, Greenpeace die Zahl von 5.500 t genannt und im Oktober 1995 auf 200 t reduziert.

gen ideologischer Entscheidungsbestandteile verbunden ist, zumindest partiell unterlaufen. In diese Richtung verweist die nachträgliche Aussage von Greenpeace, dass der Kampf gegen die Versenkung der Plattform trotz der geringen Schadstoffmengen sinnvoll gewesen sei, da es sich dabei um eine prinzipielle Entscheidung über den Umgang mit der Natur gehandelt habe. Die Entsorgung an Land war von Shell als zu riskant bewertet worden, eine Aussage, der Greenpeace nicht eigene Untersuchungen der technischen Möglichkeiten, sondern eine normative Position gegenüberstellte.[7] Was man damit erreichen konnte, ist einmal ein Zeitgewinn, der vor allem vor dem Hintergrund einer Fortschrittsorientierung bedeutsam ist, die vorhandene Möglichkeiten niedriger bewertet als potentielle Entwicklungen, aber auch ein Umstellen der Planungsrationalität. Anstelle der ökonomischen Bewertung, die für Shell zugegebenermaßen wichtig war, wurde der Versuch unternommen, auf eine ökologische Orientierung umzustellen. Die Frage ist dann aber, woran diese sich messen lässt. Für den damaligen britischen Premierminister Major lag die Antwort auf der Hand, nämlich in Form einer Implementation auf der Basis der vorhandenen Gutachten, die die geringen ökologischen Gefahren der Versenkung belegten. Anders zu entscheiden hieße, den *„Whimps"* klein beizugeben (Der Spiegel 26/1995: 85). Das kulturelle Niveau der Risikobewertung spielt an dieser Stelle eine zentrale Rolle, eine Beobachtung, die Weidner (1995) für die Deutschen so formuliert: *„Deutschland ist unter den Industrieländern einer der Spitzenreiter in der Umweltpolitik und zugleich ‚Weltmeister' in Umweltangst."* (7) Dies ist dann nicht überraschend, wenn man Risiken als soziale Konstruktionen auffasst, woraus sich die oben zitierte Beobachtung als eine Interdependenz darstellt.

Ein derartiges Verhältnis zwischen Regulation und gesellschaftlicher Wahrnehmung stellt eine permanente Barriere für expertenorientierte Entscheidungsverfahren dar. Ein Politikverständnis wie das

---

[7] *„...the basic argument between Greenpeace and the European governments that supported our positions on the one hand, and the Shell UK und the UK Government on the other, was not about the contents of the Brent Spar, nor the physical characteristics of the proposed dump site. The argument was about whether it was right to dump industrial waste of any sort in the deep oceans, whether dumping the Brent Spar, would be a precedents for dumping other oil installations, and indeed other waste in the oceans, and, fundamentally, over whether we should dump wastes into any part of the environment, as opposed to reducing waste, and recycling, treating or containing harmful materials."* (Brief des Greenpeace-Direktors Peter Melchett an Shell UK vom 4.09.95)

des britischen Premierministers rekurriert auf Entscheidungsverfahren, die ohne Öffentlichkeit und die demokratisch nicht legitimierten Umweltorganisationen prozedieren. Für den Implementationserfolg scheint es wesentlich zu sein, dass den Beteiligten ein hohes Maß an Glaubwürdigkeit eingeräumt wird, das bei der Brent Spar offensichtlich nur Greenpeace besass. Daraus leitet sich ab, dass neue Wege der Absicherung von Entscheidungen gesucht werden. *„Die Hauptkriterien sind Umweltverträglichkeit und öffentliche Akzeptanz, und danach wird entschieden."* (Peter Duncan in: Frankfurter Rundschau vom 24.02.1996)

An dem Fall der Brent Spar wird deutlich, dass technische Entscheidungen auf der Basis wissenschaftlicher Aussagen, ökonomischer Erwägungen und vorhandener Entscheidungsverfahren keine ausreichende Sicherheit zur erfolgreichen Umsetzung und auf gesellschaftliche Akzeptanz bieten. Was bedeutet dies für die Wissenschaft? Im diskutierten Beispiel lagen Untersuchungen vor, die auf der Basis vorhandenen Wissens und festgelegter Parameter eine Lösung empfahlen. Es wurden unter der Annahme der Konstanz spezifischer Randbedingungen Übertragungen vorgenommen, etwa als davon ausgegangen wurde, dass die Ergebnisse vorhandener Untersuchungen zur Beeinflussung der Tiefsee durch bestimmte Stoffe auch für den vorliegenden Fall zuträfen. Ferner galt als gesichert, dass das Ökosystem in der Lage war, auch größeren Belastungen standzuhalten. Abgegeben wurde eine Prognose mit einer Wahrscheinlichkeit ihres Eintritts, ohne dass absolute Sicherheit versprochen wurde. Die Auswirkungen anderer technischer Möglichkeiten auf das jeweilige Ökosystem, soviel wurde deutlich, lagen höher, etwa für den Fall, dass während der Demontage der Plattform in niedrigeren Gewässern die Abfallstoffe durch einen Unfall in das Wasser geraten würden. Nicht in die Bewertung wurde eingeschlossen, dass die Versenkung zu kumulativen Effekten führen könnte, wenn dieser technische Pfad über den Testfall hinaus auch für weitere Plattformen angewendet würde.

Offensichtlich ist, dass neben die Hoffnung auf die Lösung von Problemen, ein Misstrauen gegenüber wissenschaftlicher Erkenntnis getreten ist, das sich aus einer Kritik der unzulänglichen Beachtung der Folgen von Erkenntnis für Gesellschaft und Natur durch die Wissenschaft selbst ergibt. Die Massenmedien verbreiten täglich Meldungen über die Nebenfolgen des wissenschaftlich-technischen Fortschritts, diese „*scheinen mehr und mehr zu den Hauptfolgen der Technik zu werden - wenn nicht in der Wirklichkeit, so doch in der öffentlichen Diskussion.*" (Luhmann 1987a: 32) Die Liste der Umweltkatastrophen wird immer länger, ohne dass ein Gewöhnungseffekt einträte. Seveso, Bhopal, Tschernobyl und Three Mile Island sind einige dieser manifesten Ereignisse, andere Entwicklungen sind bereits dokumentierbar, aber noch nicht eindeutig kausal zurechenbar und in ihren Folgen sicher prognostizierbar.[8]

Öffentlich thematisiert werden die Chancen und Risiken der Anwendung von Wissen vor dem Hintergrund eines gesellschaftlichen Risikobewusstseins. Dies hat Auswirkungen auf die Experten, die wissenschaftliches Wissen für andere Handlungsbereiche übersetzen. Gutachten über die Nützlichkeit und die Folgen von Wissenschaft und Technik werden nicht nur durch Gegengutachten entwertet, wodurch sich die Hoffnung der Politik, sich in Entscheidungssituationen mit dem Hinweis auf wissenschaftlich ermittelte Zwänge und Eindeutigkeiten entlasten zu können, als trügerisch erweist. (Entscheidungs-)Sicherheit und Legitimität sind auf diese Weise, wie die Brent Spar zeigt, nicht zu erzeugen. Mit dem Hinweis auf die kognitiven Risiken derartiger Entscheidungen, hat Greenpeace in diesem Fall einen Skandal erzeugt. Erfolgreich war dies vor allem deshalb, weil die „*kulturelle Wasserscheide zwischen England und Deutschland*" (Der Spiegel 26/1995: 87) als Interpretationsmuster genutzt wurde,[9] die niedrige Ausprägung des Umweltbewusstseins in Großbritannien für entscheidungsrelevant gehalten wurde und weil Shell als zentralem Akteur in der Öffentlichkeit ohnehin in erster Linie ökonomische Motive zugeschrieben wurden. Shell und die britischen Genehmigungsbehörden konnten vor diesem Hintergrund leicht diskreditiert und die beauftragten Gutachter als abhängig und interessengeleitet identifiziert werden.

Die Greenpeace-Aktion der Besetzung der Brent Spar und die Boykottaufrufe waren erfolgreich, weil sie mit der Selbstgewissheit

---

8 Allerdings kann festgehalten werden, dass die Umweltschutzbewegung Erfolge systematisch wenig zur Kenntnis nimmt und zur eigenen Stabilisierung auf die Entdeckung weiterer Skandale angewiesen zu sein scheint. Siehe an Beispielen Maxeiner/Miersch (1996), zu den internen Bedingungen des Protests siehe Luhmann (1994).

9 Zu diesem Zeitpunkt stand auch die britische Politik zur Eindämmung von BSE in der öffentlichen Diskussion.

prozedierten, dass man erst in der Zukunft wissen könne, was heute noch unbekannt sei. Die sachliche Begründung für den Widerstand gegen die Versenkung schob Greenpeace dann auch erst nach Abschluss der Aktion nach. Im Juli 1995 veröffentlichte die Greenpeace-Mitarbeiterin Helen Wallace ein Papier, in dem zum einen auf die nicht ausreichende Inventur der Brent Spar, auf die technische Möglichkeit einer Entsorgung an Land und auf das Recycling-Prinzip hingewiesen wurde. Im Mittelpunkt stand aber die Behauptung, dass das Ökosystem Tiefsee noch unzureichend erforscht und die Übertragungsmöglichkeit früherer Forschungsergebnisse zweifelhaft sei. Erst hier wurden die verschiedenen zur Genehmigung vorliegenden Gutachten einer genaueren Untersuchung unterzogen und gewisse Widersprüche in ihnen aufgedeckt. So gesehen wusste auch Greenpeace hinterher mehr als vorher und konnte eine Argumentationslinie entwickeln, die wie Mitglieder der „Scottish Association for Marine Sciences" Ende Juli 1995 in einem Brief feststellen *„...to our minds represents a considerable advance on the emotive tone of previous statements from Greenpeace on this subject as reported in the Press. We also much welcome your aim of contacting scientists directly in order to make available information and arguments on which Greenpeace based their decision to mount the spectacularly successful campaign to stop the dumping of Brent Spar."* Diese bei der Entscheidung nicht konsultierten, der Versenkung ebenfalls kritisch gegenüberstehenden Wissenschaftler sind es erst, die in eine wissenschaftliche Diskussion über die Folgen einer Versenkung eintreten, bei der deutlich wird, dass nicht nur die Aussagen der Gutachter mit einem Wissensdefizit belastet sind.

Der Fall der Brent Spar zeigt deutlich, dass das Vertrauen der Öffentlichkeit in die beteiligten Akteure die zentrale Kategorie der Bewertung von handlungsleitendem Wissen darstellt. Eigenschaften wie die Orientierung an der Umwelt und das Fehlen eigener Interessen werden mit Greenpeace assoziiert, die faktischen Behauptungen erhalten damit einen hohen Plausibilitätsgrad. Ferner zeigt sich, dass Gutachter danach beurteilt werden, welcher Organisation sie angehören und wer den Auftrag erteilt hat. Offensichtlich werden, wenn bestimmte Orientierungen unterstellt werden, als interessengeleitet dekomponiert. Bei dieser Bewertung liegt eine Asymmetrie zugrunde, die sich daraus ergibt, dass die Zuschreibung von Wahrheit nicht als eine Konstruktion, sondern als ein durch die Natur vorgegebener Akt der Offenlegung aufgefasst wird, die Zuschreibung von Irrtümern dagegen als ein Bruch mit wissenschaftlichen Standards und Normen.

Die öffentliche Wahrnehmung vollzieht damit das nach, was der Wissenschaftssoziologie den Vorwurf eingebracht hat, als *„Sociology of error"* (Bloor 1976) nur den Bereich der Wahrheitskonstruktion zu bearbeiten, der von der Scientific community als fehlerhaft markiert worden ist. Kritisiert worden ist dabei vor allem, dass damit eine ex post-Feststellung in historischen Dimensionen auf der Basis gültigen Wissens erfolgt.

Für aktuelle Auseinandersetzungen in Entscheidungssituationen ist eine derartige Halbierung problematisch: Die von Greenpeace vorgestellten Fakten hatten öffentliche Geltung insoweit sie handlungsanleitend waren, die von Shell genannten Mengen wurden dagegen als Täuschung angesehen. Die nach Ende des Konflikts ermittelten Werte bezogen ihre Gültigkeit für die Öffentlichkeit aus dem Umstand, dass Shell und Greenpeace die Reputation der neuen Gutachter nicht anzweifelten und daraus, dass die ermittelten Werte keine Entscheidungsrelevanz mehr besassen. Greenpeace hat daran anschließend auf eine weitere Dekonstruktion der Fakten verzichtet und die Fehlerquellen der eigenen Untersuchung veröffentlicht.[10] Der Vorwurf, Greenpeace hätte bewusst hohe Werte erzeugt, wurde von Shell nicht erhoben, da das öffentliche Vertrauen in Greenpeace damit nicht zu erschüttern war.

Festhalten lässt sich an dieser Stelle, dass das öffentliche Vertrauen in Akteure eine wesentliche Komponente der Generierung von handlungsanleitenden Fakten darstellt. Durch Vertrauen wird die Reduktion von Komplexität möglich, womit aber noch nichts über die Rationalität von Entscheidungen in sachlicher Hinsicht gesagt werden kann. Bei der Brent Spar dienten die Gutachten und andere wissenschaftliche Erzeugnisse vor allem der Absicherung bereits feststehender Positionen. Der Konflikt wurde trivialisiert, indem Argumente als Ressourcen mobilisiert wurden, die Wahrheitsansprüche transportierten, ohne dass Shell oder Greenpeace an einer sachlichen Prüfung von Behauptungen interessiert waren. Die Gutachten wurden deshalb in der Öffentlichkeit nicht als das Ergebnis wissenschaftlicher Problemlösungsaktivitäten aufgefasst, sondern als interessenmotivierte Durchset-

---

10 In der Pressemitteilung vom 5.09.95 erklärt Greenpeace die eigenen Zahlen mit einem Übertragungsfehler.

zungsrhetorik. Anders ausgedrückt: Die die eigene Position unterstützenden Aussagen wurden mit dem Prädikat „wahr" versehen, ohne die Vorläufigkeit wissenschaftlichen Wissens und die damit zusammenhängende Entscheidungsproblematik deutlich zu machen, die die andere Position unterstützenden Aussagen wurden dagegen als unwissenschaftlich gewonnen dargestellt und mit dem Prädikat „falsch" markiert.

Die Frage ist dann, wie es möglich ist, der Wissenschaft die prinzipielle Revidierbarkeit ihrer Ergebnisse zuzugestehen und sie gleichzeitig der Forderung nach entscheidungsrelevanter Zuspitzung auszusetzen. Zu fragen ist danach, ob die Orientierungsfunktion der Wissenschaft aufgegeben werden muss und die Gesellschaft selbst einen Lernschritt hin zu größerer Problemauflösungskompetenz vollziehen kann, die den Verzicht auf die strategische Nutzung der Wissenschaft beinhaltet.

1.3 Legitimation der Wissenschaft

Ist also das Verhältnis von Wissenschaft und Gesellschaft problematisch geworden? Die Krise der Wissenschaft hat bereits Ravetz (1973) als ein Ergebnis zunehmender Industrialisierung der Wissenschaft bezeichnet, die unter dem Einfluss wirtschaftlicher Zielsetzungen gesellschaftliche und ökologische Probleme produziere, mit der sie ihre gesellschaftliche Reputation gefährde, da sie nicht länger in der Lage sei, selbstgesetzte Ziele zu verfolgen, sondern der Lösung externer Aufgaben diene. Diese Diagnose stellt die Frage nach der Funktion und der Legitimation der Wissenschaft. Festhalten lässt sich, dass die Funktion der Wissenschaft für die Gesellschaft - die Produktion und Verfügbarmachung neuer Erkenntnis - bis heute mit der Forderung nach Freiheit der Wissenschaft einhergeht. Während das gesellschaftliche Teilsystem Wissenschaft die Nutzung und Verteilung von Ressourcen selbst übernimmt und die Bewertung des Wissens der Wissenschaft überlassen bleibt, werden die mit der Anwendung von wissenschaftlicher Erkenntnis verbundenen Risiken externalisiert.

Die noch immer zur Legitimation der Wissenschaft vorgebrachte Begründung, dass die Produktion von Wissen selbst keine Risiken schaffe, sondern diese erst durch die Entscheidung über den

Einsatz dieses Wissens entstünden, hinkt der gesellschaftlichen Problemwahrnehmung hinterher und ist nicht länger in der Lage, eine auf die Legitimationsbedürfnisse der Wissenschaft zeitgemäße Antwort zu geben. Ich gehe deshalb davon aus, dass der Zusammenhang, auf den die Dualität von Erkenntnisgewinn und -anwendung gemünzt war, historisch überholt ist und die Begründung deshalb einer Neujustierung bedarf.

Zu den Gründen, die dafür sprechen gehören:
- die Trennung von Erzeugung und Anwendung ist angesichts der Industrialisierung der Forschung nicht mehr durchzuhalten,
- die kognitiven Risiken der Anwendung einem ungesteuerten Lernprozess zu überlassen, wird als ein gesellschaftliches Risiko thematisiert,
- wissenschaftliche Erkenntnis zielt nicht mehr länger in erster Linie auf die Aufdeckung vorhandener Gesetzmäßigkeiten, sondern ist das Ergebnis eines aktiven Konstruktionsprozesses, der von Nutzungsinteressen abhängig sein kann,
- Erkenntnis ist in vielen Bereichen auf vernetzte soziotechnische Systeme bezogen, deren Modellierung nur unzureichend möglich ist und deren Erprobung deshalb die Vergesellschaftung der Erkenntnis nach sich zieht.

Im Verlauf der Ausdifferenzierung des organisierten Erkenntnisgewinns wurde mit unterschiedlichen Annahmen über die damit verbundenen Leistungen und Risiken operiert. Im Mittelpunkt standen damit Weltbilder, die unterschiedliche Auffassungen über die Möglichkeiten der Entwicklung der Gesellschaft darstellen. Derartige Weltbilder *„welche durch Ideen geschaffen wurden"* (Weber 1922: 252) besitzen als *„kulturelle Orientierungsmuster"* (Giddens 1995) oder *„Selbstdeutungsmuster"* (Dröge/Wilkens 1991), die soziales Handeln und gesellschaftliche Strukturen aufeinander beziehen, sinnkonstituierende Wirkung. Giddens hat in seiner Theorie der Strukturierung, die auf der Dualität von Strukturen als Ergebnis und Mittel von Handlungen basiert, die Reflexivität dieses Prozesses herausgearbeitet.[11] Eng an der Ethnomethodologie Garfinkels angelegt formuliert er: *„Unter rekursivem Wesen verstehe ich, daß die Strukturelemente des sozialen Han-*

---

11 Ohne dabei allerdings selbst mit der Kategorie „Sinn" zu operieren. Vgl. im Einzelnen dazu Beck (1997).

delns...aus eben den Ressourcen, die sie konstituieren, fortwährend geschaffen werden." (Giddens 1995: 37) Ähnlich formuliert Luhmann „Sinn": *„Sinn ist...eine durch und durch historische Operationsform, und nur ihr Gebrauch bündelt kontingente Entstehung und Unbestimmtheit künftiger Verwendungen. Alle Festlegungen müssen dieses Medium benutzten, und alle Einschreibungen in dieses Medium haben keinen anderen Grund als ihre durch Rekursionen abgesicherte Faktizität."* (Luhmann 1997: 47) Damit kann ein für diese Untersuchung zentraler Bereich, die als Weltbilder strukturierend wirkenden und durch Handeln sich bestätigenden und verändernden Ideen der Gesellschaft über ihre Entwicklung als ein Substrat gesellschaftlicher Praxis behandelt werden.

Für die Fortschrittsidee, die bei der Entwicklung der Wissenschaft eine große Rolle gespielt hat, bedeutet dies, zugleich Voraussetzung für die Produktion von Erkenntnis und ihr Ergebnis zu sein, indem der orientierungswirksame und bestätigende Charakter von Ideen und die gesellschaftliche Praxis aufeinander bezogen werden.[12] Die Legitimation der Wissenschaft als einen Wandlungsprozess zu thematisieren, macht einen Blick in die europäische Geschichte notwendig. Damit stellt sich das Problem, die Ergebnisse eines fast nicht mehr überschaubaren Forschungsbereichs verarbeiten zu müssen. Es scheint deshalb ratsam, sich in ein Terrain zu begeben, das durch den Mainstream der Wissenschaft vorbereitet worden ist. Dazu gehört die Einteilung der Universalgeschichte in historische Phasen, die als Schema übernommen wird. Eine weitere Annahme bezieht sich auf das Verhältnis von Religion und Wissenschaft. Die Soziologie analysiert seit Webers *„Protestantischer Ethik"* (Weber 1922) die Entwicklung der neuzeitlichen Wissenschaft in enger Verbindung mit der christlich-abendländischen Religion.[13] Damit wird kein Kausalverhältnis behauptet, sondern das Vorliegen eines wechselseitigen Verstärkungsprozesses. Diese Bezie-

---

12 Dies legen auch die ein wenig aus der Mode gekommenen Ergebnisse der Kultursoziologie nahe. Vgl. dazu Neidhardt/Lepsius/Weiß (1986), dort insbesondere Rehberg (1986) und Luckmann (1986).

13 Die Dezentrierungstheorie Piagets legt dies nahe, indem die Voraussetzung der Erkenntniszunahme in der *„Kovarianz von Abstraktionssteigerung und Distanzleistungen"* (Krohn 1998: 27) verortet wird; die monotheistische Religion des Christentums stellt über die Dezentrierung der Gläubigen, ohne die eine göttliche Realität nicht entstehen kann, dazu die Basis. Vgl. zu diesem Zusammenhang Alexander (1992).

hung, die im Mittelpunkt der Studie über die Entwicklung von Wissenschaft und Technik in England im 17. Jahrhundert von Merton (1938) stand, gilt trotz heftiger Kritik[14] für hinreichend abgesichert. Anstelle eines Ansatzes, der die Wissenschaft durch die Religion in erster Linie behindert sieht,[15] nehme ich deshalb an, dass bestimmte religiöse Entwicklungen die Entwicklung der Wissenschaft befördert haben und beide Bereiche in einem Wechselverhältnis stehen.

Ferner gehe ich davon aus, dass die Voraussetzung für die moderne Wissenschaft in einer Neubestimmung der gesellschaftlichen Entwicklung lag. Dies legen Arbeiten zur Herausbildung und zum Stellenwert des Fortschrittsbegriffs[16] und der Entwicklung historischer Wissenschaften[17] nahe. Verwiesen wird dort darauf, dass die Notwendigkeit zum Konsistenthalten des Weltbildes zu einer innerweltlichen Orientierung führte, von der ein katalytischer Effekt auf die Entwicklung der neuzeitlichen Wissenschaft ausging. In den Mittelpunkt habe ich deshalb die Erzeugung und Anwendung von innerweltlichen, nicht mundanen Wissens gestellte, also den Bereich von Technologie und Wissenschaft. Untersucht wird im Folgenden ein historischer Prozess, der wegen der reflexiven Verschränkung mit anderen gesellschaftlichen Aspekten und den dabei zu beobachtenden gesellschaftlichen Anpassungen voraussetzungsvoll in mehreren Dimensionen ist. Dazu gehört u.a. der Wandel gesellschaftlicher Zeitvorstellungen, deren spezifische Ausprägungen unterschiedliche Zukunftsorientierungen darstellen. Eine andere Dimension stellt das Verhältnis von Wissensformen untereinander dar, von besonderer Relevanz ist in diesem Zusammenhang vor allen Dingen die Frage nach der Autorität der Religion bei der Weltbilderklärung, mit der gesellschaftliche Einstellungen über die Gestaltbarkeit der Natur und der Gesellschaft abgegrenzt werden.

---

14 Siehe dazu das Resümee in Merton (1985).

15 Zur Entwicklung dieser Sichtweise seit Ende des letzten Jahrhunderts siehe die Einleitung in Lindberg/Numbers (1986).

16 Siehe dazu vor allem Pollard (1971), Koselleck (1975), Meier (1975), Nisbet (1980), Faul (1984), Bowler (1989) und Lash (1991). Darauf, dass trotz der verbreiteten Vorstellung des Fortschritts durch Wissenschaft noch immer wenig Untersuchungen dazu existieren, verweist Laudan (1993).

17 Siehe dazu v.a. Toulmin/Goodfield (1985).

Die Untersuchung habe ich in sechs Schritten angelegt: An den Anfang gestellt habe ich **erstens** die Lösung des Konflikts zwischen religiösen und innerweltlichen Wissensbeständen bis zur Renaissance. Herausarbeiten werde ich dabei die Entstehung eines innerweltlichen Entwicklungsmodells, das im Wesentlichen von der Trennung von Theorie (in den Bereichen Wissenschaft und Religion) und Praxis (in Form von Erfahrung, Technologie und experimentellem Vorgehen) geprägt ist. Wesentlich ist dabei, dass mit dieser Trennung die Basis zur Herausbildung von wissenschaftlichen Verfahren (der Hypothesenbildung und Quantifizierung) gelegt wurden. **Zweitens** untersuche ich die Auswirkungen des Protestantismus auf die Wissensproduktion. Von besonderer Relevanz ist dabei die doppelte - utilitaristische und religiöse - Begründung für das Projekt der neuzeitlichen Wissenschaft, mit der ein dynamisiertes Fortschrittsmodell einhergeht. Im **dritten** Teil analysiere ich die Ablösung dieser Doppelbegründung, wobei ich den Schwerpunkt auf die forschungs- und gesellschaftspolitische Strategie der Geologie lege, die im Mittelpunkt des Konflikts um die Autorität der Religion in kosmologischen Fragestellungen stand. Die Betonung der praktischen Relevanz der Wissenschaft, mit der der Anspruch auf gesellschaftliche Legitimität der Ausdifferenzierung der Wissenschaft verbunden wurde, führte zur einer Krise kosmologischer Weltbilderklärung, die, wie ich **viertens** zeigen werde, ein Vakuum darstellte, das von einigen Bewegungen - als Beispiele dienen mir hier der Anfang des 20. Jahrhunderts entstandene deutsche Monistenbund und die in den 1930er Jahren einflussreiche amerikanische Technokratiebewegung - zu neuerlichen Weltbilderklärungen, diesmal allerdings durch die Wissenschaft selbst führten. Insbesondere die genannte letzte Bewegung hatte wesentlichen Anteil an dem Versuch, den kurz vor der französischen Revolution entwickelten modernen, auf die Veränderung der Gesellschaft bezogenen Fortschrittsgedanken weiter zu verfolgen. In Form eines innerweltlichen Fortschrittsoptimismus mit der Überzeugung, dass sich Gesellschaft steuern und Entwicklungen planen lassen, hat sie einen großen Einfluss auf die amerikanische Reformbewegung der 1960er Jahre genommen, die ich **fünftens** anschließend untersuchen werde. Besonderes Augenmerk lege ich dabei auf die enge Verbindung von Politik und Wissenschaft, die für eine kurze Zeit als eine Chance wahrgenommen wurde, Fortschritt als ein rationales und ideologiefreies Entwicklungsmuster der modernen Gesellschaft zu konzipieren. Im

sechsten und letzten Schritt arbeite ich die Konsequenz dieser von der Wissenschaft genährten Hoffnung in Form einer Ernüchterung heraus: Dies zum einen anhand der Verwissenschaftlichung der Kritik, mit der in der Öffentlichkeit ein neues Verhältnis zur Wissenschaft eingeleitet wurde, zum anderen anhand der mit den amerikanischen Sozialprogrammen entstandenen Evaluationsforschung, die als innerwissenschaftliche Kritik ein hohes Maß an politischer Instrumentalisierbarkeit ermöglichte. Schließlich dient mir der von Rachel Carson prognostizierte „Silent Spring" dazu, eine weitere Kritik an der Wissenschaft herauszuarbeiten, die anders als die zwei vorher genannten Beispiele auch den Bereich der Naturwissenschaften einbezieht.

1.3.1 Die Vereinbarkeit von Religion und innerweltlichem Lernen

Shapiro (1991) hat für das Verhältnis von Religion und innerweltlichem Lernen bis in das 19. Jahrhundert drei Zustände herausgearbeitet:
1. weltliches Lernen ist für die Religion gefährlich und deshalb zu überwachen (Konflikt),
2. weltliches Lernen kann in die Religion einbezogen werden (Integration),
3. weltliches Lernen und Religion können sich gegenseitig ergänzen, sind aber zwei prinzipiell voneinander unabhängige Bereiche (Isolation).

Besonders die zweite Möglichkeit wurde im Mittelalter angewandt, es kam aber zu mehrfachen Krisen dieses Verhältnisses. Die erste von der Wissenschaft für das religiös geprägte Weltbild ausgehende Gefahr wurde im frühen Mittelalter durch ein Problem deutlich: Das Ausbleiben der angekündigten Parusie warf die Frage nach der Verortung innerweltlicher Entwicklung auf.[18] Auf der Basis neoplatonischer Philosophie entwarf Augustinus das lange Zeit gültige Modell der Patristik, nach dem die Wissenschaft vor allem zu einer besseren Kenntnis des

---

18 Siehe zu den daraus resultierenden innerweltlichen Problemen am Beispiel der Stellung von Staat und Kirche Dumont (1991).

göttlichen Willens führen könne.[19] Als wesentliche Einschränkung fungierte dabei der Rekurs auf die biblischen Schriften, die als Autorität über andere Wissensbestände gestellt wurde. Das ancilla theologicae-Konzept der Unterordnung der Wissenschaft unter die Religion ermöglichte sowohl die Zunahme an religiöser Erkenntnis durch die Interpretation vorhandener Schriften als auch die Begrenzung anderer Erkenntnisbereiche. Die Annahme, dass die Schöpfung der Welt das Ergebnis eines göttlichen Willensaktes sei, der auch die Naturgesetzlichkeiten einschließt, bedeutete, wenn nicht bereits das Verbot der sich auf die Natur richtenden Neugierde (Blumenberg 1984) selbst, dann zumindest die Marginalisierung derartiger Anstrengungen. Diese, für eine naturwissenschaftliche Forschung ungünstigen Bedingungen stellten allerdings die Voraussetzung für andere Bereiche innerweltlicher Entwicklung. Bei dem Versuch, das Weltbild konsistent zu halten, wurden andere, vor allem technische Entwicklungen zugelassen, die weitreichende Folgen hatten.

Ab dem 6. Jahrhundert lassen sich neue Technikverwendungen im Bereich der Landwirtschaft nachweisen, deren Effekt in enormen Produktivitätssteigerungen lag. Die Einführung der Dreifelderwirtschaft und des schweren Räderpfluges führten bis zum 11. Jahrhundert zu einer effektiveren Landwirtschaft mit entsprechenden Überschüssen, durch die erst die Versorgung einer städtischen Population möglich wurde. Die Nutzung neuen technischen Wissens machte soziale Veränderungen notwendig. So galt es, die Siedlungsstruktur an die Erfordernisse der Technik anzupassen: Die kleinzellige Parzellierung des Bodens um Einzelhöfe herum stand der neuen Pflugtechnik entgegen. White (1968, 1972a) nimmt an, dass der Unterhalt eines achtköpfigen Ochsengespanns oder von Pferden als Zugtiere zur Herausbildung von Markgenossenschaften führte, die arbeitsteilig Futtermittel anbauten und die damit verbundenen Risiken teilten. Dieses Organisationsprinzip führte zur Anlage größerer Felder, zu einer Aufteilung von Aufgaben und einer zeitlichen Strukturierung, deren Erfolg in einer besseren Nutzung der Arbeitskraft und damit gestiegener Erträge lag. Die Um-

---

19 Bereits 1951 hat Theodor Mommsen diesen doppelten Entwicklungsgedanken bei Augustinus als einen kritischen Fortschrittsgedanken herausgearbeitet. Danach ist das innerweltliche Lernen im Bereich der Technik ein zweischneidiges Schwert, das materielle Verbesserungen und destruktive Optionen zugleich bietet. Siehe dazu auch Sennett (1990).

strukturierung der landwirtschaftlichen Besiedlung für den Technikeinsatz stellte vor allem eine Erfahrung mit innerweltlicher Entwicklung und dem Wandel sozialer Organisation dar.

Ein anderes Ergebnis des steigenden Technikeinsatzes im frühmittelalterlichen Europa war die Ausdifferenzierung der Rolle des Technikers. Der neue Lerntypus schloss an handwerkliche Traditionen an, seine Wissensvermittlung wurde durch eine Lehrlingsausbildung betrieben, bei der die Weitergabe von Know-how im Vordergrund stand. Der Bedarf an Technikern wuchs mit der Effizienz der landwirtschaftlichen Produktion und der Gründung und Vergrößerung von Städten, neue Produkte im Bereich der Textilherstellung und der Metallbearbeitung wurden durch neue technische Verfahren zum Ersatz menschlicher Arbeitskraft durch Maschinen möglich.

Die Charakteristik der Technik des Mittelalters kann man an dem Bau der gotischen Kathedralen verdeutlichen. Obwohl kaum nennenswertes theoretisches Wissen vorhanden war, die Baumeister ohne Konstruktionspläne auskommen mussten und nur auf wenige Messapparaturen zurückgreifen konnten, wurden Bauwerke hergestellt, deren Ausmaße erst durch Entwicklungen der Bautechnik der letzten hundert Jahre übertroffen werden konnten. Diese Leistung ist umso erstaunlicher, wenn man sich vergegenwärtigt, dass einheitliche Messsysteme zur Übertragung lokalen Wissens fehlten und durch den Umstand, dass aufgrund der langen Bauzeit mehrere Baumeister nacheinander an der Fertigstellung arbeiteten. Das notwendige mechanische Wissen wurde nicht in abstrakter Form weitergeben, sondern als Anwendungswissen und über konkrete Herstellungswerkzeuge. Turnball (1993) erklärt den Erfolg dieser Methode mit sukzessiven Lernschritten, die durch technische Experimente ermöglicht wurden. Dabei wurde Wissen, z.B. über die Abbindezeiten von Werkstoffen und deren Trocknungsverhalten erprobt und als Daumenregeln weitergegeben. Ein anderes Mittel der Wissensübermittlung stellten technische Gegenstände dar, über Formen ließ sich die Größe von Steinen präzise ermitteln: *"This small item of representational technology has much of the power of a scientific theory; it manifests the integration of science and technology and theory and practice, and it is a solution of the central problem of how knowledge was transmitted. It was the use of templates...that...enabled the construction of extremely high, radically innovative buildings"* (317).

Der Einsatz neuer Technik in der Landwirtschaft, der Produktion und im Kriegshandwerk und die Möglichkeiten neuer Bautechnik führten zur Herausbildung einer Gruppe von professionellen Problemlösern und zur Ausdifferenzierung innerweltlichen Lernens: *„Here was a mood without historical precedent: it marks the invention of invention as a total project. It was the mood of Europe's technicians from the later thirteenth century onwards."* (White 1972b: 159) Von diesem reflexiven Modell der Entwicklung und des Einsatzes von Technik ging ein wesentlicher Impuls auf die Ausprägung der Fortschrittsorientierung aus. Einen anderen Impuls stellte die Wiederentdeckung der griechischen Philosophie, insbesondere der aristotelischen Wissenschaft ab dem 12. Jahrhundert dar, durch die der Wissensfundus enorm erweitert wurde. Die Frage nach der Integration von Erfahrung und Offenbarung in das christlich-mittelalterliche Weltbild stellte sich dabei erneut. Deutlich wird dies vor dem Hintergrund des Verdikts theologischer und naturwissenschaftlicher Aussagen an der Universität Paris in den Jahren 1270 und 1277.[20] Die dabei involvierten Gruppen unterschieden sich durch ihre Position zum Verhältnis von Theologie und Naturwissenschaft. Während die Vertreter des Averroïsmus auf die Autonomie der Philosophie abstellten, die Neoaugustiner das Verhältnis von Theologie und Wissenschaft konservieren wollten, suchten die am Ende erfolgreichen Thomisten eine Vermittlung zwischen diesen Extremen.[21] Ihnen ging es darum, einen konsequenzentlasteten Freiraum für die spekulative Naturerkenntnis zu schaffen, ohne das theologische Ideengebäude anzutasten.

Eigentümlich ist, dass es bis in die 70er Jahre des 13. Jahrhunderts gelungen war, die aristotelische Philosophie in das Weltbild einzubauen und eine derartig verschärfte Problemsicht erst zu diesem Zeitpunkt entstand.[22] Die Erklärung liegt vermutlich in der Entwicklung der Universitäten selbst; es ging um die Vorherrschaft über die sich

---

20 Siehe dazu vor allem Wippel (1977).

21 *„Während das erste...Modell zwar der Forderung nach Notwendigkeit und Allgemeingültigkeit der Wissenschaft vorzüglich entspricht, aber...keinen Platz für einen christlichen Schöpfergott läßt...kommt das zweite zwar der Wissenschaft nicht entgegen, ist aber dafür sehr wohl in der Lage, die christliche Gottesauffassung...zu integrieren."* (Keßler 1994: 22)

22 Roger Bacon hatte noch nach 1240 an der Pariser Universität Aristoteles gelehrt.

ausdifferenzierende Institution der Wissensvermittlung. Die aus den Klosterschulen entstandenen Universitäten nahmen ein kirchliches Zugangsmonopol zum Wissen für sich in Anspruch, das dadurch abgesichert wurde, dass das Studium der Theologie zur Voraussetzung für weitere, einer professionalisierten Schicht von Kirchenleuten vorbehaltene Studien blieb.[23] Eine von der Theologie unabhängige Wissenschaft hätte den Anspruch der Kirche auf das Lehrmonopol gefährdet, eine Tendenz, die sich in der Medizin bereits abzeichnete. Es kam hier dann zu einem Rückschritt, zu einer Latenzphase, die erst mit der Übernahme der aristotelischen Schriften in den Lehrplan auf der Basis der thomistischen Interpretation des Verhältnisses von Natur und Gott beendet wurde. Was wie eine Verzögerung im Prozess der Entwicklung der Naturwissenschaft aussieht, barg allerdings ein dynamisches Element in Form der sich durchsetzenden Hypothesenbildung und Quantifizierung.[24] Entwickelt wurde ein spezifisches Argumentationsmuster, eine Form der logischen Argumentation, das zu einem Baustein für die moderne Wissenschaft wurde.

Die wesentlichen Leistungen des Mittelalters für die Entwicklung der Wissenschaft - die Formulierung eines begrenzten Fortschrittsgedankens, mit dem innerweltliches Lernen im Bereich der Technik und der sozialen Organisation begründet werden konnte, die Entwicklung der scholastischen Methodologie und die Universität als sozialer Ort der Wissensvermittlung - wurden in der Renaissance weitreichender Kritik unterzogen. Die philologische Arbeit an den neu übersetzten Schriften des Altertums führte zu einem schärferen Bild der griechischen Philosophie, vor dem die mittelalterliche Interpretation schon allein deshalb als Irrweg schien, da sich widersprechende Daten und

---

23 Vgl. zu diesen protektionistischen Bemühungen Funkenstein (1987). Siehe zur Ausdifferenzierung der Universitäten Stichweh (1994a).

24 Dazu Grant (1986): „*The hypothetical character of the arguments is probably attributable to the Condemnation of 1277 and its long aftermath. Either because it was the safer course to pursue or perhaps because of the widespread conviction among theologians that God's nature and the motives for his actions were not directly knowable by human reason and experience, it became rather standard procedure to couch technological problems in hypothetical form...With their overwhelming emphasis on natural philosophy and logic, and sufficient training in geometry, they may have found it quite natural to formulate, and even recast, their hypothetical theological problems in the quantitative languages that had formed their common educational background*" (62).

Folgerungen offensichtlich außer acht gelassen worden waren.[25] Das Resultat war eine geänderte Einstellung zu den Klassikern und den mittelalterlichen Schriften. Das überlieferte Wissen wurde nicht länger für sakrosankt, sondern für fehlbar gehalten. Der Zweifel wurde damit zu einem Aspekt der Wissenschaft,[26] der Blick wurde auf die Quellen des Wissens gerichtet, allerdings noch ohne ein differenziertes Wahrheitskriterium zu entwickeln oder den Schwerpunkt auf die Erzeugung neuen Wissens zu legen.

Eine weitreichende Folge dieser Veränderung war die Entdeckung der Geschichte und der Kontingenz sozialer Organisation und Institutionen,[27] aber noch ohne die Formulierung eines systematischen Fortschrittsgedankens: *„Die Renaissance brachte...das Bewußtsein einer neuen Zeit hervor, aber noch nicht das des Fortschreitens in eine bessere Zukunft, solange das Mittelalter als dunkle Zwischenzeit erschien, über die hinweg das Altertum als Vorbild betrachtet wurde."* (Koselleck 1975: 371)

Die Wissenschaft diente noch weitgehend der Weltbilderklärung, ihre Definition leisteten im Wesentlichen die scholastischen Theologen im Sinne einer Methodologie der logischen Ableitung von Wahrheit aus letzten Prinzipien. Die humanistischen Gelehrten argumentierten dagegen für eine Wissenschaft, die Wahrheit auf empirische Evidenz aufbauen und sich an Bedürfnissen orientierten sollte, die mit den Kaufleuten und der städtischen Organisation entstanden waren (Vasoli 1988). Diese partielle Umorientierung auf weltliches Wissen wurde neben dem Recht vor allem im Bereich der Medizin vorangetrieben, beide Bereiche stellten den wichtigsten Teil der nichttheologischen Disziplinen der italienischen Universitäten der Renaissance dar und ermöglichten den Einbezug humanistischer Ideen in die Universität.[28]

Anschlussfähig an diese methodologischen und ontologischen

---

25 Stichweh (1994a) verweist darauf, dass das Ziel der Bewahrung und Systematisierung vorhandenen Wissens *„ die Unwahrheit des tradierten Wissens nicht allzu wahrscheinlich..."* (91) macht.

26 Diese kritische Haltung drückt sich in der im 14. Jahrhundert aufkommenden Praxis aus, zu den üblichen Kommentaren auch umfangreiche Fragenkataloge zu bekannten Texten anzufertigen und zirkulieren zu lassen. Vgl. dazu Wallace (1988): 209f.

27 Vgl. dazu Trinkaus (1990: 674).

28 Zur Entwicklung des Humanismus in Italien und die Folgen für die Universitäten siehe Lohr (1988: 585ff.).

Prinzipien waren die nach dem Pariser Verbot in die Medizin übergewechselten Averroïsten. In diesem im Vergleich zur Theologie weniger prestigeträchtigen Bereich waren durch die (Wieder-)Entdeckung klassischer Schriften neue Behandlungs- und Untersuchungsmethoden eingeführt und weiterentwickelt worden, die den Streit darüber, ob die Medizin als Wissenschaft oder als Kunstfertigkeit einzustufen war, neu belebten, der zu dem Ergebnis führte, dass die Medizin beides sei (Crombie 1994: 318).

Das virulent gewordene Problem der Integration der Wissenschaft in das christliche Weltbild wurde durch eine innerweltliche Neujustierung des Individuums flankiert. Den Nukleus der Auseinandersetzungen, an deren Ende eine disziplinäre Konzeption mit jeweils eigenen Methoden und Prinzipien stand, stellte die Frage nach der Unsterblichkeit der Seele dar. Nach den aristotelischen Prinzipien hatte die Seele eine materielle Form und war deshalb sterblich, nach der christlichen Lehre hingegen war sie unsterblich. Die thomistische Interpretation hatte, wie vor dem Hintergrund der philologischen Textexegese und der kritischen Haltung deutlich geworden war, einen Widerspruch erzeugt.[29] Dessen Auflösung bestand wegen ihrer Unkenntnis der Offenbarung in der Aussetzung der Gültigkeit der aristotelischen Philosophie für die Theologie und der Verlagerung des Problems in die Philosophie. Deren Schwerpunkt wurde damit die Metaphysik, mit dem Effekt der Befreiung der Naturphilosophie von Rücksichten: „*Philosophy thus became metaphysics, while subject-matter which had belonged to the Aristotelian physics was free to become natural science...The formulation of an independent philosophy...relieved the scientists of the obligation to relate their conclusions to Aristotelian principles.*" (Lohr 1988: 605) Damit wurde die Neudefinition der Wissenschaft als Summe des vorhandenen Wissens ermöglicht, das es mit disziplinspezifischen Grundsätzen und Regeln zu systematisieren galt.

Ein ähnlicher Verlauf lässt sich für den Bereich der Willensfreiheit des Individuums und seiner Abhängigkeit von der Vorsehung ab dem 14. Jahrhundert nachweisen. Hier stellte sich das Dilemma ein, dass die Annahme eines freien Willens kaum mit der Vorstellung zu vereinbaren war, dass die menschlichen Handlungen vorbestimmt seien.

---

29 Vgl. dazu Popkin (1988).

Der Verzicht auf diese Annahme hätte zur Folge gehabt, dass moralische Positionen und göttliche Sanktionen ohne Begründung geblieben wären. Poppi (1988) verweist auf das verbreitete Angstklima zu Beginn der Renaissance, das durch Seuchen und politische wie ökonomische Entwicklungen erzeugt worden war, in dem die Astrologie als Interpretation des Schicksals und der Rat deterministisch argumentierender Mediziner und Naturwissenschaftler zugleich hohe Konjunktur hatten. Diese Situation zeichnete sich dadurch aus, dass *„Belief in devine providence where wordly matters were concerned was somewhat enfeebled. Man must now struggle alone against adversities sent by blind fortune."* (647) Die Lösung der Frage von Determinismus und Freiheit wurde zu einem weiteren Impetus der innerweltlichen Orientierung und zum zentralen Bestandteil des Protestantismus.

Die Neudefinition der Wissenschaft resultierte aus der neuen disziplinären Aufgabenverteilung und der Aufwertung des Anwendungswissens. Vor allem in der Medizin wurde eine Verbindung zwischen theoretischer Erkenntnis und Anwendung hergestellt. Eine ähnliche Entwicklung lässt sich in der italienischen Architektur ab dem 15. Jahrhundert nachweisen. Long (1985) fasst den Erfolg dieser neuen Orientierung zusammen: *„The Italian tradition of architectual writing soon spread to the rest of Europe, carrying with it an orientation toward teaching practitioners theory and a concomitant belief in the unity of theory and practice."* (287) Der Buchdruck beschleunigte die Verbreitung dieser Schriften, der steigende Bedarf an praxisrelevantem Wissen unterminierte den Stellenwert der Theologie an den Universitäten und anderen Bildungseinrichtungen weiter.

Wurde die Basis der scholastischen Wissenschaft damit schwächer, gewannen dagegen die Humanisten an Stellenwert, wenn man Long folgt und annimmt, dass *„the prospective audience for this literature was very broad conceived and included, importantly, an ‚unlearned' readership"* (Long 1985: 281). Die Formulierungs- und Darstellungskunst der Humanisten erfüllte hier den Zweck der Popularisierung der neuen Wissenschaft (Blair 1992). Parallel damit verliefen Veränderungen innerhalb der Religion. Die Rationalisierung der Religion als eine neue Haltung zu Gott und zur Freiheit des Individuums wurde durch die innerweltliche Askese zu einem konsistenten Weltbild und stellte das wesentliche Movens für die Systematisierungsleistungen im Bereich der Technik dar (Weber 1922).

Die Funktion der mittelalterlichen Wissenschaft bestand, so will ich hier kurz zusammenfassen, primär in der Interpretation der Offenbarung. Diese Unterordnung der Wissenschaft unter die Religion ermöglichte die Verbindung von Erfahrung mit Religion. Der Bereich des innerweltlichen Lernens wurde auf technische und soziale Entwicklungen reduziert, die damit gegebene relative Unabhängigkeit mündete in die Rolle des Technikers und ein reflexives Lernmodell ein. Die wegen der Gefährdung des christlichen Weltbildes durch die griechische Philosophie ausgesprochenen Verbote ermöglichen eine Neubewertung der Autorität des Aristoteles und führten zur Ausbildung systematischer Kritik. Die Methode der Spekulation und der Hypothesenbildung wurden durch entstandene Inkonsistenzen befördert, zusammen mit dem scholastischen Modell logischen Schließens auf der Basis letzter Aussagen wurde die Rationalisierung der Wissenschaft vorangetrieben. Ökonomische Entwicklungen führten in der Folge zu einer Neubewertung von Praxiswissen, das durch die Humanisten eine popularisierbare Form erhielt, religiöse Entwicklungen erzwangen darüber hinaus eine Neupositionierung des Individuums, die im Protestantismus ihren Ausdruck fand.

1.3.2 Die Rationalisierung des Verhältnisses von Naturphilosophie und Religion

Die Begründung für eine unabhängige Naturwissenschaft wurde in der Renaissance für zwei Bereiche gegeben: Für die Praxis, indem die Systematisierung innerweltlicher Entwicklungsmöglichkeiten als das Ziel der Wissenschaft angesehen wurde, für das Weltbild mit dem Ziel der Aufdeckung von Naturgesetzen. Beide Bereiche hatten Vorläufer: Innerweltliches Lernen im Bereich der Technik und als humanistische Hinwendung zu praxisnahem Wissen zielten auf Anwendung, Textinterpretationen und logische Schlussfolgerungen der scholastischen Wissenschaft auf die Annäherung an den göttlichen Plan. Neu war aber die Positionierung des Verhältnisses von Wissenschaft und Religion; anstelle der oben dargestellten thomasischen Unterordnung der Wissenschaft, wurde nun die Unabhängigkeit der Wissenschaft von der Religion als die wesentliche Voraussetzung herausgestellt, um Leistungen zur Verfügung zu stellen, die eben auch religiösen Wert hatten. Der Beginn der neuzeitlichen Wissenschaft setzt zu dem Zeitpunkt ein, als es gelang, Forschung als autonome Handlung zu bestimmen, deren Ergebnisse praktische und religiöse Relevanz zugleich besassen, ohne dass die Übereinstimmung mit den überlieferten Glaubensgrundsätzen direkt nachgewiesen werden musste.[30]

Dazu bedurfte es einer Bewertung von neuem Wissen als ein anstrebenswertes Ziel und eines Geschichtsbewusstseins, das auf dem Prinzip kumulativer Entwicklung basierte.[31] Es ging also darum, Fortschritt als eine gesellschaftliche Orientierung zu etablieren.[32] Für die utilitaristische Konzeption der Wissenschaft stand vor allem Francis Bacon, für die wissenschaftliche Untersuchung der Natur als Teil der göttlichen Vorsehung Isaac Newton.[33] Die Idee der kumulativen Entwicklung neuen Wissens durch organisierte Erkenntnisproduktion bedeutete vor allem aber einen besonderen Umgang mit Unsicherheit. Die grundsätzliche Frage, wie Aussagen angesichts der beschränkten menschlichen Erkenntnismöglichkeiten Wahrheit zugesprochen werden konnte, wurde durch ein Forschungsprogramm beantwortet, das einen Wechsel auf die Zukunft zog. Dies wurde vor dem Hintergrund der für das 16. Jahrhundert nachweisbaren Verunsicherung über die prinzipielle Erkennbarkeit der Natur, die zu einer Vielfalt naturalistischer Konzepte führte, deutlich. Dieser Skeptizismus bezog sich auf neues und überliefertes Wissen gleichermaßen:[34] *„Because fallible minds, even*

---

30 Die Auseinandersetzung um Galileos neues astronomisches System war gewissermaßen der Beginn dieser Differenzierung. Dass seine Ergebnisse vor dem Hintergrund des christlichen Weltbildes ohne das damit gegebene Potential zur Entdeckung des göttlichen Plans bewertet wurden, zeigt, dass sich zu diesem Zeitpunkt die Überzeugung der Folgelosigkeit von Forschung noch nicht durchgesetzt hatte.

31 Dies dokumentiert sich u.a. in der Aufgabe der Überzeugung, dass das Wissen der Antike bereits erschöpfend gewesen war und es nur galt, die im Mittelalter entwickelten Restriktionen zu überwinden. Vgl. Jardine (1988: 707).

32 Zu der Verbindung handwerklicher Traditionen mit wissenschaftlicher Methodik im Fortschrittsbegriff der Wissenschaft siehe Zilsel (1945).

33 Siehe dazu etwa Stewart (1992), der aus der Gleichzeitigkeit utilitaristischer und auf die Vorsehung abstellender Konzeptionen den Erfolg der Wissenschaft erklärt.

34 Als Faktoren nennt Popkin (1988) die humanistischen Angriffe auf die scholastischen Ideen, die Wiederentdeckung antiker Philosophie und neue geographische, astronomische und anatomische Erkenntnisse sowie die religiösen Auseinandersetzungen der Reformations- und Gegenreformationszeit. Als

those using the best available evidence and reasoning, might commit error, they [die neuen Naturphilosophen] insisted on the need for an open-ended debate and discussion. This probabilistic orientation encouraged the view of an interchange about a problem or subject may yield further information or result." (Shapiro 1991: 51) Diese Umstellung auf ein probabilistisches Konzept intersubjektiver Gültigkeit stellte den Kern des Baconschen Forschungsprogramms dar.[35]

Dieses Programm basierte auf der Ablehnung der scholastischen Methodologie des Schließens und Ableitens aus unveränderbaren Letztbegründungen, gegen die ein prozeduraler Begriff von Wahrheit, die durch eine nicht abschließbare Folge empirischer Prüfung gewonnen werden kann, gestellt wurde (Böhme 1992: 130). In diesem Prozess der Forschung sollten der herstellende Charakter von Technik und die prüfende logische Methode mit dem Ziel integriert werden, neues Wissen zu erzeugen. Der experimentelle Eingriff in die Natur sollte wissenschaftlichen Fortschritt generieren, der als Beherrschung von technischen Funktionszusammenhängen zugleich als ein gesellschaftlicher Fortschritt angesehen wurde.[36] Die damit vorgenommene Verkopplung von Neuigkeit und Nützlichkeit stellte die erste systematisch entwickelte Legitimation der Wissenschaft dar. Die gesellschaftlichen Anpassungen an die Wissenschaft waren damit aber noch nicht vollzogen, die Wissenschaft als *„ein kollektives, auf Innovation hin organisiertes System"* (Böhme 1992: 130) noch nicht institutionalisiert. Wie Shapin (1991) nachweist, konnte die neue Wissenschaft, obwohl sie auf das vorhandene protestantische Muster des Fortschritts aufbaute,[37] die vorhandenen Widerstände nicht sofort beseitigen.

Ergebnis stand, dass *„In a whole range of areas of intellectual concern, people were questioning accepted views. Sometimes this questioning led to asking if there could be any certain, unassailable knowledge about the natural or human world."* (678)

35 Einen kritischen Überblick über die philosophischen (Miss-) Interpretationen der Forschungsmethode Bacons gibt Vickers (1992).

36 *„Sein Programm...fügte sich damals in das Konzert der vielen Stimmen, die die religöse Reformation, die durch die großen Reformatoren in Gang gesetzt war, zu einer allgemeinen Reformation der ganzen Welt erweitern wollte. Was Bacon von den anderen Reformern...unterschied, war, daß er...sich den Fortschritt des Menschengeschlechts eben von der Entwicklung von Wissenschaft und Technik versprach."* (Böhme 1992: 129)

37 Zur Rolle des Protestantismus als aktivem Nukleus dieser Entwicklung siehe Webster (1986).

Die Legitimität der experimentellen Wissenschaft wurde in zwei Bereichen in Frage gestellt: Wissenschaftsintern bezogen auf die Steigerung der Leistungsfähigkeit des Systems Wissenschaft und wissenschaftsextern als Auswirkungen dieses wissenschaftlichen Diskurses auf die Gesellschaft. Wie Shapin/Schaffer (1985) zeigen, war es insbesondere Thomas Hobbes, der gegen diese Form der Auseinandersetzung argumentierte. Vor dem Hintergrund des britischen Bürgerkrieges formulierte er in seiner Staatstheorie, dass ein wesentliches Handlungsmotiv der Individuen in der Maximierung ihres Eigennutzes liege. Die angenommene Gleichheit der Menschen im Urzustand, wie er seinen Idealtypus nannte, führt zum „*Bellum omnium in omnes*". Die Gefährdung des eigenen Lebens in dieser Bürgerkriegssituation ist danach nur durch einen abgestimmten Prozess der Nutzenmaximierung zu beenden, d.h. durch den kollektiven Verzicht auf Gewalt. Ein Gesellschaftsvertrag darüber kann aus utilitaristischer Sicht nur durch eine Macht garantiert werden, die selbst nicht der gesellschaftlichen Legitimität unterworfen ist.

Mit dem Entwurf einer Wissenschaft, die auf eine vergleichbare Instanz verzichten kann und auf einen normativ abgesicherten, herrschaftsfreien Diskurs abstellt, wurde ein Gegenmodell entworfen, das auch als Ressource für die Staatstheorie dienen konnte.[38] Der Protagonist der Royal Society und Widersacher Hobbes, Robert Boyle legte deshalb Wert auf die Beachtung besonderer Regeln des Disputs, durch die sichergestellt werden sollte, dass über Experimente und Fakten, nicht aber Personen und politische oder religiöse Ansichten gesprochen wurde.[39] Dies galt auch für den Umgang mit Gegnern, selbst dann, wenn diese zu Beleidigungen griffen.

Für Hobbes, der sich in seiner Wissenschaftstheorie darauf konzentrierte, Meinungen und Wissen auseinanderzuhalten, wodurch er sich von der Scholastik und den religiösen Sektierern absetzte, lag ein besonderes Problem der experimentellen Wissenschaft darin, dass die

---

38 „*The experimental polity was said to be composed of free men, freely acting, faithfully delivering what they witnessed and sincerely believed to be the case. It was a community whose freedom was responsibly used and which publicly displayed its capacity for self-discipline. Such freedom was safe. Even disputes within the community could be pointed to as models for innocuous and managed conflict.*" (Shapin/Schaffer 1985: 339)

39 „*Dissension...especially involving the intrusion of rejected modes of speaking, was deemed fatal.*" (Shapin/Schaffer 1985: 80)

Beobachtungen in Experimenten nicht allgemein zugänglich sind, also private Ansichten darstellten. Dieses Problem konnte seiner Ansicht nach durch die experimentelle Wissenschaft nicht gelöst werden, da hier ein prinzipieller Methodenverstoß vorlag. Anstelle von definierten Begriffen auszugehen und die experimentelle Prüfung abgeleiteter Hypothesen vorzunehmen, versuchten die Mitglieder der experimentellen Wissenschaft, die Versuchsergebnisse theoretisch zu erklären. Sie benutzten die induktive anstelle der deduktiven Methode. Gültiges Wissen war für Hobbes auf diese Art nicht zu gewinnen, sondern nur Spekulationen, die zu einer Gefährdung der Ordnung werden konnten, da er die entstehenden Kontroversen mit zivilisierten Mitteln im Rahmen des neuen wissenschaftlichen Diskurses für nicht lösbar hielt.[40] Die Dekontextualisierung dieser Meinungen durch die prinzipiell an jedem Ort mögliche Replikation der Experimente war es, die von der experimentellen Wissenschaft dieser Kritik entgegengehalten wurde. Anstelle des nach Hobbes ausreichenden einmaligen Beweises der Gültigkeit von Theorien durch den Hypothesentest wurde die Wiederholung von Experimenten eingeführt und ihre Gültigkeit durch die Anwesenheit von Zeugen gesichert. Damit erhielt die experimentelle Wissenschaft eine empirisch-induktive Orientierung, die sich allerdings noch sozial durchsetzen musste. Der wissenschaftsinternen Kritik von Hobbes konnten aber zu dem damaligen Zeitpunkt kaum technisch-wissen-

---

40 *„Die Sicherheit ergibt sich weder aus der Vernunft eines einzelnen noch aus der irgendeiner Anzahl von Menschen - ebensowenig wie eine Rechnung deshalb richtig durchgeführt worden ist, weil sie von einer großen Anzahl von Menschen übereinstimmend für richtig befunden wurde. Und deshalb müssen die Parteien bei einem Streit über eine Rechnung über eigene Übereinkunft die Vernunft eines Schiedsrichters oder Richters, zu dessen Urteil sie beide stehen wollen, als rechte Vernunft einführen, oder ihr Streit muß entweder zu Handgreiflichkeiten führen oder unentschieden bleiben, da es keine von der Natur eingesetzte Vernunft gibt. Dies gilt für alle Arten von Streitigkeiten. Und wenn Leute, die sich für klüger als alle anderen halten, ein Geschrei anstimmen und die rechte Vernunft zum Richter fordern, jedoch nichts anderes wollen, als daß die Dinge nach keines anderen Vernunft als ihrer eigenen entschieden werden sollten, so ist das für die menschliche Gesellschaft... unerträglich"* (Hobbes 1992: 33).

schaftliche Erfolge entgegengesetzt werden.[41] Die Behauptung, dass mit der experimentellen Wissenschaft ein gesellschaftlich relevanter technischer Fortschritt zu erreichen war, blieb bis in das 19. Jahrhundert ideologisch, die Nachfragen der Wissenschaft an die Technik und umgekehrt auf Einzelfälle bezogen. Erst die Systematisierung der gegenseitigen Nachfrage änderte diese Situation.[42]

Die Frage, warum sich die experimentelle Wissenschaft trotz der vorhanden Kritik durchsetzen konnte, bleibt damit noch unbeantwortet. Festgehalten werden kann, dass mit ihr ein neues Verständnis gesellschaftlicher Kommunikationen einherging. Die Einführung des herrschaftsfreien, nach eigenen Kriterien prozedierenden wissenschaftlichen Diskurses war gesellschaftlich ohne Vorbild. Die Ausdifferenzierung des Systems Wissenschaft wurde für die entstehende bürgerliche Gesellschaft deshalb selbst zum Entwicklungsmuster: Die Aufklärung und die Trennung von Staat und Kirche entstanden vor dem Hintergrund einer Diskursform, die zum Paradigma für die Gesellschaft wurde und anders als Hobbes gefordert hatte, ohne externe Kriterien auskam und einen eigenen normativen Rahmen entwickelte. Ihre gesellschaftliche Legitimität bezog die experimentelle Wissenschaft danach aus dem Umstand, dass den vorhandenen Kommunikationsformen diese Ausdifferenzierung noch fehlte.[43]

Die experimentelle Wissenschaft Bacons hat als ihre Adressaten Praxisbereiche gewählt, deren Vertreter sich ihren neuen gesellschaftlichen Status erst noch erkämpfen mussten. Die Überzeugung, dass das im Labor erzeugte Wissen für praktische Lebensbereiche

---

41 Hinzu kamen gesellschaftliche Vorbehalte vor allem aus der Oberschicht, die die experimentelle Wissenschaft einerseits wegen ihrer Nähe zu den handwerklichen Traditionen der unteren Schichten ablehnte und sie andererseits mit der Gelehrtenwissenschaft identifizierte, deren Pedanterie im Widerspruch zu dem gemeinwohlorientierten Umgangsstil der herrschenden Schicht stand.

42 Vgl. Böhme/Daele/Krohn (1978: 352ff.) und Shapin/Schaffer (1985: 340).

43 *„The experimental philosopher could be made to provide a model of the moral citizen, and the experimental community could be constituted as a model of the ideal polity. Publicists of the early Royal Society stressed that theirs was a community in which free discourse did not breed dispute, scandal, or civil war; a community that aimed at peace and had found out the methods for effectively generating and maintaining consensus; a community without arbitrary authority that had learnt to order itself...Here was a functioning example of how to organize and sustain a peaceable society between the extremes of tyranny and radical individualism.*" (Shapin/Schaffer 1985: 341)

verfügbar gemacht werden konnte, blieb allerdings bis in das 19. Jahrhundert eine Illusion. „*The majority of technical improvements achieved in the early eighteenth century were similarly the product of the works of artisans, craftsmen, or inventors, rather than of natural philosophers themselves...Improvements...were carried out mainly by unknown craftsmen...or entrepreneurs who encouraged them.*" (Mandelbrote 1996: 77) Eine Nachfrage nach Wissen bestand vor allem für die Bereiche Ethik, Recht und Staatstheorie, die von den Humanisten abdeckt wurden; ihnen war es gelungen, die Praxisrelevanz ihrer Kenntnisse für die herrschenden Kreise nachzuweisen und diese Überzeugung populär zu machen. An diese gesellschaftliche Entwicklung, die dem innerweltlichen Lernen einen hohen Stellenwert einräumte und sich durch den Anwendungserfolg legitimierte, knüpfte die experimentelle Philosophie an.[44] Die utilitaristische Begründung der Naturwissenschaft zielte dabei auf den religiösen Deutungskontext ab, der durch den Protestantismus aufgespannt worden war und die allgemeine Reformation der Welt mit einschloss. Die Entwicklung der Wissenschaft war Teil dieses Modernisierungsprozesses der Rationalisierung der Welt (Weber 1922: 1ff.).

Eine Veränderung ihrer Stoßrichtung erfuhr die Naturwissenschaft durch den Erfolg der mechanischen Philosophie, die die von Bacon und seinen Nachfolgern in den Vordergrund gestellte Legitimationsfigur der praktischen Nützlichkeit fallenließ und statt dessen die Entdeckung der göttlichen Schöpfung als Ziel der Wissenschaft betonte. Mit dem Triumph der Newtonschen Mechanik Ende des 17. Jahrhunderts wurde an das augustinische Legitimationsmuster angeknüpft (Hakfoort 1995: 391), ohne dabei die Autorität der Religion für den Bereich des weltlichen Lernens wiederherzustellen. Die Verbindung von Technik und Wissenschaft, die von der experimentellen Philosophie eingegangen worden war, blieb bestehen, allerdings wurde eine Umstellung von der

---

44 „*The new philosophers also were formed by and addressed themselves to an audience created by the humanists. Humanists had challenged the clerical monopoly of intellectual life, and created a religiously-oriented combined lay-clerical audience attuned to intellectual production and consumption...The humanists also pioneered in making learning accessible and attractive. They not only cultivated an intellectual élite that would be attracted to their most erudite productions but also produced popularizations, translations, polemics and schoolbooks to attract a wider audience, making impressive use to the technological innovations provided by printing.*" (Shapiro 1991: 53)

induktiven Forschungsmethodologie Bacons auf eine deduktive vorgenommen. Der durch Bacon hergestellte Nexus von Nützlichkeit und Neuheit, durch den die experimentelle Wissenschaft - wenn auch weitgehend auf einer unbewiesenen Behauptung beruhend - Legitimation bezogen hatte, wurde aufgelöst. Der Bereich der technischen Entwicklung wurde als weitgehend autonom von der wissenschaftlichen Forschung konzipiert, wechselseitige Verweise blieben im Wesentlichen dem Instrumentenbau vorbehalten.[45] Mit dieser Entwicklung wurde die bis heute gültige gesellschaftliche Legitimation der Wissenschaft weitgehend vollzogen:

- die Physik gab damit das Modell der Wissenschaft ab, an dem sich andere Disziplinen orientierten,
- wissenschaftliche Ergebnisse wurden einem indirekten Nützlichkeitskriterium unterworfen, das hier noch im religiösen Bereich lag und später in Form der Grundlagenforschung als praxisfernes, gleichwohl in irgendeiner Form notwendiges Wissen konzipiert wurde,
- die deduktive Methode wurde als die gültige Methode der Wissenschaft durchgesetzt,
- das Labor wurde zu dem Ort wissenschaftlichen Probehandelns ohne direkten Praxisertrag und damit ohne direkt wirkende Risiken und
- die technische Anwendung wurde von der wissenschaftlichen Forschung entkoppelt.

Gleichzeitig wertete die mechanische Philosophie mit ihrer Metapher der Natur als Uhrwerk den Bereich der Technik auf: *„Durch die Übernahme der verächtlichen Bezeichnung ‚mechanisch' demonstrierten die neuen Philosophen ihren Bruch mit sterilen Traditionen, und sie bezeugten eine demokratische Solidarität mit den niederen Klassen der Handwerker."* (Mayr 1987: 75f.) Die Natur erforderte nach dieser Ansicht, analog zu dem menschlichen Eingriff in Form von Aufziehen und Reparatur bei dem technischen Produkt Uhr, eine externe Kraft, die konzipiert wurde als *„Gottes ständige Aufmerksamkeit und regelmäßiges Nachstellen"* (Mayr 1987: 123). Damit wurde nicht nur die prinzipielle Erkennbarkeit der Natur behauptet, sondern es wurde für die Religion ein Bereich vorbehalten und vor der potentiellen Gefährdung

---

45 Hier war es besonders der Bereich der Navigation, der von wissenschaftlicher Erkenntnis abhängig war. Vgl. Bernal (1970: 461f.).

durch die Wissenschaft neutralisiert.[46] So wurden die Bereiche der Naturwissenschaft und der Religion gleichermaßen voneinander unabhängig und geschützt, die Naturwissenschaft erhielt den Status eines konsequenzentlasteten Bereichs. Die gesellschaftliche Funktion der Naturwissenschaft lag dabei weniger in der Erzeugung nützlichen, technisch verfügbaren Wissens, sondern in der Weltbilderklärung innerhalb des vorhandenen religiösen Systems.

Die Tatsache, dass die neue Naturwissenschaft einen nur marginalen Effekt auf die technische Praxis hatte, zeigt sich z.B. bei der Schwierigkeit von Wissenschaftlern, eine von Staat und Kirche unabhängige Berufsrolle herauszubilden.[47] Der gesellschaftliche Status der Popularisierer der Naturwissenschaft war, wie Morton/Wess (1993) zeigen, niedrig, die Nachfrage nach technisch umsetzbaren wissenschaftlichen Ergebnissen noch nicht ausreichend genug entwickelt. In zwei Bereichen scheint allerdings die sich Mitte des 19. Jahrhunderts systematisierende Verkopplung von Technik und Wissenschaft als Produktivkraft bereits vorgezeichnet gewesen zu sein: Einmal in Form der Mitte des 18. Jahrhunderts einsetzenden institutionellen Verselbständigung des Ingenieurwesens, in dem die Produktion wissenschaftlichen Wissens marginal war,[48] das sich zum Nachfrager an die Naturwissenschaften entwickelte, zum anderen als lokale naturwissenschaftliche Gesellschaften, die sich in der Regel aus wissenschaftlichen Dilettanten aus den bürgerlichen Kreisen zusammensetzten, die weiterhin von der Möglichkeit einer utilitaristischen Begründung für die Naturwissen-

---

46 Siehe zum Versuch Newtons, Experiment und Gott miteinander zu verknüpfen Stewart (1996).

47 *„The ideas of natural philosophical lecturers did play some part in creating an environment in which scientific knowledge could foster agricultural, technological and industrial change. But the development of that environment took a long time...The practical benefits which could be ascribed directly to increased scientific knowledge remained few, and natural philosophers themselves often made an insecure, sometimes meager living. They participated in an increasingly vibrant metropolitan culture...But their active contribution to these aspects of eighteenth-century society was at first slight, and...their position within polite society was occasionally open to question. Natural philosophy was able to reveal the wonders of nature, and perhaps even of providence, to entertain and to instruct."* (Mandelbrote 1996: 79f.)

48 Dazu Sebestik (1983).

schaft ausgingen.[49]

Mit der Mitte des 18. Jahrhunderts einsetzenden Industrialisierung stieg die Nachfrage nach anwendungsorientiertem Wissen, der Bedarf an Technikern und Ingenieuren führte zur Gründung technischer Hochschulen. Die Verlagerung des technischen Wissens von den handwerklichen Traditionen auf Bildungseinrichtungen verstärkte den bereits früher in Gang gesetzten Prozess der Wissensaufbereitung lokalen technischen Wissens in eine Form dekontextualisierbaren universellen Wissens. Damit wurde technisches Wissen ähnlich wie wissenschaftliches Wissens vermittelbar, der Neuigkeitswert dieses Wissens erhielt durch die wirtschaftlichen Bedingungen ein zunehmendes Gewicht, die Generierung dieses Wissens verblieb aber noch weitgehend in den Anwendungsbereichen. Einen besonderen Stellenwert nahmen dabei die aus Fabrikanten, Technikern und eben auch Wissenschaftlern zusammengesetzten lokalen naturwissenschaftlichen Gemeinschaften ein, deren Ziele im Wesentlichen in der Entwicklung und Umsetzung von Technik und weniger in der Produktion wissenschaftlichen Wissens lagen.[50] Das von ihnen aufgegriffene Problem bestand darin, für bestimmte Bereiche Lösungen zu generieren und gleichzeitig für ihre technische Lösungen eine stabile Problemkonstellation zu konstruieren. Am Fall der Dampfmaschinen verdeutlicht heißt dies, dass es nicht nur darum ging, ein Problemlösungsangebot für die Entwässerung des Bergbaus zu schaffen, sondern auch eine wirtschaftliche Grundlage für den Bergbau. Watt und andere Mitglieder der Lunar Society waren deshalb nicht nur an neuen Maschinenkonstruktionen interessiert; in Phasen wirtschaftlicher Probleme der Bergwerke zeichneten sie selbst Anteile, um den Absatz der eigenen Maschinen zu sichern.[51]

Das wachsende gesellschaftliche Interesse an der Wissenschaft lässt sich an der steigenden Anzahl von Neugründungen derartiger Gesellschaften in der zweiten Hälfte des 18. Jahrhunderts ablesen, die Zahl der bereits eingeführten wissenschaftlichen Gesellschaften wird

---

49 Siehe dazu Schofield (1963), Outram (1990), Allan/Abbott (1992) und Strauß (1996).

50 Vgl. etwa die Geschichte der Lunar Society in Schofield (1963).

51 Ein instruktives Beispiel des Scheiterns einer wissenschaftlich-technischen Innovation im Produktionsbereich findet sich in Homburg/Vlieger (1996), die anhand der Herstellung von weißer Bleifarbe die Notwendigkeit zum Aufbau eines entsprechendes Kontextes nachweisen.

dabei überschritten, wie Abbildung 1 zeigt.

Abb. 1: Gründungen wissenschaftlicher Vereinigungen zwischen 1560 und 1799

Zeitraum \ Land	1560-1649	1650-1699	1700-1749	1750-1799	Summe
Deutschland	1	2	2	7	12
Frankreich	1	2	5	5	13
Großbritannien		4	7	13	24
Italien	2	2	1	2	7
Nordamerika und andere		1	7	14	22
Summe	4	11	22	41	78

Quelle: Emerson (1990)

Diese naturwissenschaftlichen Gemeinschaften verschrieben sich - allerdings mit unterschiedlicher Gewichtung - der Propagierung des ökonomischen, politischen und sozialen Fortschritts. Ihre Träger stammten im Wesentlichen aus der bürgerlichen Schicht, die ökonomisch an Einfluss gewann, politisch aber nur eine untergeordnete Rolle spielte. Die utilitaristisch motivierte Verschränkung von Wissenschaft und Technik in naturwissenschaftlichen Gemeinschaften durch „*Virtuosi und Dilettanten*" (Strauß 1996), die auf einem gesellschaftlichen Fortschrittsbewusstsein basierte, hat deshalb auch politische Motive, die sich aus der wissenschaftlichen Programmatik ableiten lassen.[52]

Die bereits länger bestehenden wissenschaftlichen Institutionen in Großbritannien und Frankreich machten gleichzeitig einen Wandel durch, der einerseits als Anpassung an die tatsächlich gegebenen praktischen Umsetzungsmöglichkeiten interpretiert werden kann, ande-

---

52 „*In science the victory of the experimental method over the authority of the Ancients made even more obviously for change. All these fitted the pragmatic attitudes of our merchants and craftsmen.*" (Hill 1965: 297)

rerseits aber auch als Versuch, die Legitimationsbedingungen der Wissenschaft über die Einbettung in das religiös bestimmte Weltbild zu verbessern.[53] Im Kern dieser Veränderung stand die Newtonsche Mechanik, mit der wissenschaftlich die Abkehr der von Bacon propagierten und durch Boyle umgesetzen induktiv-experimentellen Methode auf eine deduktiv-experimentelle Methode einherging. Gesellschaftlich wurde damit, wie die historische Analyse der zeitgeschichtlichen Rezeption zeigt, eine spezifische Form naturwissenschaftlicher Weltbilderklärung ermöglicht, die auf die Naturphilosophie aufbaute.[54] Die „*Natural theology*" machte Anleihen an die Religion, indem sie Gott als Ursache in ihre wissenschaftliche Erklärung einbezog.[55]

1.3.3 Aspekte der Entwicklung autonomer Wissenschaft

Von der historischen Forschung wird die Dampfmaschine als erster Nachweis der Nützlichkeit der Naturphilosophie bezeichnet (Kerker 1975), die Frage stellt sich, welche andere Funktionen die Naturwissenschaft des 17. und 18. Jahrhunderts bis zu diesem Zeitpunkt hatte. Genannt worden sind oben die Unterstützung der Fortschrittsorientierung, die die Wissenschaft über ihre Zuschreibung des Neuigkeitswerts verkörpert und der innerwissenschaftliche herrschaftsfreie Diskurs, der ein Paradigma für die Lösung gesellschaftlicher Konflikte abgeben konnte. An einer derartigen Nutzung der Wissenschaft hatten vor allem die bürgerlichen Schichten ein Interesse, deren ökonomischer Einfluss bis in das 19. Jahrhundert nur teilweise zu höherem politischen Einfluss geführt hatte. In einem gewissen Gegensatz dazu stand die von der

---

53 Trotz der unterschiedlichen Randbedingungen in den europäischen Ländern kommt Weingart (1976) zu dem Ergebnis, dass hier ein Prozess der „*‚Amalgamierung' von Wissenschaft und Technik und der Versuch der Akademisierung und Theoretisierung der Technik*" (123) in Gang gesetzt wurde, der Ende des 19. Jahrhundert abgeschlossen war.

54 Siehe als Überblick Schaffer (1990), der auch die Probleme einzelner Newton-Schüler mit den religiösen Autoritäten diskutiert.

55 „*...the mechanists' belief that God imposed laws of nature on the world was not simply a timely answer to the need for conceptual grounding of mathematical methods but also a culmination of theological changes begun four centuries earlier.*" (Deason 1986: 170)

Naturphilosophie hergestellte Verbindung von Religion und Naturwissenschaft, durch die die gesellschaftliche Legitimation der Wissenschaft abgesichert wurde. Gleichzeitig war damit aber auch verbunden, dass die Wissenschaft sich einen Freiraum für Forschung verschaffen konnte, den das wissenschaftliche Labor als sozialer Raum verkörperte. Die Dynamik der Entwicklungen in Verbindung mit der Teilhabe breiter gesellschaftlicher Schichten an diesen Veränderungen, ermöglichte vor allem ein neues Verhältnis zur Zeit und zur Gestaltbarkeit der Gesellschaft.[56] Im Schlepptau der Französischen Revolution entwickelte sich eine revolutionäre Grundstimmung, die sich auf alle Lebensbereiche bezog: *„The 19th century was an age of political, social, scientific, industrial, intellectual, and artistic revolution - successful and unsuccessful - that for the first time in history made men and women aware that change can be dramatic and revolutionary rather than gradual."* (Cohen 1985: 369)

Die Idee revolutionärer, sprunghafter Veränderung konkurrierte mit der Idee kontinuierlicher, durch die Wirkung permanenter Kräfte ausgelöster Umgestaltung nicht nur im politischen Bereich, sondern auch in der Wissenschaft. Eine zentrale Stellung nimmt dabei die Geologie ein, von der wichtige Impulse für die Weiterentwicklung der gesellschaftlichen Fortschrittsorientierung und der Wissenschaft ausgingen, die im ersten Drittel des 19. Jahrhunderts eine tiefgreifende Veränderung durchlief.[57] Seinen Ausgangspunkt nahm diese Entwicklung bereits in der Bibelneuinterpretation der Renaissance, durch die eine Reihe von Widersprüchen aufgedeckt worden waren, die aber in Verbindung mit kosmologischen Berechnungen eine Bestimmung des Erdalters erst möglich machte. Die Daten aus der Bibel gingen zusammen mit mathematischen Berechnungen in die kaum ernsthaft in Frage gestellte Festlegung des Erdalters auf 8.000 Jahre ein. Ähnlich wie die Newtonsche Mechanik spielte die Geologie für die Entwicklung der Wissenschaft eine wichtige Rolle, da sie eine wissenschaftliche Deutung der Welt ohne einen Konflikt mit religiösen Wissensbeständen

---

56 Koselleck (1987) zeigt anhand der emphatischen, gesellschaftsweiten Nutzung des Begriffs, dass die wesentliche Differenz der Neuzeit in der Überzeugung lag, vorher nicht gegebene Möglichkeiten zur Beschleunigung der Entwicklung und Gestaltung der Zukunft zu besitzen.

57 Zu dieser Entwicklung unter der Perspektive des Strong programme siehe Rudwick (1985, 1986).

ermöglichte. Gleichzeitig wurde damit eine wichtige Weiche für die Entwicklung der Wissenschaft gestellt: Nicht mehr die Bibel war die Autorität, an der sich die Wissenschaft zu orientieren hatte, vielmehr wurde die Wissenschaft zu der Instanz, die die biblische Geschichte überhaupt erst in ein konsistentes zeitliches Schema überführen konnte. Zwar stellten die über den ermittelten Zeitrahmen hinausreichenden arabischen und die chinesischen Geschichtsschreibungen ein gewisses Problem dar, das aber als eine durch weitere Forschung ausräumbare Anomalie behandelt wurde. Diese Berechnungen galten bis weit in das 18. Jahrhundert, Fossilienfunde und deutliche Erdformationen wurden als das Ergebnis erdgeschichtlicher Katastrophen gedeutet, die sich nach dem göttlichen Schöpfungsakt ereignet hatten.

Die Geologie blieb damit innerhalb des gesteckten Rahmens, Gottes Werk durch die Nutzung wissenschaftlicher Methoden zu entdecken, parallel dazu war sie von praktischem Nutzen, indem sie die Bedingungen der wirtschaftlichen Verwertbarkeit von Bodenschätzen verbesserte.[58] So wurde die Suche nach Bodenschätzen auf der Basis theoretischer Modellierungen des Verlaufs von Gesteinsformationen deutlich vereinfacht.

Zu Beginn des 19. Jahrhunderts wurden die kosmologischen Anteile, die die Verknüpfung mit dem religiösen Weltbild sicherten, zugunsten einer empirischen Ausrichtung aus der Geologie verdrängt. Die systematische Marginalisierung der Datierung der Entstehung der Erde erhöhte die Chancen, verwertbares Wissen zu gewinnen, ohne einen Konflikt mit der Religion zu erzeugen. Damit fiel eine integrierende Erklärung der Welt aus der Wissenschaft heraus, für die Kosmologie im Sinne eines *„attempt to give a speculative accent of world-order generally"* (McMullin 1993: 595) gab es damit innerhalb der Wissenschaft keinen Träger mehr (Toulmin 1982). Die Professionalisierung wurde mit dem Ziel nach mehr gesellschaftlichem Einfluss vor dem Hintergrund günstiger gesellschaftlicher Rahmenbedingungen, der Industrialisierung und einer steigenden Nachfrage nach natürlichen Ressourcen, verfolgt.[59]

---

58 Siehe dazu Porter (1977).

59 Zu den Schwierigkeiten der disziplinären Stärkung bei gleichzeitiger Öffnung für die Gesellschaft gehörte es, einen spezifischen Rahmen für wissenschaftliche Auseinandersetzungen zu schaffen, wie Secord (1986) am Beispiel der Geologie in der 1. Hälfte des 19. Jahrhunderts zeigt.

Erst als die Geologie bereits institutionalisiert war, wurde das Alter der Erde durch die Wissenschaft neu bestimmt. Erst zu diesem Zeitpunkt kam es zu ernsthaften Auseinandersetzungen mit der Religion, die die Begründung für eines ihrer zentralen Dogmen verlor und zu einer Neuinterpretation ihres Anspruches auf Welterklärung gezwungen wurde. Die Geologie formulierte aber selbst zu diesem Zeitpunkt keinen Anspruch auf eine geschlossene Erklärung der Welt, der in Konkurrenz zur Religion stand, die Entwicklung der Wissenschaft wurde vielmehr zu einem wichtigen Bestandteil des ökonomischen und sozialen Fortschritts erklärt, der mit der Industrialisierung einherging.

Die Anknüpfung an die aus dem 17. Jahrhundert stammende utilitaristische Begründung der neuzeitlichen Wissenschaft hatte die Ausprägung eines Kanons disziplinärer Fragestellungen und Bewertungen zur Konsequenz, die den Wissenschaften erst die Selbststeuerung im modernen Sinn ermöglichte. Ein Moment dieser Entwicklung bestand in der Herausbildung des wissenschaftlichen Amateurs, dessen Kompetenz ganz allmählich zugunsten der der Wissenschaftler abgegrenzt und reduziert wurde.[60] Wie Moore (1986) zeigt, hat Lyell die Entwicklung in der Geologie durch eine schrittweise Diskreditierung biblischer Amateurinterpretationen betrieben, mit der Folge, dass die Bibel nach 1860 praktisch keine wissenschaftliche Relevanz innerhalb der Disziplin mehr hatte.[61] Fortschritt der Wissenschaft bestand danach in einem den eigenen Kriterien unterworfenem kumulativen Wachstum.

Das von der Geologie entworfene Bild der Veränderung über große Zeiträume durch dauerhaft wirkende Kräfte hat seine Parallele in einem anderen Bereich gesellschaftlicher Neuorientierung, der wesentlich durch die bürgerlichen Schichten bei ihrem Versuch getragen wurde, den eigenen Anteil an der ökonomischen Entwicklung in politi-

---

60 Zu dieser Trennung siehe Barton (1998). Es war ausgerechnet Charles Darwin, der als interdisziplinärer Naturforscher zu einem disziplinären Laien erklärt wurde. Nach der für die Geologie wichtigen ersten Veröffentlichung seiner Reise mit der Beagle (1839) und der *„Origins of Species"* (1859) verfasste Darwin zusammen mit seinem Sohn Arbeiten über das Pflanzenwachstum, die von dem Begründer der Pflanzenphysiologie, Ernst Sachs, in den 70er Jahren des 19. Jahrhunderts als amateurhaft kritisiert wurden. Vgl. Chadarevian (1996).

61 Eine gewisse neue Blüte erlebte die Bibel als Quelle für die Geologie durch den Biologen Velikovsky in den 1950er Jahren. Vgl. Milton (1996), eine wissenschaftssoziologische Analyse des Falles findet sich bei Dolby (1975).

schen Einfluss umzumünzen.[62] „*The invention of progress*" (Bowler 1989) in der Natur wurde zu der zentralen Fragestellung, die neben der Geologie auch von der Anthropologie, vor allem aber durch Darwin in die Biologie eingebracht wurde und über die Wissenschaft hinaus gesellschaftspolitische Bedeutung gewann.[63] Darwins Evolutionstheorie kommt eigentlich ohne teleologische Annahmen aus, ein Endpunkt der Entwicklung von Variation und Selektion ist kaum konstruierbar.

Darwin selbst hat diesen materialistischen Aspekt seiner Theorie vor seinen Zeitgenossen „verborgen" gehalten und damit die Integration seiner Entwicklungstheorie in die zeitgenössische Fortschrittsdebatte ermöglicht. Markiert wurde damit eine neue Ausgangssituation für die Definition von Fortschritt. Gesellschaftliche Veränderungen wurden nicht als eine Entwicklung konzipiert, die eben auch anders hätte ausgehen können, etwa im Sinne eines von Darwins Evolutionstheorie ableitbarem relativistischen Konzepts, vielmehr wurde ein teleologisches Modell entwickelt, das die religiösen Entwicklungsvorstellungen ablöste. Der Fortschritt wurde damit zu einer Ersatzreligion (Sombart 1931), die die Vorstellung einer Richtung der menschlichen Entwicklung übernahm, das Ziel aber nicht mehr durch den Schöpfer definiert ansah, sondern naturalisierte. „*...Victorian evolutionists used the idea of progress to retain the traditional belief that the universe is a purposeful system. Teleology was modernized, not abandoned. If the late-Victorian era was dominated by the metaphor of struggle, that metaphor was inspired...by the increasing willingness to accept that more advanced individuals or societies must displace those who have not participated so actively in the race towards progress.*" (Bowler 1989: 135)

Die von religiösen Rücksichtnahmen befreite Wissenschaft[64] baute das Legitimationsmuster „Wertfreiheit" zu ihrer Basisbegründung

---

62 Zur ökonomischen Entwicklung dieser Schichten, den damit verbundenen neuen familiären Strukturen und deren Nutzung in fortschrittsaffirmativen Werbekampagnen siehe Laird (1996).

63 Zu diesem Zusammenhang siehe Barnes/Bloor/Henry (1996: 140ff.).

64 Brooke (1990) verweist darauf, dass der Anteil der Priester in wissenschaftlichen Führungspositionen im Verlauf des 19. Jahrhunderts kontinuierlich sank und dass sich für die Wissenschaft und Religion unterschiedliche Wahrheitsbereiche und Bewertungsmaßstäbe durchsetzten. Siehe zu diesem Zusammenhang auch Turner (1978: 367). Eine funktionalistische Analyse dieser „*boundary-work*" gibt Gieryn (1983).

aus.[65] Anders als noch für Bacon und Newton wurde es für die Wissenschaftler des 19. Jahrhunderts deshalb zunehmend unwichtig, Forschung durch wissenschaftsexterne Begründungen abzusichern. Selbst die utilitaristische Begründung für die Wissenschaft konnte entfallen, da der mit der wissenschaftlich-technischen Entwicklung verbundene Fortschritt in vielen Bereichen evident geworden war und die Wissenschaft als sein Garant auf gesellschaftliche Anerkennung traf. Damit waren in dieser Phase der Wissenschaftsentwicklung die Voraussetzungen für die Industrialisierung der Forschung, für die Professionalisierung und das Wissenschaftswachstum selbst geschaffen worden, Wertfreiheit und die damit zusammenhängende Trennung von Erkenntnisgewinn und -nutzung gehörten zur institutionellen Rahmung.

1.3.4 Modernisierung und Verwissenschaftlichung

Wie ich dargestellt habe, stellte die utilitaristische Begründung eine wichtige Legitimationsressource bei der Expansion der Wissenschaft dar. Der Nützlichkeitsnachweis war allerdings nur vor dem Hintergrund einer Referenz zu erbringen, die der kulturelle Orientierungskomplex zur Verfügung stellte, der damit zugleich reflexiv abgesichert wurde. Im Mittelpunkt stand dabei das Fortschrittskonzept, das Vergangenheit, Gegenwart und Zukunft miteinander verband und seit der Aufklärung als ein vernunftgeleiteter Prozess gesellschaftlicher Vervollkommnung konzipiert wurde. Angeschlossen wurde damit an religiöse Entwicklungsvorstellungen, Fortschritt bezog sich deshalb nicht nur auf den technisch-wissenschaftlichen Bereich, sondern eben auch auf die sozialen Verhältnisse.[66] Die Verbindung von profaner und moralischer Ent-

---

65 Barton (1998) arbeitet in ihrer Inhaltsanalyse populärwissenschaftlicher Zeitschriften in Großbritannien heraus, dass sowohl utilitaristische als auch religiöse Aspekte Ende der 1860 Jahre zugunsten der *„love of truth"* zurückgenommen wurden.

66 So ganz in dem in der Tradition der Aufklärung stehenden Stadienmodell Comtes, das die Entwicklung von Wissenschaft und Technik mit der der Gesellschaft verkoppelte, um Fortschritt und Ordnung miteinander zu verbinden. Zur Kritik an dem universellen Fortschrittsbegriff und zu der damit verbundenen Verwissenschaftlichung der Soziologie Ende des 19. Jahrhunderts siehe Dahme (1988).

wicklung war ja dadurch brüchig geworden, dass die Religion ihre „*gesamtgesellschaftlich relevante Kosmisierungsfunktion*" (Kaufmann 1986: 303) im Rahmen der Säkularisierung verloren hatte,[67] diese Funktion wurde von der Aufklärung der Vernunft und damit der Wissenschaft übertragen.

Allerdings entstand dabei das Problem, nicht nur die mit dem Wachstum der Wissenschaft einhergehende disziplinäre Differenzierung und die nach eigenen Maßstäben prozessierende Forschung in ein Weltbild zu integrieren, sondern den darüber hinaus reichenden Anspruch an die Produktion eines Weltbildes zu erfüllen. Das oben diskutierte Beispiel der Geologie hat ja eben deutlich gemacht, dass die Wissenschaft das Wertfreiheitspostulat zu ihrer Befreiung von gesellschaftlichen Wertmaßstäben genutzt hat. Durch die „*Institutionalisierung ihrer eigenen Bewährungsregeln*" (Weingart 1976) und die Arbeitsteilung innerhalb der Wissenschaft wurde eine Übernahme der Kosmierungsfunktion durch sie unwahrscheinlich. Gleichwohl hat es über die Vernunftsutopie hinaus Versuche gegeben, diese Leistung in die Wissenschaft zu verlagern.

Ein Beispiel für die Verkopplung des technisch-wissenschaftlichen mit gesellschaftlichem Fortschritt, d.h. für den Versuch, die Wissenschaft mit Weltbildfunktion zu versehen, ist der 1906 gegründete, um die Jahrhundertwende in Deutschland einflussreiche Monistenbund.[68] Der Ausgangspunkt seiner Aktivitäten lag in dem Spannungsverhältnis zwischen einer ubiquitären Krisenwahrnehmung bei gleichzeitigem Fortschrittsoptimismus,[69] das diese Epoche wesentlich prägte

---

67 Unter Säkularisierung verstehe ich den Prozess abnehmender Autorität der Religion auf der gesellschaftlichen und individuellen Ebene. Siehe dazu Chaves (1994).

68 Zur populärwissenschaftlichen Aufbereitung der Verbindung von Fortschritt und Evolutionstheorie siehe Anders (1980: 320ff.).

69 Drehsen/Zander (1996) verweisen darauf, dass dieser Zusammenhang bisher noch nicht umfassend untersucht worden ist, halten aber gleichwohl fest, dass „*neben dem leicht depressiv-melancholischen, verfallstheoretisch gespeisten Strom ‚kultureller Niedergangs'-Beschwörungen sich auch ein Strom scheinbar ungebrochener Fortschrittseuphorie seine Bahn suchte...[und dass] hinter oder über allem Weltuntergangskatzenjammer der Glaube an eine größere, bessere Zukunft stand*" (217).

und der sich abzeichnende Kultur- und Wertepluralismus.[70] Die Monisten, deren bekanntester Protagonist der Biologie Ernst Haeckel war, führten diese Entfremdung auf die Asynchronation der wissenschaftlich-technischen Entwicklung mit den kulturellen Wertorientierungen zurück, die durch die metaphysischen Spekulationen des Idealismus, den theologischen Konservatismus und politische Ideologien verursacht worden sei.

Dagegen stellten sie eine Weltordnung, in der die soziale Organisation in der Tradition der Aufklärung auf Vernunft aufbauen sollte. In diesem Gegenentwurf einer *„monistischen Religion"* (Haeckel) ging es um *„die Integration der modernen Naturwissenschaften in das kulturelle Deutungssystem, mehr noch: um deren Führungsanspruch."* (Daum 1996: 214) Umgesetzt werden sollte dieser Entwurf über die Popularisierung der Wissenschaft, als deren Ergebnis eine vereinheitlichte Perspektive des gesellschaftlichen Fortschritts stehen sollte, durch eine Orientierung von Entscheidungen nicht an Ideologien, sondern an Kausalzusammenhängen, wodurch der Einfluss der Politik zugunsten der Wissenschaft zurückgedrängt und die Vernunft zum entscheidungsleitenden Maßstab werden sollte. Im Gründungsmanifest findet sich die entsprechende Formulierung: *„Die ungeheuren Fortschritte der Naturwissenschaften haben die veralteten dogmatischen und mystischen Vorstellungen über Welt und Menschen, über Körper und Geist, Schöpfung und Entwicklung, Werden und Vergehen der erkennbaren Dinge verdrängt und beseitigt. Veraltete dualistische Vorstellungen werden zunehmend von monistischen ersetzt und die in der durch Tradition geheiligten Weltanschauung Unbefriedigten suchen nach einer naturwissenschaftlich begründeten, einheitlichen Weltanschauung. Diese verwirft den Glauben an die veralteten, traditionellen Dogmen und Offenbarungen und setzt an ihre Stelle die reine Vernunft."* (Schmidt 1912: 740)

Für das Scheitern dieser Bewegung gibt es eine Reihe von Gründen, der wichtigste dürfte im Bereich der Wissenschaft selbst

---

70 Acham (1996) verortet diesen Pluralismus in dem Aufbrechen des traditionellen sozialen Gefüges und bezeichnet ihn als *„Institutionalisierung von Gruppenkonflikten"* (41).

liegen:[71] Das Wissenschaftsbild war angesichts der „*Konversion zu einer offenen Forschungswissenschaft*" (Drehsen/Zander 1996: 235) nicht haltbar, durch die rapide Zunahme der Wissensbestände in den verschiedenen Disziplinen wurde die Integration in das Weltbild des Monisten zudem zunehmend schwieriger und unplausibel. Die Bedeutung des Bundes liegt deshalb auch im Wesentlichen in der Popularisierung der Naturwissenschaften, deren Legitimationsbedingungen durch das Festhalten an einer monistischen Fortschrittsbewertung in den Publikumszeitschriften wesentlich verbessert wurden.

Das Bemerkenswerte daran ist, dass die moderne Wissenschaft mit einem Bild popularisiert wurde, das empirisch nicht mehr zutreffend war. Die Ausdifferenzierung der Disziplinen, die arbeitsteilige Bearbeitung von Forschungsfragen und die Dualität von universitärer und privater Forschung blieb unberücksichtigt, es wurde mit einem holistischen Bild gearbeitet, das für die Wissenschaft genauso wenig wie für andere gesellschaftliche Bereiche zutreffend war. Fortschritt fungierte dabei als der Kitt, als das Bindeglied, mit dem die komplexen Phänomene zusammengehalten werden sollten. Betont wurde sowohl die Wertfreiheit der Wissenschaft als auch die Trennung von Erkenntnis und Anwendung. Bei dem Versuch, die Rolle des Weltbildproduzenten mit der Wissenschaft zu besetzen, wurde die Tatsache verschleiert, dass diese sich zumindest partiell längst gewandelt hatte.

Deutlich kann man dies an einigen Auswirkungen des 1. Weltkrieges ablesen. Die chemische Industrie hatte Ende des 19. Jahrhunderts bereits eine rasante Verwissenschaftlichung hinter sich, die Kopplung von Forschung und Anwendung war in diesem Bereich sehr eng. Als wichtiger Bereich galt die Synthetisierung jener Stoffe, deren natürliche Vorkommen begrenzt waren und nationale Abhängigkeiten begründeten.

Die erste große Entwicklung beim „*Einzug der Wissenschaft in den Großindustriellen Produktionsprozeß*" (Kreibich 1986: 175) war die Indigosynthese, die von der BASF 1890 im großtechnischen Maß-

---

71 Drehsen/Zander (1996) nennen in diesem Zusammenhang u.a. den 1. Weltkrieg, der dem Fortschrittsoptimismus einen herben Schlag versetzte, die über die unüberwindliche Konkurrenz anderer Weltanschauungsansprüche erzeugten Konsistenzprobleme, die durch die innere Zerrissenheit des Monistenbundes verstärkt wurden und die fehlende Integration des Bundes in Wissenschaft und Politik selbst, aus der eine zunehmende Isolation resultierte.

stab in Betrieb genommen wurde. Das dabei genutzte Muster verwissenschaftlicher Produktion wurde auf die Lösung von Ressourcenknappheiten in anderen Bereichen übertragen, als besonders problematisch galt zu diesem Zeitpunkt die Versorgung mit Salpeter, der als Nitratquelle bei der Herstellung von Düngemitteln und Schießpulver benötigt wurde.

In Deutschland wurde vor allem Abhängigkeit von den chilenischen Vorkommen und die Blockade der Versorgungswege in einem möglichen Konfliktfall politisch thematisiert. Das *„Projekt Stickstoff"* (Borkin 1981) war für das expandierende Deutschland deshalb von politischer, ökonomischer und militärischer Bedeutung, für die Wissenschaft stellte dieser Fall eine prospektiv angelegte Kopplung von Anwendung und Forschung dar: An dieser Stelle bot sich die Gelegenheit, die Leistungsfähigkeit des noch relativ jungen wissenschaftsbasierten Industriezweiges zu beweisen.

1909 gelang dem von der BASF unterstützten Fritz Haber die Darstellung des Verfahrens im Labormaßstab, die industrielle Produktion mit dem für den industriellen Einsatz entwickelten Haber-Bosch-Verfahren begann bei der BASF 1913. Besondere Bedeutung erhielt die Stickstoffsynthese nach Kriegsbeginn als die mangelhafte deutsche Rohstoffversorgung deutlich wurde. Die von Rathenau initiierte und geleitete, die Zusammenarbeit von Kapital, Industrie und Politik koordinierende Kriegsrohstoffbehörde suchte nach Lösungen für diese Rohstoffknappheit.

Dabei spielte Haber eine besondere Rolle, der *„Krieg der Chemiker"*, in dem der Staat für die ökonomische Absicherung der notwendigen Investitionen zuständig war, hatte aber noch eine andere Seite: den von Haber für das deutsche Reich organisierten erstmaligen Giftgaseinsatz im Krieg, mit dem die Kehrseite des wissenschaftlich-technischen Fortschritts deutlich wurde.

Was bedeutet dies in dem hier verfolgten Zusammenhang? Zuerst einmal stellte dieser Vorläufer des Manhattan-Projekts (Stern 1988) die Kopplung von Erkenntnisgewinn und -verwendung in einen neuen Kontext, der durch die Zusammensetzung der bei der Zielsetzung, Entwicklung und Produktion Beteiligten - Politik, Wissenschaft, Industrie und Militär - über das bis dahin bekannte hinausreichte. Weiter stellte dies die utilitaristische Legitimation der Wissenschaft vor einen harten Test, der vor dem Hintergrund der deutschen Niederlage

Interpretationsspielräume über das Ausmaß an Bewährung zuließ.[72] Deutlich wurde ferner die Anwendungsorientierung der Naturwissenschaft, die das Postulat der Wertfreiheit tangierte. Die gesellschaftliche Bewertung der Wissenschaft hielt mit dieser Entwicklung nicht Schritt, anstelle den 1. Weltkrieg als ein Fanal für die Ambivalenz des Fortschritts zu deuten, wurde die Trennung von Anwendung und Erkenntnisgewinn reaktiviert.

Symbolisiert wird dies ausgerechnet durch die Person Fritz Habers:[73] Als Ordinarius für Chemie an der TU Berlin hatte er mit Unterstützung der Industrie das grundlegende Verfahren zur Ammoniaksynthese entdeckt. Während des 1. Weltkrieges leitete er das dem Militär zur Verfügung gestellte Kaiser-Wilhelm-Institut für Physikalische Chemie und den deutschen Giftgaseinsatz. Obwohl dieser einen Verstoß gegen das Völkerrecht darstellte, erhielt Haber direkt nach dem Krieg den Nobelpreis für Chemie. Die Verleihung durch die Schwedische Akademie der Wissenschaften, die weltweit auf Empörung stieß, wurde mit der Bedeutung der Ammoniaksynthese als *„wichtiges Mittel zur Hebung der Landwirtschaft und des Wohlstands der Menschheit"* (zitiert nach Kreibich 1986: 117) begründet.

Der direkte Bezug auf die Nützlichkeit der Wissenschaft stand allerdings noch immer in einem Missverhältnis zum Selbstverständnis der Wissenschaftler: *„Die Einbeziehung der Wissenschaft in den großindustriellen Produktionsprozeß und militärischen Komplex offenbarte auch deutlich die Schizophrenie, in der sich die Wissenschaft bzw. die Wissenschaftler befanden: Offizielle Ideologie war das idealistische Wissenschaftsideal, das Streben allein nach Wahrheit und Erkenntnis, die Freiheit von Forschung und Lehre und die Autonomie der Universität und der Forschungseinrichtungen. Mit der Einbeziehung von Wissenschaft und Technik in die großindustrielle Produktion und den militärischen Bereich hätte man nun erwarten müssen, daß sich ein Sturm der Empörung gegen die Außensteuerung der Wissenschaft und ihre profane Zwecksetzung, erhebt. Davon ist aber nichts bekannt. Im Gegenteil: da diese neue Qualität der wissenschaftlich-technisch-öko-*

---

72 Forman (1971) macht bei seiner Untersuchung der Auswirkungen auf die Theoriekonstruktion der Physik deutlich, dass die Naturwissenschaftler angesichts der an sie gestellten Erwartungen sich mit einer gesellschaftlichen Neubewertung konfrontiert sahen.

73 Siehe dazu ausführlich Stern (1988) und Stolzenberg (1994).

nomischen Verschmelzung Erfolge...brachte,...wurde diese neue Form der Verwertung wissenschaftlicher Tätigkeit nicht nur akzeptiert, sondern auch von den Wissenschaftlern unterstützt." (Kreibich 1986: 206)

Kreibich gibt damit einen wichtigen Hinweis auf die Verarbeitung dieser Diskrepanz: Die Freiheit der Wissenschaft wurde zur Voraussetzung für ihre Erkenntnisproduktion erklärt, der Einfluss der Gesellschaft auf die Wissenschaft gleichzeitig zurückgewiesen. Die Anwendung ihrer Ergebnisse wurde zu einer wissenschaftsexternen Angelegenheit erklärt und konnte von Wissenschaftlern wie von jedem anderen Bürger bewertet bzw. aktiv unterstützt werden, wie am Beispiel des 1. Weltkrieges gezeigt wurde.

Die funktionale Bedeutung dieser *„Schizophrenie"* lag in der Stabilisierung des Verhältnisses von Wissenschaft und Gesellschaft. Die Trennung von Erkenntnisgewinn und -anwendung markierte eine Grenze in zwei Richtungen: Einmal wurde damit der geschützte Raum der Wissenschaft abgesichert, zum anderen wurde der Einfluss der Wissenschaft auf die Gesellschaft damit indirekt und eine Ausdehnung wissenschaftlicher Methoden auf die Gesellschaft erst in Kombination mit anderen Interessen möglich. Die Monisten hatten mit Blick auf die Kosmierungslücke diese Grenze überschritten, gescheitert sind sie deshalb, weil sie, anders als Haber und andere Naturwissenschaftler, für relevante gesellschaftliche Interessen nur unzureichend anschlussfähig waren.

Ein weiterer, ebenfalls eng mit dem 1. Weltkrieg zusammenhängender Versuch der Gestaltung der Gesellschaft unter wissenschaftlicher Rationalität stellt die amerikanische Technokratiebewegung dar, deren Entwicklung ich hier kurz verfolgen will. Die im 19. Jahrhundert beobachtbare Zunahme theoretischen Wissens im Bereich der technischen Konstruktion hatte zur Ausdifferenzierung der Ingenieurwissenschaften geführt. Der Anteil der Ingenieure bei der Entwicklung der soziotechnischen Infrastruktursysteme war beträchtlich, deutlich geworden war in diesem Zusammenhang die Abhängigkeit des Umsetzungserfolges von einer Reihe von Faktoren. Inventionen in Form funktionierender Artefakte und Verfahren stellten nur den sachgesetzlichen Kern dar, der während der Innovationsphase mit politischen und ökonomischen Interessen verkoppelt wurde. Die *„System builders"* (Hughes

1983) der Infrastruktursysteme waren deshalb von den Finanzmärkten und der Politik abhängige Manager, die aus Organisationen heraus operierten.

Im Zuge dieser Entwicklung wurden die Ingenieure zunehmend zu Angestellten, ihr sozialer Status konnte mit dem Bedeutungszuwachs ihres Wissens nicht Schritt halten, hinzu kam die Konkurrenz mit der Berufsgruppe der Kaufleute.[74]

Die Kriegswirtschaft führte aus Sicht eines Teils der amerikanischen Ingenieure zur Dominanz technisch-wissenschaftlicher Zweckrationalität und bot ihnen damit die Chance, den eigenen Einfluss auf die Gesellschaft zu erhöhen. So wurden die bereits vorher unternommenen Versuche, Taylors Modell des *„Scientific management"* auf die Effizienz der Rohstoffausnutzung zu übertragen, wieder aufgenommen: *„Wenn auch nicht die Ingenieure selbst Entscheidungen fällen konnten, so wurden doch Grundzüge ihrer technizistischen Idealvorstellung von Ökonomie übernommen. Die Produktions- und Distributionssystematik der amerikanischen Kriegswirtschaft war von Kriterien der gesamtheitlichen Regulierung bestimmt: planbar, dirigistisch und nicht zuletzt voller Wertschätzung gegenüber Rohstoffen und Produkten."* (Willeke 1995: 53)[75]

Nach dem Krieg wurde versucht, an die Erfahrungen der Kriegswirtschaft anknüpfend die Effizenzsteigerung des Rohstoffverbrauchs und der industriellen Produktion weiterzuentwickeln. Die Bewegung, für die Smyth (1919) den Begriff „*Technocracy*" geprägt hat, begann sich zu organisieren.[76] Die wesentlichen Bausteine einer

---

74 Zum Selbstbild deutscher Ingenieure siehe Lundgreen (1994), zur Statusproblematik Dienel (1996). Einen immer noch aktuellen Überblick über die soziologische Ingenieurforschung geben Downey/Donovan/Elliot (1989).

75 Darüber hinaus deckten in dem nach dem 1. Weltkrieg aufgelösten Beraterstab des Präsidenten Wilson Ökonomen, Statistiker, Soziologen, Psychologen, Historiker, Geographen und Linguisten weitere Aufgaben ab. Für Details siehe Cuff (1973).

76 Damit wurde offensichtlich eine spezifische Lösung für das von Ogburn (1922) als *„Cultural lag"* bezeichnete Problem der Ungleichzeitigkeit von Entwicklungen entworfen.

technokratischen Gesellschaftssteuerung hatte ihr wichtigster Vertreter Veblen[77] formuliert. Das technokratische Herrschaftsmodell sollte nach Ablösung des an der Kapitalrendite orientierten Wirtschaftssystems mithilfe der technisch-wissenschaftlichen Vernunft gesellschaftlichen Wohlstand erzeugen.

In den 1920er Jahren erfolgte nach einer anfänglichen, durch die russische Revolution ausgelösten Euphorie revolutionärer Veränderung eine Radikalisierung von Teilen der Bewegung, die politische Organisationsform der Demokratie wurde immer stärker als ein wesentliches Hindernis bei der Verbesserung der Lebensverhältnisse angesehen, allerdings scheiterte der Versuch, über verschiedene Ingenieurvereine den Einfluss der Technokraten auf die Gesellschaft zu erhöhen.

Der gesellschaftliche Fortschritt wurde in den Augen der Technokraten vor allem durch das profitorientierte Finanzsystem und die irrationale Politik verhindert, der von ihnen propagierte Weg der Verkopplung von gesellschaftlichem und technisch-wissenschaftlichem Fortschritt in einer *„taylorisierten Expertengesellschaft"* (Willeke 1995: 76) fand zwar eine gewisse Resonanz in den Medien, auch gelang es schrittweise, Mitglieder in staatliche Funktionen zu bringen, die wirtschaftliche Wachstumsphase der USA von 1921-29 minimierte allerdings die Chance einer umfassenden gesellschaftlichen Veränderung im Sinne der Technokraten.

Erst der Börsenkrach vom Oktober 1929 bescherte ihnen eine hohe Konjunktur. Die *„Great depression"* vergrößerte ganz allgemein die Bereitschaft, radikalen Bewegungen Gehör zu geben, die Technokraten verfügten allerdings im Gegensatz zu anderen Wissenschaftlergemeinschaften bereits seit längerem über die Krisendiagnosen und -lösungen: Ihre kurz nach dem 1. Weltkrieg aufgestellten und weitergeführten Effizienzberechnungen zeigten ihrer Meinung nach, dass Wohlstand für alle zu erreichen sei und dass die Ineffizienz der amerikanischen Wirtschaft auf Managementfehler zurückgehe, das Problem der *„technologischen Arbeitslosigkeit"* sei durch Rationalisierungen verursacht und in dem bestehenden Wirtschafts- und Verteilungssystem

---

77 Bereits 1914 hatte Veblen das Preissystem wegen seiner Profitorientierung kritisiert, die Notwendigkeit zur gesellschaftlichen Anpassungen an die wissenschaftlich-technische Entwicklung 1917 herausgestellt und die führende Rolle der Ingenieure bei der Anpassung an die diagnostizierte Veränderungsnotwendigkeit 1921 betont.

unausweichlich, die Auswirkungen des Preissystems waren von ihnen ebenfalls vorausgesagt worden.

Verteilungsgerechtigkeit, so lässt sich ihre Auffassung zusammenfassen, wäre unter Anwendung geeigneter Mittel herstellbar, die Alternative in der Krisensituation laute „*Science or chaos*" (Akin 1977: 64). Nur anders als in den Jahren vorher fanden sie jetzt Gehör,[78] ihr auf physikalischen Prinzipien und dem Scientific management Taylorscher Prägung basierender „*Social blueprint*" (Akin 1977: 8) wurde als ein Weg aus der Krise nachgefragt.

Allerdings konnten die Technokraten erst 1933 einen derartigen gesellschaftlichen Konstruktionsplan vorlegen, in dem selbstregulierende Funktionssysteme über Expertenentscheidungen miteinander verkoppelt werden sollten. Erzeugt werden sollte ein Güterverteilungssystem, das zur Verhinderung von Nachfrageeinbrüchen privates Sparen über festgelegte und verfallende Verbrauchsberechtigungseinheiten verhindern sollte. Das Ziel dieser sog. „*Production for use*" war es, die für die Krise verantwortlich gemachte bisherige Geldwirtschaft zu ersetzen und eine über unabhängige und wertfreie Experten bestimmte Verteilung von Gütern und Arbeit vorzunehmen.

Dieses Modell wurde von verschiedenen Seiten kritisiert, sehr schnell kristallisierte sich heraus, dass „*government by science - social control through the power of technique*" (Akin 1977: 86) nicht nur vor gravierenden immanenten Konstruktionsproblemen stand, sondern auch einen mit den demokratischen Prinzipien unvereinbaren Gesellschaftsentwurf darstellte. Insbesondere die Probleme öffentlicher Kontrolle und der wertbasierten Zielformulierung wurden thematisiert.[79] Ironischerweise wurden Teile ihrer Forderungen durch eine politische Initiative umgesetzt, die von den Technokraten selbst heftig kritisiert wurde, der sie aber das Terrain bereitet haben.

Der unter Roosevelt 1933-38 durchgeführte „*New deal*" zielte auf den Abbau der Arbeitslosigkeit und die soziale Absicherung von Kranken und Alten ab, die Einführung des Wohlfahrtsstaates wurde mit

---

78 Zur publizistischen Aufnahme der Technokraten siehe die quantitativen Angaben in Willeke (1995), zur internen Entwicklung siehe Mohler (1968, 1974) sowie Elsner (1967).

79 Dieser Problemkreis und die Definition der gesellschaftlichen Rolle des Ingenieurs führten 1932 zur Abspaltung eines eher liberalen Teils der Bewegung.

Programmen betrieben, die teilweise auf der Diagnose der Technokraten basierten. Der aus einer informellen Gruppe von Wissenschaftlern und juristischen, technischen und ökonomischen Experten zusammengesetzte „*Brains trust*"[80] entwarf einen Staatsinterventionismus. Über die Erhöhung des staatlichen Einflusses auf die Banken und die Geldpolitik, durch massive staatliche Investitionsprogramme auf einem für zivile Gesellschaften bisher unbekannten Niveau sollte die Nachfrage angekurbelt werden, eine soziale Mindestabsicherung wurde eingeführt und Mindestpreise für landwirtschaftliche Produkte festgelegt. Darüber hinaus stellten die als Arbeitsbeschaffungsmaßnahmen konzipierten Großprojekte und das Wohnungsbauprogramm staatliche Eingriffe dar, die in ihrer Dimension und Form von den Technokraten beeinflusst worden waren.[81] So zielte das Banken- und Wertpapieraufsichtsgesetz darauf ab, die durch das bis dahin weitgehend ungesteuerte Finanzsystem erzeugten Probleme zu begrenzen, die staatlichen Ausgabenerhöhungen sollten die Nachfrage nach den Industrieprodukten auf ein höheres Niveau bringen.

Ein wesentlicher Unterschied zwischen dem Brains trust und der technokratischen Bewegung lag in der Einschätzung von Fakten und der Übersetzung in politische Handlungen. Die verschiedenen während der Weltwirtschaftskrise auf Initiative der amerikanischen Regierung durchgeführten Studien waren vor allem dem Anspruch an Wissenschaftlichkeit verpflichtet, der Handlungsaspekt stand im Hintergrund. Dabei war das Bild Taylors vom „*One best way*" leitend, die Vorstellung, auf der Basis ausreichender Analyse eine Lösung präsentieren zu können, die eine dauerhafte Verbesserung darstellte. Über den Amtsvorgänger Roosevelts, der in den frühen 1920er Jahren selbst zu einer führenden, allerdings liberalen Gruppe der Technokraten gehörte, lässt sich deshalb festhalten: „*Hoover, the engineer, was so deeply com-*

---

80 Den ursprünglich für seine Wahlkampagne zusammengestellten Beraterstab hat Roosevelt nach seiner Wahl sukzessiv vergrößert, die von ihm eingerichteten Kommissionen und Boards stellen den Beginn der Institutionalisierung der Politikberatung dar. Zur Entwicklung des Brains Trust siehe Rosen (1977).

81 Eine Übersicht über technokratisch inspirierte Großprojekte findet sich bei Voigt (1998), der anhand des in den 1920er Jahren entwickelten Atlantropa-Projekts des Architekten Sörgel einen guten Überblick über den technokratischen Fortschrittsoptimismus und die aus heutiger Sicht gesellschaftliche und ökologische Naivität seiner Träger gibt.

mitted to scientific methods of fact-finding and deliberation that he could not act until the evidence was in hand." (Smith 1991: 78).

Auf dem Spiel stand damit die Wertfreiheit der Wissenschaft. Für die Bewegung der Technokraten stellte deshalb der erst 1933 in groben Umrissen vorgelegte eigene Gesellschaftsentwurf eine interne Krise dar, die zur Auflösung der Organisation 1934 führte. Anders lässt sich dagegen die Einstellung des von in erster Linie durch Sozialwissenschaftler beratenen Roosevelt charakterisieren: *„The country needs and, unless I mistake its temper, the country demands bold, persistant experimentation. It is common sense to take a method and try it; if it fails, admit it and try another. But above all, try something."* (Roosevelt 1938: 646)

Ähnlich wie die deutschen Monisten hatten die amerikanischen Technokraten einen wesentlichen Anteil an einer spezifischen, auf Anwendung hin orientierten Popularisierung der Wissenschaft. Die Verwissenschaftlichung, die für beide Bewegungen in vernunftorientierten rationalen Entscheidungen über gesellschaftliche Entwicklungen bestand, zielte im Kern auf die Ersetzung der Politik durch die Wissenschaft ab. Der Fortschritt von Wissenschaft und Technik wurde dabei eng mit dem der sozialen Organisation verknüpft, im Vordergrund standen allerdings nicht zyklische Entwicklungsvorstellungen wie etwa bei Spengler (1918), sondern an der Religion orientierte Erlösungsvorstellungen mit Kosmierungsfunktion. Dass diese angesichts der gesellschaftlichen Realität nicht umsetzbar waren, macht das obige Zitat Roosevelts deutlich, der den Einsatz der Wissenschaft für politische Zwecke reklamierte.

1.3.5 Verwissenschaftlichung der Politik

Die sich darin manifestierende Verwissenschaftlichung der Politik stellte aber ganz im Gegensatz zu den Intentionen der Technokraten ein Zugeständnis an die gesellschaftliche Differenzierung dar. Die Fortschrittsvorstellung der Technokraten, die sich noch im Titel *„The Century of Progress"* der Weltausstellung von Chicago von 1933 niedergeschlagen hatte, enthielt angesichts der Erfahrungen des 1. Weltkrieges und der wirtschaftlichen Depression eine gewagte Prognose, das Rezeptwissen der über dem Haupteingang angebrachten Inschrift *„Science explores: Technology executes: Man conforms"* entsprach der

Verwendung der Wissenschaft im politischen Kontext ohnehin nicht mehr.

Der New deal wird allgemein als der Anfang des Wohlfahrtstaates angesehen, die Voraussetzungen zur Entwicklung und Umsetzung dieses Gesellschaftsmodells waren in den USA im Vergleich zu den anderen Industriestaaten u.a. deshalb besonders gut, weil hier spezifische Bedingungen für die Sozialwissenschaften gegeben waren. Die mit der heterogenen Bevölkerungszusammensetzung einhergehenden Spannungen waren bereits seit den 1920er Jahren Gegenstand sozialwissenschaftlicher Gemeindeforschungen und in den großen Städten in politische Programme eingeflossen, zunehmend wurden Werbekampagnen auf der Basis von Marktanalysen durchgeführt, zudem waren die vorhandenen privaten Forschungsstiftungen den Sozialwissenschaften gegenüber aufgeschlossen und stellten Mittel zu ihrem Ausbau zur Verfügung, so dass *„sich in den USA professionell funktionierende Institutionen der Versozialwissenschaftlichung im großen Maßstab um zwei bis drei Jahrzehnte früher als in Europa etablieren konnten."* (Walter-Busch 1994: 87)

Gleichzeitig existierte eine breite politische Mehrheit darüber, dass über die politische Steuerung die wirtschaftlichen Rahmenbedingungen beeinflusst werden konnten und sollten, um bestimmte Fehlentwicklungen zu vermeiden. Damit waren Ziele formuliert, zu deren Umsetzung die verschiedenen Zweige der Sozialwissenschaften genutzt werden konnten. Zwischen den politischen Parteien und den Präsidenten Hoover und seinem Nachfolger Roosevelt herrschte allerdings keine Einigkeit darüber, welche Risiken damit verknüpft waren. Während Hoover die Wissensbasis für eine staatsinterventionistische Politik für nicht ausreichend hielt, operierte Roosevelt mit dem Schlagwort des Experiments. Damit wurde auf die damit verbundenen Unsicherheiten verwiesen, gleichzeitig aber auch die prinzipielle Möglichkeit herausgestellt, bei der Umsetzung politischer Programme zu neuen Erkenntnisse über die angemessenen Mittel zu gelangen. Allerdings muss festgehalten werden, dass der Begriff des Experiments zumindest bis 1938 in erster Linie als Metapher der gesellschaftlichen Legitimierung der Programme diente, beim Programmdesign selbst spielten die wissenschaftlichen Aspekte nur eine untergeordnete Rolle. So wurden weder die zur Auswertung notwendigen Ausgangsbedingungen ausreichend erhoben, noch überprüfbare Hypothesen aufgestellt, die Variation von

Programmelementen orientierte sich weniger an wissenschaftlichen Aspekten als an denen der politischen Praxis (Smith 1991: 86f.).

Im Bereich der Ökonomie erfolgte erst mit der neuerlichen Wirtschaftskrise Ende 1937 die Umstellung von improvisierten Aktivitäten, deren Erfolg eher zufällig war (Lekachman 1966: 134), auf die Theorie des Keynesianismus, im Bereich der sozialen Reformen wurden Sozialexperimente etwa zur gleichen Zeit zu einem wichtigen Bestandteil der Politik.[82] Durch diese Umstellung auf theoriegeleitete Programme zur Problemlösung erhielten die beteiligten Experten und ihre Fachbereiche einen neuen Stellenwert für die Politik, die Entwicklungen zu einer stärkeren Verkopplung von Erkenntnisgewinn und -anwendung wurde während des 2. Weltkrieges in den genannten Bereichen noch verstärkt,[83] insbesondere die Systemanalyse und das Manhattan-Projekt trugen dazu bei, dass *„the horror and destructive force of modern methods of warfare restored public's faith in the possibilities of scientific progress."* (Smith 1991: 98) Nach Kriegsende mündeten die verschiedenen *„Fortschrittserfahrungen"* (Faul 1984) in die wohlfahrtsstaatliche Politik der Industrieländer ein, das amerikanische Modell wurde von einer Reihe von europäischen Staaten übernommen.[84]

Es sind insbesondere zwei Entwicklungen, die mit den auf Dauer gestellten gesellschaftlichen Fortschrittserwartungen eng verbunden sind. Zum einen basierte die Politik in den westlichen Industrieländern auf einem weitgehenden gesellschaftlichen Konsens, gesellschaftlichen Fortschritt über technischen Fortschritt und die sich daraus ergebenden wirtschaftlichen und sozialen Möglichkeiten zu definieren. Im Rahmen dieses wohlfahrtsstaatlichen Modells erhielten Experten großen Einfluss auf die Politikformulierung, die Nachfrage nach hand-

---

82 Siehe dazu Chapin (1938, 1947).

83 Analog zum 1. Weltkrieg als Krieg der Chemiker wurde der 2. Weltkrieg zum *„Krieg der Ökonomen"* stilisiert, vgl. Samuelsen (1944: 298, zitiert nach Lekachman 1966).

84 In den USA lag ein wesentliches Problem der Nachkriegszeit darin, einem Dilemma zu entgehen, das sich aus dem Erfolg der wissenschaftsbasierten Rationalisierung der Industrie ergab. John Kenneth Galbraith skizzierte die Situation wie folgend: *„...the extraordinary logical model of wartime economic management that had brought me my considerable and welcome power was providing itself a disaster."* (Galbraith 1981: 163) Zum Programm der staatlichen Forschungs- und Entwicklungspolitik unter Einbeziehung der Erfahrungen mit dem Bündnis von Forschung und Politik aus dem 2. Weltkrieg siehe Bush (1945).

lungsrelevantem Sachwissen stieg weiter an. In den USA stimulierte dies den Ausbau verschiedener privater „*Think tanks*", die sich als Verbindungsglied zwischen universitärer Grundlagenforschung und Politik professionalisierten.[85] Zum anderen wurde die Verknüpfung von wissenschaftlich-technischer und ökonomischer Entwicklung zum Gegenstand staatlicher Innovationsprogramme, wie sich z.B. bei der Entwicklung der Kernenergie zeigt.[86] Wesentlich verbessert wurden die institutionellen Rahmenbedingungen der Wissensproduktion zudem durch den Technikwettlauf zwischen dem Westen und Osten.

Herausgestellt werden soll hier ein Aspekt, der den Anschluss an die derzeitige Neubestimmung des Verhältnisses von Wissenschaft und Gesellschaft erlaubt und für die weitere Entwicklung dieses Verhältnisses von zentraler Bedeutung ist, nämlich die partizipationsferne Verwendung von Wissenschaft und ihrer Resultate in der Praxis. Den Ausgangspunkt stellt dabei die Beobachtung dar, dass trotz der dargestellten Nutzung wissenschaftlicher Experten durch die Politik diese bis zum 2. Weltkrieg im Wesentlichen episodisch blieb[87] und erst danach zu einem bestimmenden Strukturmuster in Form der Verwissenschaftlichung der Politik wurde. Insbesondere im Bereich des Militärs wurden dabei neue Wege beschritten, die im Widerspruch zu den bisherigen Lösungen standen. Die von der Regierung beauftragte RAND rechnete für ihre theoretisch entwickelten Lösungen deshalb mit erheblichen Problemen auf Seiten der relevanten Militärs und stellte von Beginn an die Vermittlung der Ergebnisse in den Vordergrund. Smith (1991) zeigt bei seiner Rekonstruktion der ersten größeren Studie dieser Organisation, dass der Aspekt der Akzeptanzbeschaffung innerhalb des Militärapparates von zentraler Bedeutung war und dass es mehr die auf das spezifische Publikum zugeschnittenen Präsentationen waren, die die eigenen Vorschläge durchsetzungsfähig machten als die ausführliche wissenschaftliche Studie selbst.

---

85 Zum Einfluss von RAND auf die militärische Strategie der USA und der NATO siehe Kaplan (1991), der darauf verweist, dass der Stellenwert der spieltheoretischen Überlegungen auch nach dem Fiasko des Vietnamkrieges von vielen Experten als „*eternal verities, to be propagated, defended and fought for*" (343) bezeichnet wurde.

86 Fallstudien zu verschiedenen Großforschungseinrichtungen unter dem Begriff der „Big science" finden sich in Galison/Hevly (1992).

87 Siehe dazu Galison (1997), der diesen Sachverhalt am Beispiel der Kybernetik verfolgt.

Der Erfolg des Think tanks lag danach in der Entwicklung eines spezifischen Beratungsmusters, für das neben der sachlichen Ebene vor allem die genaue Kenntnis des Adressatenkreises notwendig war, mit dem Ergebnis, dass auch über den geheimhaltungspflichtigen Bereich der militärischen Beratung hinaus sich ein politikinternes Beratungswesen etablierte, das der gesellschaftlichen Vermittlung der Ergebnisse und der vorgeschlagenen Programme zugunsten der adressatenspezifisch aufgebauten Inhalte keinen besonderen Wert beimaß.

Gesellschaftliche Legitimität erhielt dieses symbiotische Politikberatungsmuster durch eine spezifische gesellschaftliche Funktionsbestimmung von Wissenschaft und Politik, die im Zusammenhang der Diskussion über das *„Ende der Ideologien"*[88] vorgenommen wurde.[89] Diese Diskussion basierte zum einen auf der Überzeugung einer konsentierten Vorstellung über die soziale Entwicklung, für die die Begriffe soziale Gerechtigkeit, ökonomisches Wachstum und technischer Fortschritt standen: *„In the Western world, therefore, there is today a rough consensus among intellectuals on political issues: the acceptance of a Welfare State; the desirability of decentralized power; a system of mixed economy and of political pluralism. In that sense, too, the ideological age has ended."* (Bell 1960: 373)

Die alten Klassengegensätze waren nach Meinung der Protagonisten dieser Diskussion im Wesentlichen beseitigt worden, die gestiegene Güterproduktion, die Entwicklung auf dem Bildungssektor und die damit zusammenhängenden neuen Lebenschancen für die breite Masse der Bevölkerung legten dagegen eine Weiterentwicklung nahe, die Schelsky zu Beginn der 1960er als einen Trend zur *„nivellierten Mittelstandsgesellschaft"* (Schelsky 1979: 353) bezeichnete. Den Ausgangspunkt für diese Diskussion stellte der New deal, von größerer Bedeutung waren allerdings die Erfahrungen während des 2. Weltkrieges mit dem *„Public planning"*. Die dabei entwickelten neuen Formen der Koordination von Wissenschaft, Industrie und Politik, die neuen Techniken der Datensammlung und der Prognostik, hatten in der

---

88 Das Konzept geht auf einen Kongress in Mailand von 1955 zurück, eine Sammlung von Beträgen und der klassischen Texte von Bell, Lipset und Shils aus den 1950er und 1960er Jahren findet sich bei Waxmann (1968).

89 Daraus erklärt sich auch der Sputnikschock, durch den die Überlegenheit des Westens in dem Kernbereich gesellschaftlicher Entwicklungsmöglichkeit, der Technologie, in Frage gestellt wurde.

Kriegswirtschaft die Wirkung *"[to] catalyse the process that Roosevelt had begun earlier in the 1930s."* (Fischer 1990: 92).

Die Sozialwissenschaften, die dabei einen großen Anteil hatten, sollten den Reformprozess wesentlich mitgestalten und ihm seine Impulse geben, die Reformpolitik in kleinen Schritten sollte die ideologischen Blueprints ersetzen, zusammengefasst wurde diese Entwicklung als *"the shift away from ideology toward sociology."* (Lipset 1968: 83) Die für die Klassengesellschaft typischen ideologischen Auseinandersetzungen wurden allerdings vor dem Hintergrund des kalten Krieges auf der internationalen Ebene weitergeführt, im Grunde wurde allerdings davon ausgegangen, dass das Demokratiemodell der westlichen Industriegesellschaften sich auf Dauer global durchsetzen würde, das amerikanische Modell diente dabei als das *"operational ideal"* (Fischer 1990: 94).[90]

Zu diesem Zeitpunkt war im Bereich der Naturwissenschaft und der Technik bereits ein Innovationsmuster dominant geworden, das eng mit den Erfahrungen des Manhattan-Projekts verknüpft war.[91] Der sog. militärisch-industrielle Komplex, der durch die organisationale Kooperation von Staat, Wirtschaft und Wissenschaft gekennzeichnet ist, wurde zunehmend von Wissenseliten gesteuert, die die Entscheidungen über strategische und technische Entwicklungen innerhalb von Netzwerken trafen. Solange öffentliche Auseinandersetzungen über diese Form der politischen Entscheidung ausblieben, konnte darin ein Beleg für das angekündigte Ende der Ideologien in den westlichen Staaten gesehen werden. In diesem Zusammenhang steht auch der erste Versuch zur Charakterisierung der Wissensgesellschaft. Lane (1966) bezeichnete damit die Tendenz zur Überwindung der *"irregularity of the production of ‚great' ideas"* (653) zugunsten einer kontinuierlichen Veränderung des Wissens über die Gesellschaft durch systematische Forschung mit der Folge, dass *"the political domain is shrinking and the knowledge domain is growing"* (658).

Dieses auch für die Sozialwissenschaften günstige Klima schlug sich in den USA nach der Wahl Kennedys 1961 in verstärkten

---

90 Deshalb konnte auch gleich nach dem Zusammenbruch des kommunistischen Systems zu Beginn der 1990er Jahre „Das Ende der Geschichte" (Fukuyama 1992) proklamiert werden.

91 Einen Überblick über die Entwicklung der Forschungs- und Entwicklungspolitik geben Rosenberg/Nelson (1994).

sozialstaatlichen Programmen nieder, dessen Reformpolitik allerdings damit zu kämpfen hatte, dass die vorhandenen bürokratischen Strukturen auf derartige Initiativen wenig vorbereitet waren.[92] Als Reaktion darauf wurden neue wissenschaftliche Stäbe in direkter Nähe zum Präsidenten gegründet bzw. vorhandene verstärkt.[93] Hinzu kam ein weiteres Problem: Die Bekämpfung der Armut insbesondere unter der schwarzen Bevölkerung war ein politisches Projekt, denn zu diesem Zeitpunkt galt noch *„poverty was not a problem in the eyes of the public, it was equally ignored by scholars."* (Aaron 1978: 17) Der Ausbau der sozialwissenschaftlichen Forschung zielte deshalb anfangs darauf ab, geeignete Statistiken und Wissen über die Armutsursachen herzustellen, allerdings wurden die Armutsbekämpfungsprogramme im Rahmen der *„Great society"* durch Johnson 1964 bereits vor der Veröffentlichung erster offizieller Statistiken aufgelegt.[94] Dahinter steht, dass Wissenschaft und Politik unterschiedliche Ziele verfolgen, die bei der Reformpolitik allerdings teilweise in Deckung gebracht werden konnten.[95] Festhalten lässt sich, dass das Wissen über den Problembereich selbst unvollständig war, gleiches galt für die Planung und Implementation der Programme.

Das Entscheidungsproblem wird an den divergierenden Zeithorizonten von Wissenschaft und Politik deutlich: Während die Wissenschaftler ein stufenweises Vorgehen von Programmentwicklung, Tests und nach deren Auswertung einer Variation der Implementationsbedingungen vor dem Hintergrund ihrer methodologischen Anforderungen präferierten, war der Zeithorizont der Politik an kurzfristigen Veränderungen und Wirkungen orientiert.

Für beide Bereiche ergaben sich daraus trotzdem neue Chancen, für die Wissenschaft in Form von Expansion und gesellschaftlicher Anerkennung, für die Politik in Form der Rationalisierung und dem

---

92 Zu den staatlichen Rahmenbedingungen der Reformpolitik siehe Marris/Rein (1967), zu den Problemen mit einer reformunwilligen Administration siehe Graham (1976).

93 Als Überblick über die Entwicklung wissenschaftlicher Stabsabteilung in den USA siehe Smith (1992).

94 Nach Smith (1992) gab der Economic Report von 1964 Schätzungen wieder, nach heutigen Standards der Sozialstatistik ernstzunehmende Daten brachte erst Orshansky (1965).

95 Diesen Sachverhalt bezeichnet Schimank (1992) als *„spezifischen Interessenskonsens trotz generellem Orientierungsdissens"*.

Anschluss an gesellschaftliche Fortschrittsvorstellungen, die eng mit der Entwicklung und Anwendung von wissenschaftlichem Wissen verknüpft waren. Diese eher instrumentelle Nutzung begrenzte aber auch gleichzeitig den Erfolg der entworfenen Strategien, da weder der Wissenschaft noch der Politik die wechselseitige Übersetzung der eigenen Funktionsvoraussetzungen gelang. Anders ausgedrückt: Die Wissenschaft war in ihren Vorarbeiten und Analysen für die Politik zu langsam, um wirksam sein zu können, die Wissenschaftler standen unter einem enormen Zeit- und Handlungsdruck, der von ihnen vor dem Hintergrund eigener Standards als suboptimal angesehen wurde.[96]

Innerhalb der Sozialwissenschaften kam es an dieser Stelle zu Auseinandersetzungen zwischen zwei Lagern: Während die einen die innerdisziplinäre Entwicklung in den Vordergrund stellten und den Schwerpunkt auf soziologische Theorie und Methoden legten, sahen die anderen ihre Funktion in einem politiknahen Engagement für die Reformpolitik und stellten die Entwicklung und Implementation von Programmen in der Vordergrund.[97] Die dabei intendierte Verbindung von Politik und Wissenschaft bei diesen Reformprojekten orientierte sich an den Erfolgen der Systemanalyse und der Operations research, der McNamara zum endgültigen Durchbruch im Weißen Haus verholfen hatte.

Es lohnt sich hier, kurz auf McNamara einzugehen, der in der Öffentlichkeit den Prototypen der *„technokratisch orientierten Reformergarde"* (Koch/Senghaas 1970: 7) abgab, da dessen Vorgehen auch für das im Bereich der Reformpolitik instruktiv ist. McNamara, der vor seiner Berufung zum Verteidigungsminister Präsident der Ford Motor Corporation gewesen war, hat vor allem moderne Organisationsprinzipien in das Militär eingeführt. Deutlich wird das z.B. daran, dass er seine Rolle mit der eines Industriemanagers oder des Papstes in der katholischen Kirche verglich; dieser Bruch mit den geltenden Konventionen war innerhalb des Militärs heftig umstritten und wurde darauf

---

96 So folgern beispielsweise bereits Pressman/Wildavsky (1973): *„...no worthwhile experiment can be carried out in an environment where all decisions and procedures are determined by a rule of ‚minimum delay'...Very little research and no experimentation can be carried on in the short time available."* (128)

97 Einen Überblick über die Auseinandersetzungen innerhalb der amerikanischen Soziologie gibt Page (1985), für das Pendant in Deutschland unter dem Schlagwort des Positivismusstreits siehe Adorno et al. (1969).

zurückgeführt, dass er selbst keine militärischen Erfahrungen hatte und damit für die spezifischen Anforderungen der einzelnen Waffengattungen sowie für psychologische Aspekte unempfindlich war.

Ein Aspekt der Umorganisation lag darin, seinen Mitarbeiterstab nach dem Motto, das Pentagon brauche „*Denker und keine Gladiatoren*" (Alsop 1966: 65) zu besetzen, weshalb unter ihnen keine Truppenkommandeure zu finden waren. Ferner griff er bei der strategischen Ausrichtung der amerikanischen Politik weitgehend auf die spieltheoretisch begründeten Vorschläge von RAND zurück und bediente sich zur Bewertung militärstrategischer Entscheidungen der Kosten-Nutzen-Rechnung. Die Sicherung des Friedens während des Kalten Krieges und die Kriegsführung selbst sollten rationalen Kalkülen unterworfen werden, es galt die Überzeugung: „*Wenn man alle Fakten nüchtern betrachtet und ‚quantifiziert', dann findet man mehr oder weniger automatisch einen von der Vernunft vorgezeichneten Weg zur Lösung des Problems.*" (Alsop 1966: 66)

Kennzeichnend für diese Politik war ein spezifisches Entscheidungsmuster, das der einflussreiche Publizist Stuart Alsop (1966) in seinem autorisierten Portrait McNamaras wie folgt beschreibt: „*Die Amerikaner erfahren nichts über verteidigungspolitische Alternativen, die verworfen und daher niemals in der Öffentlichkeit erörtert worden sind...die Debatte ist geheim, und wenn die Entscheidung einmal gefällt ist, hat jede weitere Diskussion, sei sie amtlich oder privat, zu unterbleiben.*" (70) Da aber, so die Kritik an dieser Vorgehensweise, demokratietheoretische Unterschiede zwischen einer gewählten Regierung und der Führung des Vatikans oder eines Industrieunternehmens bestehen, „*ist es bedenklich, wenn das amerikanische Volk nichts über Alternativen erfährt, die verworfen worden sind.*" (71) Im Ergebnis lässt sich deshalb festhalten, dass „*nur wenige Menschen wirklich [verstehen], was McNamara mit der amerikanischen Verteidigungsstruktur gemacht hat, wie er es gemacht hat und warum er es gemacht hat.*" (62)

Festhalten lässt sich hier eine bis dahin einmalige Koinzidenz zwischen den Sozialwissenschaften und der Politik, die allerdings nur kurzfristig zu einem gemeinsamen Handlungsprogramm führte: „*Social scientists seemed...to possess the tools for a policy science and to have willing patrons in political life who were eager to have the tools tested...And for a brief moment, the new quantitative methods gave policy-*

makers and their advisers a confidence they had not known before." (Smith 1991: 137)

Für die politischen Reformprogramme und die strategische Rahmensetzung war ihre hypothetische Struktur kennzeichnend: Zugrundegelegt wurden Theorien über das Verhalten von Personen und Gesellschaftsgruppen bzw. über die Reaktionen von Staaten, die sich durch einen hochspekulativen Charakter auszeichneten und die einem Test in Realsituationen unterworfen wurden. Für die Wissenschaft kam es in dieser Situation darauf an, Erfolge nicht nur bei der Aufstellung der entsprechenden Programme und Strategien verzeichnen zu können, sondern auch bei der Umsetzung. Naheliegend war es deshalb, den Anschluss an die wissenschaftsinterne Methode der Unsicherheitsbewältigung in Form der Induktion von kontrollierten Störungen zu suchen.

Campbells Vorschlag, Reformen als Experimente zu konzipieren, stellte insofern einen Bruch dar, als vorhandene Sicherheiten in Frage gestellt wurden: *„It is one of the most characteristic aspects of the present situation that specific reforms are advocated as though they were certain to be successful."* (Campbell 1969: 409) An die Stelle der politischen Selbstversicherung des Erfolgs sollte eine durch die wissenschaftliche Methodologie definierte Lernsituation treten, das dazu notwendige Instrumentarium war allerdings nur ansatzweise einwickelt, *„systematic efforts to measure and to add up benefits and compare them with costs to see whether programms were worthwhile had been rare outside the Defense Department."* (Aaron 1978: 30)

Erst mit der *„Great society"* Johnsons wurde die Evaluationsforschung zu einem festen Programmbestandteil und entsprechend ausgebaut. Bei den Versuchen mit der negativen Einkommenssteuer, hinter der die Annahme stand, dass anstelle von festgelegten Höchstbeträgen eine schrittweise Reduzierung staatlicher Sozialhilfeleistungen in Abhängigkeit zum eigenen Einkommen einen Anreiz zur Aufnahme von Arbeitsverhältnissen darstellen würde und damit sich die Lage der davon besonders stark betroffenen schwarzen Bevölkerungsgruppen auf Dauer verbessern ließe, wurden deshalb Vergleichsgruppen gebildet, unterschiedliche Finanzierungsmodelle in verschiedenen Städten ausprobiert und umfangreiche Begleitforschungen finanziert.

Rückblickend scheint es Einigkeit über den Misserfolg der Sozialprogramme zu geben: *„Zu Beginn der siebziger Jahre gab es nur wenige Beteiligte, die es wagten, den ‚war against poverty' nicht als einen Fehlschlag zu bezeichnen."* (Hellstern/Wollmann 1984: 32)[98] Der Effekt der hier interessiert liegt aber nicht in der finanziellen oder gesellschaftlichen Bedeutung dieses Fehlschlages,[99] sondern in dem Effekt für das Verhältnis von Wissenschaft und Gesellschaft, den ich im Folgenden untersuchen werde.

1.3.6 Angewandte Wissenschaft und Folgenkritik

Der mit dem Wohlfahrtsstaat in enge Verbindung gesetzte gesellschaftliche Fortschritt in den westlichen Industriestaaten hat, wie ich am Beispiel der USA gezeigt habe, zu staatlichen Reformprogrammen geführt, die wesentlich von den Sozialwissenschaften mitgeprägt worden sind. Beobachtbar ist dabei eine eigendynamische Entwicklung, die sich in der besonderen Rolle der involvierten Experten niederschlug, die nicht nur an der Diagnose sozialer Missstände, sondern auch an der Formulierung und Durchführung von Programmen beteiligt wurden. Für das Scheitern der Programme wird in der Literatur insbesondere der Faktor fehlender politischer Erfahrung auf Seiten der Wissenschaftler herausgestellt, die mit dem Versprechen den Problemdruck von der Politik zu nehmen, zumindest tendenziell selbst zu Entscheidungsträgern wurden: *„...experts have gained power on American government at the expense of popularly elected decision makers."* (Brint 1994: 131)

Wie oben am Beispiel McNamaras gezeigt worden ist, war die

---

[98] Ähnlich bereits im Titel z.B. Pilisuk/Pilisuk (1973) *„How we lost the war on poverty"* und Moynihan (1969) *„Maximum feasible misunderstanding"*. Als Tenor der Bewertung gibt Wood (1986) an: *„...the overwhelming weight of conventional wisdom is that the Great Society is best regarded as an aberration...and an affront to the American tradition of pragmatism, of incrementalism, of reliance on capitalism, and of distrust of the government."* (18)

[99] Eine Übersicht über zehn größere zwischen 1956 und 1981 im Zusammenhang mit dem „War on poverty" durchgeführte amerikanische Sozialexperimente gibt Haveman (1986), speziell zu den Experimenten mit der negativen Einkommenssteuer siehe Feick (1980).

Wahrnehmung in der Öffentlichkeit nicht unproblematisch, neben der durchaus vorhandenen Bewunderung führte der Habitus der technokratisch orientierten Reformer zu der Beobachtung, dass diese Gruppe *„has developed a ritualistic language whose social consequence is the exclusion, exploitation and manipulation of other people."* (Smith 1991: 164) Ende der 1960er Jahre wurde mit den Begriffen der Expertokratie und mit der Wiederaufnahme des nun kritisch verstandenen Begriffs der Technokratie die Tendenz zur Marginalisierung der Gesellschaft und der Politik an politischen Entscheidungen thematisiert, die sich in Ausdrücken wie *„New priesthood"* (Lapp 1965), *„New mandarins"* (Chomsky 1969) oder *„Planning mandarins"* (Goodman 1971) niederschlug. Diese Kritik bezog sich nicht nur auf den naturwissenschaftlich-technischen Bereich und den militärisch-industriellen Komplex, sondern nach der *„Professionalization of reform"* (Moynihan 1965) auch auf die Sozialpolitik und die Sozialwissenschaften.

Damit wird auf eine Selbstgefährdung hingewiesen, die sich in Form der Entfremdung der Wissenschaftler und der wissenschaftlich orientierten Entscheidungsträger von der Gesellschaft als besonders problematisch erweist: *„As experts reveled in the technocratic skills, they grew more and more detached from even the educated public."* (Smith 1991: 139) Wie oben bereits am Beispiel von RAND deutlich gemacht wurde, war für die Politikberatung eine enge Adressatenorientierung unter Verzicht auf die gesellschaftliche Vermittlung von Entscheidungsprämissen und von Ergebnissen typisch, in Form des Legitimationsproblems der Wissenschaft wurde dies zu dem Zeitpunkt virulent, als ihr Erfolg bei der Anwendung von Wissen in Frage gestellt werden konnte.

Ein wesentliches Moment war dabei die Herausbildung von Think tanks, die nicht dem politischen Lager der Liberalen zuzurechnen waren, sondern von konservativer Seite eine Verwissenschaftlichung betrieben.[100] Ein anderes stellte die im Rahmen der Sozialprogramme ausgebaute Evaluationsforschung selbst dar. Beides, die politisch motivierte wissenschaftliche Kritik wie auch die methodisch angelegte, auf den ersten Blick der Legitimation dienende Verwissenschaftlichung der Erfolgsmessung von Programmen, haben zu einem Legitimationsverlust der Wissenschaft selbst geführt. Hinzu kommt mit der Entdeckung der

---

100 Einen Überblick über diese Entwicklung bietet Stone (1996).

systematisch ausgeblendeten Nebenfolgen der wissenschaftlich-technischen Entwicklung ein weiteres Moment. Zusammengenommen führten diese drei Aspekte zu einem gesellschaftlich weitreichenden Orientierungsverlust, da der einsinnige Fokus auf die Wissenschaft als Problemlöser und Fortschrittsmotor gefährdet wurde.

Im Einzelnen: Obwohl der Wohlfahrtsstaat und die damit zusammenhängende Steuerungsrolle der Politik eine breite gesellschaftliche Basis hatten, gab es Auseinandersetzungen über die einzelnen Ziele und die Mittel innerhalb der Politik. In den USA waren insbesondere von konservativer Seite Fragen nach einer fehlgeleiteten Integration der schwarzen Bevölkerung, dem Ausbau des staatlichen Erziehungssystems, staatlichen Transferleistungen und dem System der Sozialversicherung aufgeworfen worden. Die dabei vertretenen Positionen beruhten weitgehend auf dem Common sense, was fehlte war eine wissenschaftliche Absicherung. Bis Mitte der 1960er Jahre hielt eine Mehrheit der amerikanischen Republikaner den Ausbau entsprechender Institutionen für verzichtbar und nahm damit eine Position ein, die angesichts der verwissenschaftlichten Argumentation der Gegner auf Dauer nicht haltbar war.

Die Überzeugung, dass die industrielle Gesellschaft auf dem Weg zu einer Wissensgesellschaft war, wurde übersetzt in ein neues Verständnis der Politik: *„The key to understanding modern government lay in the interplay of expert knowledge and politics."* (Smith 1992: V) Die Konservativen haben auf diese Diagnose mit dem Ausbau von Think tanks reagiert, mit dem Ergebnis, dass *„1970 is used as a rough mid point...the ‚new partisans' are increasingly entrepreneurial and likely to be more specialised, more directly policy focused and partisan in their research and analysis."* (Stone 1996: 18) Hervorzuheben ist, dass wenn diese Gründungswelle konservativer Think tanks auch als ein Gegengewicht zu den bestehenden Institutionen darstellen sollte, damit ein wesentlicher weiterer Schritt in Richtung der Verwissenschaftlichung der Politik unternommen wurde.[101]

Die Anerkennung der Rolle der Wissenschaft für die Politik bedeutete aber gleichzeitig, dass die Funktion, sicheres Wissen für die politischen Entscheider zur Verfügung zu stellen, durch die Produktion

---

101 Der konservative Brain-truster William Simon (1979) sprach hier von der Notwendigkeit zur Bildungen einer *„conservative counterintelligentsia"*.

neuen Wissens überlagert wurde. Als Ergebnis stand dann nicht das noch in den 1960er Jahren angekündigte partielle Zurückdrängen der Politik, sondern - angesichts divergierender wissenschaftlicher Expertisen - die Repolitisierung, die sich auch auf die Wissenschaft erstreckte: *„All research begins to look like advocacy, all experts begin to look like hired guns, and all think tanks seem to use their institutional resources to advance a point of view. The experts, far from limiting debate and innovation, have created an environment in which so many arguments contend that no consensus is possible. Their never-ending controversies leave even closely attentive citizens in despair of ever coming to agreement on the most important issues."* (Smith 1991: 231)

Die Evaluationsforschung hingegen konnte eine direktere Wirkung entfalten, da sie als ein fester Bestandteil der Reformprogramme konzipiert wurde. Intendiert war, Programmbestandteile auf ihre Wirkung hin zu überprüfen und auf dieser Basis Veränderungen an Programmen bis hin zum Einstellen ineffektiver Maßnahmen vorzunehmen. Auch hier trat McNamara als der zentrale Protagonist auf, der die Methode, die ursprünglich zur Wirkungsanalyse komplexer Waffensysteme konzipiert worden war und als politisches Instrument in expertendominierten Entscheidungsstrukturen diente, auf die Sozialprogramme übertrug.[102]

Entgegen der Erwartungen verfügten die Sozialwissenschaften zu diesem Zeitpunkt über keine nennenswerten, quantitativ ausgerichteten Methoden der Evaluation, wie ein Beteiligter feststellt: *„...at the time the War on Poverty was designed, a fruitless search was made through the archives for studies that would provide some assessment of the effectiveness of such programs...Little was known about the other New Deal program."* (Moynihan 1969, zitiert nach Rossi 1972: 12) Zurückgegriffen wurde deshalb auf die zur Verfügung stehenden, wesentlich von RAND entwickelten ökonomisch orientierten Verfahren, nicht aber auf die in den 1930er und 1940er Jahren von Chapin entwickelten Fallanalysen mit denen kontextuelle Einbindungen und institutionelle Veränderungen erhoben wurden.[103]

---

[102] Zur Rolle McNamaras in diesem Prozess und der Entstehung der Evaluationsforschung als eines neuen Zweiges quantitativ orientierter Sozialforschung siehe Deutscher/Ostrander (1985).

[103] Siehe dazu Chapin (1938, 1947). Zur Kritik an den Evaluationsstudien mit Blick auf die frühen Verfahren siehe Nathan (1986).

Dass „harten Fakten" gegenüber „weichen Indikatoren" bei der Erfolgskontrolle der Vorzug gegeben wurde, lässt sich mit den bis dahin für sicher gehaltenen Erfolgen bei der strategischen Planung einerseits, mit den expansiven Tendenzen der Sozialwissenschaften andererseits erklären, zu einem Zeitpunkt als das *„‚selling of social research' as a guide to government probably reached is zenith"* (Weiss 1977: 4), erwies sich die Verbindung von Programmentwicklung und Evaluation angesichts einer technokratisch orientierten Administration als das geeignete Mittel.

Dazu bedurfte es allerdings bereits während der Entwicklungsphase einer nicht zu unterschätzenden Anpassung von Parametern an die Bedürfnisse der Erhebung,[104] so wurde Armut über die Erhebung von Einzeldaten als ein individuelles Problem definiert, gesellschaftliche Aspekte der Entstehung von Armut wurden dagegen systematisch ausgeblendet, der Erfolg von Vorschulprogrammen wurde über den Intelligenzquotienten ermittelt, längerfristige Untersuchungen über den Schulerfolg wurden dagegen nicht unternommen. Zusammengefasst lässt sich festhalten, dass das *„criterion of available measures led to an operational definition of those goals as individual improvement."* (Deutscher/Ostrander 1985: 21) Die ermittelten Werte hatten für die Politik allerdings einen hohen Wert: Zum einen boten sie - vor dem Hintergrund der Strukturen während der Reformphase - die Option auf gesellschaftlich für sicher gehaltene, wissenschaftlich basierte Entscheidungen. Zum anderen boten sie - vermittelt über eine an den Naturwissenschaften orientierten Präzision - die Möglichkeit einer an die Notwendigkeiten der Massenmedien angepassten einfachen öffentlichen Präsentation.

Vergleicht man den internen Effekt der Unsicherheitsreduktion und der Anpassungsmöglichkeit der Programme bei erkannten Fehlentwicklungen mit dem externen der öffentlichen Vermittelbarkeit, so wird deutlich, dass der letztgenannte für die Programme von weit größerer Bedeutung war. Das im Rahmen der Sozialprogramme durch Vereinfachungen geprägte Bild der Sozialwissenschaften in der Öffent-

---

104 Zu dem auf die Programmgestaltung ausgeübten Druck durch die evaluierenden Einrichtungen siehe Williams/Evans (1972: 250).

lichkeit[105] wurde in Verbindung mit den sich in der Retrospektive ebenfalls stark simplifizierenden Ergebnissen der Evaluationen zu einem Problem in dem Moment, als die Reformeuphorie abnahm und andere politische Mehrheiten entstanden. Die Ergebnisse der Evaluationsstudien dienten Nixon nach seinem Wahlsieg 1969 vor allem dazu, wesentliche Bestandteile der Sozialprogramme einzustellen. Die Verwissenschaftlichung der Politik wurde damit unter anderen Vorzeichen weiterbetrieben, indem die aufgebaute Evaluierungsforschung und die konservativen Think tanks nun zum Nachweis der geringen Problemlösungskompentenz des Staates genutzt wurden und zum Abbau einer Reihe von Programmen, während andere, der Regierungsideologie entsprechende ausgebaut wurden, z.B. jene zur Stärkung kommunaler und lokaler Gemeinschaften.

Die paradoxe Situation, mit dem Ausbau angewandter Sozialwissenschaften sozialwissenschaftlich inspirierte Programme zu beenden, lässt sich durch die politische Instrumentalisierbarkeit der Evaluationsstudien erklären, deren Mitglieder zumeist nicht aus der Soziologie selbst stammten und bei der Verteilung öffentlicher Mittel in den 1960er auf eine Administration trafen, die den quantifizierenden Methoden den Vorzug vor den eher soziologischen Feldstudien gaben. Wie Datta (1979) bei ihrer Untersuchung eines Vorschulprogramms im Rahmen der Great society zeigt, variieren die Ergebnisse der Evaluationen bei teilweise identischen Daten tatsächlich mit der gewählten Evaluationsmethode und dem Zeithorizont zwischen Erfolg und Misserfolg, die letzten, durch den Einschluss von Kontexten und institutionellen Veränderungen nach 1974 gekennzeichneten Studien, endeten mit einem positiveren Ergebnis, das allerdings angesichts der vorhandenen Datenlage keine hohe statistische Signifikanz aufweist.[106]

---

105 Aus dem Blickwinkel eines beteiligten Sozialwissenschaftlers heraus formuliert Weiss (1977) diesen Zusammenhang wie folgt: „*Much of the social sciences that effects policy is a pop social science, filtered through popular coverage in newspapers, magazines, and television, attenuated by selective attentation, and reduced further by sheer forgetting of details.*" (18)

106 Die daraus resultierende Krise der Soziologie markierte Coser in seiner Presidental Address auf dem Jahrestreffen der American Sociological Association 1975, indem er die Tendenz kritisierte, einerseits theorielos den Ausbau quantitativer Verfahren zu betreiben, womit u.a. die Evaluationstechnik gemeint war und andererseits neue soziologische Theorien unter Missachtung des Bestands an soziologischen Forschungsergebnissen zu propagieren, so z.B. in der Ethnomethodologie.

Darüber hinaus zeigt ein Überblick über Evaluationen eine von Rossi (1978) als das *„Iron law of social program evaluation"* (574) bezeichnete allgemeine Tendenz, Programme als ineffektiv zu bewerten. Nimmt man die Beobachtung von Wood (1986) *„...one is struck by how primitive and biased most of the evaluations of the Great Society...have been"* (22f.) hinzu, so kann der öffentliche Verlust der Reputation der Soziologie als problemlösende Wissenschaft kaum mehr verwundern. Weiss (1977) beschreibt die damit eingetretene Situation wie folgt; *„Rather than being part of the solution, social research has itself become a problem."* (6)

Wie ich im Folgenden zeigen werde, lässt sich in den 1960er Jahren ähnliches allerdings auch für die Naturwissenschaften feststellen, als Beispiel dazu dient mir die 1962 erschienene Publikation *„Silent Spring"* von Rachel Carson (1907-1964).

Zur Vorgeschichte: Die Autorin hatte Biologie studiert, in den 1930er Jahren an den Universitäten Johns Hopkins und Maryland Zoologie gelehrt und war dann als Meeresbiologin in eine Forschungseinrichtung des Bundes, die „United States Fish and Wildlife Services" (FWS) gewechselt, einer Einrichtung in der u.a. Umwelteinflüsse auf Lebewesen untersucht wurden. Nach einigen Jahren der Forschung nahm sie die Stellung als Editor in Chief der hauseigenen Publikationen an, eine Position also, die enge Verbindungen sowohl mit Wissenschaftlern als auch der Regierung und den Medien mit sich brachte. In diesem Zusammenhang hat sie eine Reihe von Fernsehsendungen gestaltet, öffentlich bekannt wurde sie durch populärwissenschaftliche Publikationen wie *„Under the sea wind"* (1941), *„The sea around us"* (1951), für die sie mit dem National Book Award ausgezeichnet wurde und *„The edge of the sea"* (1955).

1952 kündigte sie ihre Stelle und lebte als freie Schriftstellerin, hatte aber in den folgenden Jahren weiterhin enge Kontakte zu Wissenschaftlern aus ihrem Arbeitsbereich und zu früheren Kollegen aus dem FWS, das die Untersuchung der Folgen des Einsatzes von Pestiziden zu einem neuen Schwerpunkt gemacht hatte. Im Mittelpunkt stand dabei das DDT, dessen Wirkung als Nervengift auf Insekten von dem Schweizer Nobelpreisträger Paul Müller 1939 entdeckt worden war und zunehmend zur Bekämpfung von Malaria und Gelbfieber übertragenden Mücken in einigen Gegenden flächendeckend eingesetzt wurde.

Untersuchungen über die Wirkung des Einsatzes hatte es

bereits sehr früh gegeben, Forschungen in den 1950er Jahren zeigten bereits, dass das Gift in tierischen Körpern nicht abgebaut, sondern im Fettgewebe gespeichert wurde und über die Nahrungskette nicht nur zu einem Problem für bestimmte Tierarten, die in manchen Gegenden völlig verschwanden, sondern auch für die Menschen wurde.[107] Es trafen also zwei Aspekte aufeinander, die eine hohe öffentliche Aufmerksamkeit ermöglichten: Auf der einen Seite eine Wissenschaftlerin und prominente Autorin, auf der anderen Seite unveröffentlichte Forschungsergebnisse über die Nebenfolgen des Chemieeinsatzes.

Als im Juni 1962 eine dreiteilige Artikelserie über die Folgen des DDT-Einsatzes unter dem Titel „*Silent spring*" in der Zeitschrift „The New Yorker" erschien,[108] entwickelte sich ein entsprechendes Echo. Bereits im August 1962 kündigte Kennedy in einer Pressekonferenz eine Prüfung des Sachverhalts an, Chemieunternehmen starteten großangelegte Öffentlichkeitskampagnen über die positiven Folgen des DDT, verschiedene Wissenschaftler kritisierten das Buch und seine Schlussfolgerungen, zwischen staatlichen Forschungseinrichtungen, insbesondere dem FWS und dem industriefreundlicheren Department of Agriculture entbrannte eine Auseinandersetzung über die Datenbasis und deren Interpretation. In dem Report über die Nutzung von Pestiziden an das Weiße Haus im Mai 1963 (President's Science Advisory Committee 1963) wurde dann tatsächlich eine Reihe von Vorwürfen entscheidend abgemildert, mit der Folge, dass politische Entscheidungen prolongiert werden konnten.

Von Interesse sind an dieser Stelle aber nicht die regulativen Auswirkungen bis hin zum DDT-Verbot 1972, sondern die Bedeutung für das Verhältnis von Wissenschaft und Gesellschaft. Dieses wurde von dem Buch tangiert, indem es interne Forschungsergebnisse nach entsprechender Aufbereitung in die Öffentlichkeit brachte und dort Zweifel an der Gerichtetheit des wissenschaftlich-technischen Fortschritts erzeugte. Es war bis dahin beispiellos insofern als es wissenschaftliche Ergebnisse gegen die Wissenschaft selbst anwandte und dabei den Raum wissenschaftsinterner Kritik verließ. Deutlich gemacht wurden die engen Verknüpfungen zwischen Industrie und staatlichen

---

107 Bekannt ist in diesem Zusammenhang die Verseuchung der Muttermilch, was eine Zeitlang durch den Einsatz von Surrogaten kompensiert werden sollte.

108 Die Buchversion folgte im September 1962 und verkaufte sich in mehreren Auflagen mit ingesamt mehr als 600.000 Exemplaren.

sowie universitären Wissenschaftseinrichtungen, die, wie offenkundig wurde, auf die Feststellung von Wahrheit Einfluss nahmen. Auf der einen Seite standen mächtige Interessengruppen, die mit verschiedenen Mitteln, aber eben auch unter Einsatz wissenschaftlicher Expertise kämpften, auf der anderen eine Publizistin, die sich, wie man bei einem Blick in die Literaturliste unschwer erkennen kann, wissenschaftlicher Studien bediente, um diese Wahrheiten zu kritisieren.[109]

Wie z.B. Lear (1993) zeigt, griff Carson für ihr Buch neben eigenen Beobachtungen und Pressemeldungen über das Aussterben bestimmter Vogelarten auch auf Material zurück, das ihr von verschiedenen Wissenschaftlern zur Verfügung gestellt wurde, die darin die Chance sahen, Aufmerksamkeit für ein Problem zu erzeugen, die angesichts herrschender wissenschafts- und politikinterner Strukturen mit den herkömmlichen Mitteln nicht zu erzielen war. Es ging ihnen dabei nicht um ein völliges Verbot von Pestiziden, sondern darum, einen anderen Umgang mit diesen Mitteln vor dem Hintergrund der mittlerweile bekannten Risiken zu erzeugen. Die Lösung des Seuchenproblems und der Nahrungsversorgung, das die chemische Industrie und das amerikanische Landwirtschaftsministerium in dem Wundermittel DDT sahen, sollte nach Carson und ihren Protagonisten innerhalb der Wissenschaft durch weitere Forschungen, insbesondere zur Entwicklung biologischer Schädlingsbekämpfungsmittel, ersetzt werden.

Der Versuch, durch Forschung neue Optionen zu erschließen, stand dabei noch ganz im Zeichen einer wissenschaftlich-technischen Fortschrittsorientierung, die wesentliche Differenz dazu liegt in der Aufdeckung der Folgen der verwissenschaftlichten Agrarindustrie mit wissenschaftlichen Methoden, mit der die Nebenfolgen der Verwissenschaftlichung in den Blick gerieten. Mit dieser Sekundärverwissenschaftlichung (Beck 1982) stellte sich nicht nur die Frage nach dem Nutzen der Wissenschaft neu, sondern auch nach einem anderen Umgang mit dem Postulat der Wertfreiheit: In dem Moment als Wissenschaftler gegen Wissenschaftler unter den Augen der Öffentlichkeit divergierende Wahrheitsansprüche formulierten und die politischen und

---

109 Ihr Einfluss auf die Entstehung der Ökologiebewegung war ebenfalls hoch, wie das folgende Zitat zeigt: *„Nur sehr wenige Bücher, schrieb vor einer Zeit das US-Nachrichtenmagazin ‚Time' hätten den lauf der Weltgeschichte wirklich beeinflusst. Eines davon sei ‚Das Kapital' von Karl Marx, ein anderes ‚Der stumme Frühling' von Rachel Carson."* (Spiegel 19/1999: 190)

wirtschaftlichen Verflechtungen deutlich wurden, wurde die Orientierungsfunktion der Wissenschaft für die Gesellschaft in Frage gestellt.

1.4 Zusammenfassung

Die gesellschaftliche Funktion der modernen Wissenschaft liegt in der Herstellung von neuem Wissen. Diese, angesichts der gegenwärtigen gesellschaftlichen Verhältnisse, fast triviale Aussage ist das Ergebnis eines historischen Prozesses. Ich habe oben die Frage nach den mit dem Projekt der neuzeitlichen Wissenschaft einhergehenden gesellschaftlichen Voraussetzungen und nach den gesellschaftlichen Wechselwirkungen bei dem Prozess der Ausdifferenzierung der Wissenschaft zu beantworten versucht. Ich bin diesem Verhältnis nachgegangen, indem ich die ebenfalls einem Veränderungsprozess unterworfene Orientierung auf Fortschritt in den Mittelpunkt gestellt habe. Dabei habe ich herausgearbeitet, dass die Entwicklung der modernen Wissenschaft im Wesentlichen auf der Basis einer legitimierenden Doppelbegründung vorangetrieben worden ist. Einerseits wurde die praktische Anwendbarkeit neuen Wissens für die Entstehung und den Ausbau der Wissenschaft angeführt, auf der religiösen Ebene wurde andererseits ein noch aus dem Mittelalter stammendes untergeordnetes Verhältnis der nicht dogmatisch, sondern empirisch operierenden Wissenschaft akzeptiert und ein gemeinsames Ziel mit der Religion und ihren Wissensbeständen definiert.

Als Konsequenz daraus konnte die kosmologische Autorität der Religion bis Ende des 18. Jahrhunderts im Wesentlichen unangetastet bleiben. Das neue Wissen der experimentellen Wissenschaft wurde quasi auf Vorrat produziert: Der Entscheidung religiöser Autoritäten war es vorbehalten, Entdeckungen zum Anlass von Anpassungen der Kosmologie zu nehmen oder als Anomalien einzuordnen, in denen sich der erst zu einem späteren Zeitpunkt erkennbare göttliche Wille offenbarte. Analog dazu verhielt es sich mit dem praktischen Nutzen, erst durch die Anwendung etwa im Bereich der technischen Praxis außerhalb des Labors konnte die gesellschaftliche Wirkung nachgewiesen werden. Auch hier lag die Entscheidung über die gesellschaftliche Relevanz des Wissens außerhalb der Wissenschaft. Allerdings erschien der praktische Nutzen der experimentellen Wissenschaft vor allem dadurch wahrscheinlich, dass technische und wissenschaftliche Traditionen miteinander verbunden wurden.

Ein solches Modell war bis in das 19. Jahrhundert vor allem deshalb unproblematisch, weil die Wissenschaft wenig praxisrelevantes Wissen zur Verfügung stellen konnte, die vermutlich größte gesellschaftliche Wirkung entfaltete sie durch ihre Diskursform, die auf den internen Verzicht auf Dogmen und die Argumentation, vor allem aber auf den empirischen Beweis aufgebaut war. Die wesentlichen Innovationen kamen bis zu diesem Zeitpunkt ohnehin aus dem Bereich technischer Erfinder, die ökonomische, technische und wissenschaftliche Aspekte miteinander verbanden und ihre gesellschaftliche Stellung durch den Anschluss an die Fortschrittsorientierung der Wissenschaft verbessern wollten. Man kann also den Schluss ziehen, dass mit der Doppelbegründung der experimentellen Wissenschaft eine wichtige Funktion verbunden war: die Entlastung von den Konsequenzen der Forschung. Dabei wurde der Fortschritt in Wechselwirkung zwischen Gesellschaft und Wissenschaft zu einer dominanten Idee der Begründung innerweltlicher Entwicklung.

Die Koexistenz wissenschaftlicher und religiöser Wissensansprüche wurde auch dann nicht gefährdet als die Wissenschaft in Teilbereiche vordrang, in denen für das herrschende Weltbild aus heutiger Sicht Entdeckungen von einiger Brisanz zu erwarten waren. Wie ich anhand der Geologie gezeigt habe, war es die Beachtung der Doppelbegründung, die es dieser Disziplin erst ermöglichte, Wissensbestände soweit voranzutreiben, dass für die schon lange beobachteten Anomalien neue, nicht religiöse Erklärungen gegeben werden konnten. Bis dahin war es der utilitaristische Aspekt, der herausgestellt worden war. Erst nach einer Konsolidierung der Geologie als wissenschaftlicher Disziplin und einer parallel zu beobachtenden zunehmenden innerweltlichen Orientierung wurde der Versuch der Ablösung der religiösen Kosmologie unternommen, spätestens mit Darwin wurde es zunehmend aussichtslos, mit dem Verweis auf die Schöpfungsgeschichte und die sich daraus ergebende Bestimmung des Alters der Erde gegen wissenschaftliches Wissen und Theorien zu argumentieren.

Mitte des 19. Jahrhunderts kamen also zwei Aspekte zusammen, die für das Verhältnis der Wissenschaft und der Gesellschaft bis heute prägend sind: Einmal der Anwendungserfolg der Wissenschaft selbst, insbesondere in dem Bereich der Chemie und der Erfolg bei der Ablösung des christlichen Weltbildes. Der Erfolg der Einzeldisziplinen und der Verzicht auf ein interdisziplinäres Projekt zur Erzeugung eines neuen Weltbildes durch die Wissenschaft leiten sich nicht nur voneinander ab, sondern geben überraschenderweise auch die Basis dafür ab, Anwendung und Wissenserzeugung an unterschiedlichen sozialen Orten anzusiedeln. Dies ist mehr als ein Ergebnis der vor allen Dingen in Deutschland wirkenden idealistischen Philosophie und auch mehr als das Ergebnis der Beobachtung, das Teile der Wissenschaft - in Form der Grundlagenforschung - sich einem direkten Verwertungsinteresse entziehen und andere Bereiche - etwa in Form des Ingenieurwesens - auf Anwendung bezogen waren, aber lange Zeit kaum als Wissenschaft ernst genommen wurden. Wichtiger scheint mir zu sein, dass der Fortschritt als eine Ersatzreligion adaptiert wurde und die Wissenschaft durch ihre Orientierung auf neues Wissen die Funktion erhielt, die entstandene Lücke zumindest partiell zu schließen.

Brüchig wurde die Verbindung durch verschiedene Entwicklungen, als Beispiel dafür habe ich den Giftgaseinsatz im 1. Weltkrieg gewählt, ein anderes stellt die atomare Bedrohung als Ergebnis des Manhattan-Projekts dar. Diese von der Gesellschaft als Sündenfall der Verkopplung von Wissenserzeugung und Anwendung beobachteten Beispiele stellten wegen ihres Erfolges gleichzeitig aber auch wichtige Ausgangspunkte für die Herausbildung technokratischer Bewegungen und Politiken dar. Die daraus resultierende Welle der Verwissenschaftlichung vor dem Hintergrund der Fortschrittsüberzeugung ihrer Protagonisten oder einer gesellschaftlichen Fortschrittsorientierung wie bei der amerikanischen wohlfahrtsstaatlichen Politik in den 1950er und 1960er Jahren, ist ein zentrales Datum für die Entstehung der Krise der Wissenschaft, die vor allem darin liegt, dass es gelang, aus der Wissenschaft heraus die Wissenschaft zu kritisieren und die einsinnige Fortschrittsentwicklung zu desavouieren. Dazu gehörte die politisch motivierte Förderung wissenschaftlicher Institutionen als Gegengewicht zu den vorhandenen Einrichtungen, wodurch die wissenschaftsintern generierte, aber auf öffentliche Wirkung bezogene Kritik an der Wissenschaft systematisch ausgebaut wurde, ferner die Entwicklung der Evaluationsforschung, mit der die Grenzen der wissenschaftlichen Planbarkeit der Gesellschaft aufgezeigt wurden und der Hinweis auf die Gefährdung der Natur durch die Auswirkungen der Anwendung der Wissenschaft in Form eines ubiquitären Chemieeinsatzes. Technokratische Träume wurden damit obsolet, anstatt des Endes der Ideologien erfolgte die *„Politisierung der Wissenschaft"* (Weingart 1983).

Die Trennung von Erkenntnisgewinn und Anwendung ist gleichwohl noch immer in vielen Bereichen das Standardargument für die Freiheit der Forschung. Die Wissenschaft als ein Risiko für die Gesellschaft zu beobachten hat sich bisher nicht durchgesetzt, u.a. deshalb nicht, weil auch Kritiker der Wissenschaft und ihrer Anwendung nicht ohne wissenschaftliche Aussagen auskommen können, wie ich oben an dem Fall der Brent Spar gezeigt habe. Insbesondere das Labor ist weiterhin als sozialer Raum experimentellen Handelns, sieht man von ethischen Begründungen gegen bestimmte Formen der Forschung, z.B. mit Embryonen oder auch mit Tieren einmal ab, weitgehend von der Kritik ausgenommen. Die Frage nach den zugrundeliegenden Annahmen bei der Konstruktion eines gesellschaftlichen Ortes für das konsequenzentlastete Probehandeln steht deshalb im Mittelpunkt des folgenden Kapitels.

2   Experimente

Wie ich im Vorhergehenden gezeigt habe, ist die Entstehung der modernen Wissenschaft eng mit der Ausprägung einer spezifischen gesellschaftlichen Entwicklungsvorstellung verknüpft. Diese entfaltete eine reflexive Wirkung auf mehreren Ebenen, eine liegt im Bereich kultureller Werte: Bestimmte Entwicklungen wurden unter dem Begriff „Fortschritt" subsumierbar, der selbst zur normativen Begründung weiterer Entwicklung diente. Eine andere reflexive Wirkung, die sich unter dem Begriff der Forschungsfreiheit subsumieren lässt, stellte sich über die Bedeutung der Wissenschaft für die Gesellschaft ein: Die Verknüpfung technisch-handwerklicher Traditionen von Innovationen (Trial and error-Verfahren) und Wissensvermittlung (artefaktbezogenes Learning by using) mit den wissenschaftlichen Vorgehensweisen des Theoretisierens mit universalistischen Geltungsansprüchen im Anschluss an das Baconsche Forschungsprogramm bedurfte einer gesellschaftlichen Legitimierung des wissenschaftlichen Probehandelns. Gleichzeitig machte die Aussicht auf Ergebnisse, deren Anwendung die Verbesserung der Lebensbedingungen versprach, im Gegenzug gesellschaftliche Anpassungen an die Produktionsbedingungen dieses Wissens notwendig.

Zentral war in diesem Zusammenhang die Konstruktion des Labors. Physisch lässt sich das Labor über die Räumlichkeit und die darin vorhandenen Apparaturen beschreiben. Im Vordergrund stand damit die Schutzfunktion seiner Wände, die sich bis heute in der Form des Containments technischer Anlagen und Forschungseinrichtungen findet, dazu gehören auch organisatorische Abläufe, mit der die Sicherheit gewährleistet werden soll. Eine andere Art von Barriere stellt die eingezogene Trennung der Herstellung und Anwendung von Wissen dar, über die die unmittelbare Folgelosigkeit der Forschung für die Gesellschaft hergestellt wurde. Im Folgenden werde ich sowohl die physische als auch die soziale Schutzwirkung des Labors untersuchen, wobei ich den Schwerpunkt auf die Institutionalisierung des Labors als einen sozialen Raum des Probehandelns lege.

Ich beginne mit einer Untersuchung der Thematisierung des Experiments innerhalb der Wissenschaft. Das Experiment ist erst spät zu einem Untersuchungsgegenstand der Wissenschaftsforschung geworden. Diese Forschungslage zeigt sich schon daran, dass dazu lange Zeit nur die Monographien von Dingler (1928) und Parthey/Wahl (1966) vorlagen. Verantwortlich dafür ist vor allem die Theoriebezogenheit der verschiedenen beteiligten Disziplinen. Dieser Theoriebezug, der bei Kuhn und dem wissenssoziologischen Ansatz aus Edinburgh noch im Vordergrund stand, wurde erst im Anschluss an die Laborstudien durch praxisorientierte neuere Ansätze überwunden. Klassische Fragen wie die nach dem Stellenwert von Induktion und Deduktion oder nach den Bedingungen der Kontexte der Entdeckung und Begründung bzw. der Stabilität oder sprunghafter Veränderung wissenschaftlichen Wissens wurden damit neu formuliert. Festhalten lässt sich allerdings, dass die damit überwundene klassische Wissenschaftstheorie aus einer anderen Perspektive heraus noch immer einen hohen Stellenwert besitzt.[110]

Dieser erschließt sich allerdings aus ihrer Wirkung auf die Gesellschaft, für die insbesondere das Poppersche Falsifikationsmodell noch immer die Normen wissenschaftlichen Handelns verkörpert. Denn damit wird einerseits die Vorläufigkeit wissenschaftlichen Wissens herausgestellt und popularisiert, andererseits wird eine Schnittstelle für die gesellschaftliche Risikowahrnehmung markiert: Sicherheit kann danach nur auf der Basis des vorhandenen Wissens erreicht werden, die Inkaufnahme von kognitiven Unsicherheiten ist gleichzeitig die zentrale Bedingung für innovatives Handeln. In diesem Sinne ist damit ein Programm für den wissenschaftlich-technischen Fortschritt formuliert, offen bleibt dabei aber, wie die entsprechenden Risiken bewertet werden können bzw. wie die Gesellschaft an deren Bewertung beteiligt ist.

Diese Feststellung trifft auch auf die neuere konstruktivistische Wissenschaftsforschung zu, die den Praxischarakter des Forschungshandelns in den Vordergrund stellt und dabei den technischen Charakter nicht nur der Praxis, sondern auch der Ergebnisse herausarbeitet. Wie ich zeigen werde, greift allerdings auch hier die Analyse zu kurz, da die Anwendung des Wissens nicht konsequent als Teil des Kontextes der Forschung konzipiert wird. Im letzten Schritt werde ich deshalb die gesellschaftliche Funktion des Labors thematisieren und die Auswirkungen, die sich aus der Umorientierung der Wissenschaft auf anwendungsfähiges Funktionswissen ergeben.

---

110 Siehe dazu etwa Bondi (1992). Aufschlussreich ist in diesem Zusammenhang auch die große Bedeutung Poppers außerhalb der Naturwissenschaft. Vgl. die Übersicht in Hedström/Swedberg/Udéka (1998: 353).

2.1 Experiment, rationalistisch

Seit längerer Zeit herrscht innerhalb der verschiedenen, die Wissenschaft thematisierenden Disziplinen Einigkeit darüber, dass die neuzeitliche Wissenschaft vor allem durch die experimentelle Methode charakterisiert werden kann. Als Idealtypus der damit verbundenen Kombination von Theorie und Experiment diente der klassischen Wissenschaftstheorie in der Regel die Physik. Entsprechend wurden bestimmten Wissenschaftszweigen entweder Sonderrollen zugewiesen, etwa der Mathematik, oder aber eine unvollkommener Entwicklungsstand diagnostiziert, den es z.B. im Fall der Sozialwissenschaften zu überwinden gelte. Das Experiment selbst geriet dabei in Form eines Instruments in den Blick, dessen Anwendung nicht weiter untersucht wurde.[111] Als Begründung für diese Beobachtung lassen sich verschiedene Faktoren anführen: Baigrie (1995) unterstellt eine generelle Abneigung innerhalb der Wissenschaft gegen die verschiedenen Formen praktischer Arbeit, die auch durch die Verbindung der technischen und wissenschaftlichen Traditionen nicht überwunden werden konnte. Darüber hinaus führt er den Erfolg der Newtonschen Mathematik als einen Faktor an, der zu einer Unterbewertung der praktisch-experimentellen Arbeit führte.

Neben diesen eher in den Bereich der kulturellen Bewertungen reichenden Begründungen spielen bei der Marginalisierung des Experiments meiner Meinung nach aber vor allem epistemologische Auffassungen eine wichtige Rolle: Wie McLaughlin (1993) zeigt, hatte das Experiment für die induktiv orientierten Klassiker der Wissenschaftstheorie vor allem den Stellenwert der Erweiterung der Beobachtung, eine Feststellung, die über den Einfluss des logischen Empirismus bis in die 1960er Jahre Geltung hatte. Eine andere Rolle hatte das Experiment dagegen für die deduktiv orientierten Wissenschaftstheoretiker. Auf Popper hat die durch Einstein ausgelöste Revolution in der Physik vor allem deshalb große Wirkung entfaltet, da Experimente der Theorie untergeordnet wurden und als Beweismittel dienten.

Hacking (1992) sieht darin die Voraussetzung für eine Wissen-

---

111 Siehe dazu die Bestandsaufnahmen vor Einsetzen der *„praktischen Wende"* (Rheinberger/Hagner 1993: 7) bei James (1989) und LeGrand (1990).

schaftstheorie, die das Verhältnis von Theorie und Experiment nachdrücklich prägte: *„Pure thought, it seemed, could anticipate nature and then hire experimenters to check out which conjectures were sound...Any sense of the subtle interplay between theory and experiment - or between theoretician and experimenter - was lost."* (38) Anstelle sich mit dem *„Babel of scientific practice"* (Baigrie 1995: 92) auseinanderzusetzen, mit der Gefahr, mundane wissenschaftliche Praktiken entdecken zu müssen, lässt sich über den Falsifikationismus als ein rationales Verfahren der Innovation allerdings der Anschluss halten an die gesellschaftliche Fortschrittsorientierung und der Anspruch der Wissenschaft auf Autorität aufrechterhalten. Was also bleibt, ist die Formulierung normativer Ansprüche an das Experiment, die im Folgenden herausgearbeitet werden sollen.

Über die Probleme der Induktion ist in der Wissenschaftstheorie lange Zeit gearbeitet worden, mit dem Ergebnis, dass die Gültigkeit von Induktionsschlüssen logisch nicht zu beweisen sei: *„A logical answer would be fine and solve the problem of induction once and for all and restore (Baconian) rationalism. A logical answer will never be discovered since it is impossible."* (Agassi 1985: 158)[112]

Der Stellenwert des Experiments wurde dadurch allerdings nicht geschmälert, sondern nur verlagert: Anstelle eines Mittels zur Generierung von Erfahrung, aus dem Theorien gewonnen werden, trat nun das Experiment in seiner Funktion der Bewährung von Theorien. Dadurch, dass die Wissenschaftstheorie sich mit ihren Modellen an der Physik orientierte und durch die Entdeckungen der Einsteinschen Relativitätstheorie und der Quantenphysik entstand zu Beginn des 20. Jahrhunderts eine starke Bewegung, die dem deduktiven Erkenntnismodell den Vorrang einräumte, was sich in Formulierung wie der folgenden wiederfindet: *„Die einfachste Auffassung vom Experiment, wie sie heute weit verbreitet ist, ist die, daß es die Antwort der ‚Natur' auf die ‚Frage' des Menschen sei."* (Dingler 1928: 39f.)

Auch der logische Empirismus des Wiener Kreises änderte diese Situation nicht wesentlich, da hier nicht die Praxis der Wissenschaft, sondern die Frage nach der Beziehung von Beobachtung und Theorie im Vordergrund stand: *„The philosophy of science that develo-*

---

112 Als Übersicht zur Auseinandersetzung über Induktion und Deduktion siehe Fasching (1989).

ped out of 20th century positivism placed a heavy foundational emphasis on observational fact as the means of controlling theoretical growth, but although theoretical statements were logically articulated against observational statements in increasingly sophisticated ways as positivism developed, positivism paid little attention to the way in which statements of observational facts were produced in experimental practice." (Ackerman 1989: 185) Mit Poppers Kritik an dem Versuch, über eine Beobachtungssprache mithilfe einer induktiven Methode[113] Naturgesetze zu formulieren, wurde der Wandel der Einstellung zum Experiment nochmals radikalisiert: Die Forderung nach einer Forschungsmethode, die durch Falsifikation Theorien erhärtet, macht das Experiment zu einem wichtigen Bestandteil der Forschung, ohne dass die Praxis des Experiments dabei von sonderlichem Interesse ist.

Festhalten lässt sich, dass die Wissenschaftstheorie des 20. Jahrhunderts positivistischer und hypothetisch-deduktiver Prägung sich mit dem experimentellen Handeln nicht systematisch auseinandergesetzt hat, das Experiment galt entsprechend als ein unproblematisch anwendbares Instrument:[114] *„Die gängige Standardformel für das Verhältnis von Theorie und Erfahrung besagt, dass die Experimente Meßdaten liefern, die eine Theorie bestätigen oder falsifizieren."* (Tetens 1987: 6) Die Naturwissenschaften haben insbesondere in ihren Lehr- und Experimentierbüchern vorzugeben versucht, welche Anstrengungen unternommen werden müssen, um Experimente valide zu gestalten.

Diesen Darstellungen haftet jedoch der Mangel an, auf Rekonstruktionen zu beruhen, deren pädagogischer Wert zwar unbestritten ist, deren Relevanz für die Forschung allerdings stark angezweifelt werden

---

113 Siehe als Zusammenfassung zur Unmöglichkeit einer *„unabhängigen Beobachtungssprache"* Hesse (1970).

114 Siehe auch die Darstellung in Nickles (1985).

kann. Sie können deshalb kaum als ideale Basis zur Feststellung der Merkmale der experimentellen Methode dienen.[115] Im Anschluss an Popper (1976) und Bunge (1967a,b) lassen sich allerdings normative Regeln des Experimentierens herausarbeiten, mit denen zwei basale Abgrenzungen möglich werden: Über den speziellen, artifiziellen Naturbegriff grenzte sich die Wissenschaft zum einen von Bereichen ab, in denen mit alltagsweltlichen Methoden Wissen erzeugt wird. Über die Zuschreibung der Angemessenheit bestimmter Experimentiermethoden und -aufbauten ergab sich zum anderen eine Bewertungsmöglichkeit: Es entstanden soziale Verbindlichkeiten experimentellen Handelns, die sich in Experimentierregeln niederschlagen. Deren verbindliche Gestaltung stellt sicher, dass der gleiche Gegenstand beobachtet wird und Ergebnisse wechselseitig zugerechnet werden können. Die Verwendung dieser Experimentierregeln ist allerdings nicht immer offenkundig. Wie Böhme (1974) zeigt, sind es gerade die Auseinandersetzungen um Gültigkeitsansprüche, die erst die Verwendung dieser Handlungstypologien offenkundig werden lassen. Die Einhaltung dieser Anforderungen stellt die Basis zur intersubjektiven Überprüfung von Experimenten sowie ihrer Darstellung in wissenschaftlichen Arbeiten dar. Die Regeln sind im Einzelnen:

Geplantheit
Experimente gelten als Werkzeuge zur Erweiterung der einfachen, alltäglichen Beobachtung und werden deshalb von Erfahrungen und regellosem Probieren unterschieden. Klassisch findet sich das Merkmal der Geplantheit von Experimenten in Formulierungen wie „Fragen an die Natur stellen".[116] Für die moderne Wissenschaft stellt das Experi

---

115 Allerdings ist auch in den Lehrbüchern eine Tendenz zu beobachten, von einer induktiven Darstellung erfolgreicher Forschung und experimenteller Arbeit abzugehen, die schon Duhem (1981) kritisiert hatte und die für Medawar (1963) eine Verschleierung des eigentlich induktiven Forschungsvorgehens zwecks Darstellbarkeit ist und statt dessen die Vorstellung erfolgreichen Experimentierens mit einer deduktiven Logik zu nutzen. Ein derartiges Vorgehen, das die Wissenschaftstheorie der Physik auf andere Wissenschaftsbereiche überträgt, setzt einen bestimmten Entwicklungsstand einer Wissenschaft voraus.

116 *„Experimentieren ist planmäßiges Handeln, beherrscht von der Theorie. Wir stolpern nicht über Erfahrungen, wir lassen sie auch nicht über uns ergehen wie einen Strom von Erlebnissen, sondern wir machen unsere Erfahrungen; wir sind es, die die Frage an die Natur formulieren, wir versuchen immer*

ment als bewusst geplanter Eingriff in die Realität, der von dem experimentellen Design verkörpert wird, die Möglichkeit dar, komplexe Sachverhalte empirisch zu überprüfen.

Theorieabhängigkeit
Eng mit der Forderung nach Planung und Erstellung eines experimentellen Designs verknüpft ist die nach der Existenz von wahrheitsfähigen Hypothesen, die als Voraussetzung der Auswertbarkeit von Experimenten gelten. Probehandeln ohne Annahmen über die Beziehungen zwischen Theorie und Daten wird als bloßes „Trial and error"-Verfahren bezeichnet, das ohne wissenschaftlichen Wert ist.

Hergestelltheit
Die Möglichkeit zur Erweiterung von Beobachtungen auf der Grundlage wahrheitsfähiger Hypothesen basiert auf der Erzeugung einer artifiziellen Umwelt. Die Forderung nach Einrichtung einer Situation, die aufgrund komplexer Bedingungen in der natürlichen Umwelt nicht erreichbare Einblicke in die Realität ermöglichen soll, begründet die Nutzung des Labors und gilt als Voraussetzung des Erfolgs der neuzeitlichen Wissenschaft.

Kontrollierbarkeit
Der Eingriff in die Natur durch Störungen soll kontrolliert erfolgen. Die Kontrolle bezieht sich hier auf die Stimuli und die Reaktionen. Die Voraussetzung dafür liegt in der Identifizierung von Variablen durch die Nutzung der artifiziellen Laborumwelt. Die für die Auswertung von Experimenten notwendige Kontrolle über die relevanten Randbedingungen ermöglicht erst die gezielte Beobachtung (qualitative Experimente) bzw. die Messung von Einflüssen (quantitative Experimente). Da Messungen den ungefilterten Beobachtungen als überlegen angesehen werden, wird den quantitativen Experimenten der Vorzug gegeben. Durch die Variation von Randbedingungen und deren Kontrolle sollen nicht nur vorausgesagte Kausalverhältnisse, sondern auch die Größen der Wirkungen ermittelbar werden.

wieder, die Frage mit aller Schärfe auf ‚Ja' und ‚Nein' zu stellen - die Natur antwortet nicht, wenn sie nicht gefragt wird" (Popper 1976: 224f.).

Validität
Kontrollierte, geplante Experimente werden durch den Rekurs auf valide Technik erst zu einem Mittel des Beweises. Experimentelle Techniken, die Vorschriften über die Prozeduren der Manipulation und der Beobachtung enthalten, dienen der Herstellung von Intersubjektivität. Mit diesen Regeln werden Idealisierungen, Isolierungen und Operationen zur Zuordnung von Ursache und Wirkung verbindlich festgelegt und in Verfahren umgesetzt. Valide werden Experimente also dadurch, dass sich die experimentellen Aufbauten und Techniken sowie die genutzten Modelle an erfolgreicher wissenschaftlicher Praxis orientieren, wodurch sie vergleichbar werden.

Fehlersensitivität
Experimente sind an der Wahrheitsfindung orientiert. Das komplexe System aus Gültigkeitsregeln von Experimentierverfahren und -aufbauten, theoretischen Annahmen und Erkenntnisinteressen, das ein hohes Maß an Erwartungen bestimmter Ergebnisse produziert, wird durch die Forderung, Experimente fehlersensitiv zu gestalten, ergänzt. Überraschungen, also das Eintreten nichtkalkulierter Ergebnisse, sollen so zur Quelle neuer Erkenntnis werden. Auszuschließen ist, dass unerwartete Ergebnisse bei dem Versuch, beweisfähige Ergebnisse zu produzieren, unterdrückt werden.

Reproduzierbarkeit
Die Reproduzierbarkeit ist die Kernforderung an Experimente. Zu ihrer Herstellung müssen Experimentierregeln, technische Aufbauten und die Natur konstant gehalten werden. Die technische Wiederholbarkeit ermöglicht so auch die Auswertung fehlgeschlagener Experimente und die Lokalisierung von Fehlern.

Der Siegeszug der deduktiven Wissenschaftstheorie hatte allerdings auch Folgen für die Technik, die damit primär als Anwendung vorhandener Wissensbestände konzipiert wurde.[117] Handwerkliche Kenntnis wurde in implizites Wissen übersetzt, Wissen über die Funktion technischer Artefakte und Abläufe zu technischen Regeln und Normen, der Input der Wissenschaft zu einer unproblematischen Anwendung margi-

---

117 Vgl. Krohn (1989).

nalisiert. Eine Reflexion der Technik in der Philosophie und Soziologie blieb bis in die 1970er Jahre deshalb weitgehend aus: „*Technology became an external and neglected variable - a black box*" (Jamison 1989: 516).[118]

Zur wichtigsten Differenz zwischen Wissenschaft und Technik wurde damit, dass die Wissenschaft die Erforschung der Natur zum Ziel hat und dazu mit abstrakten, hochaggregierten Theorien arbeitet, während die Technik zwar auch die Natur zum Gegenstand hat, sich allerdings an dem Ziel des erfolgreichen Eingriffs orientiert: „*In der Naturwissenschaft erforschen wir die gegebene Realität, in der Technologie erschaffen wir eine Realität gemäß unseren Plänen, Artefakte genannt und zwar durch Mittel von anwachsender Effektivität. Die Wissenschaft beschäftigt sich mit dem was ist, die Technologie mit dem was sein soll...Die Wissenschaft zielt danach, unser Wissen zu erweitern durch Ersinnen immer besserer Theorien. Die Technologie zielt darauf, neue Artefakte durch Ersinnen von Mitteln mit wachsender Effektivität zu erschaffen*" (Moser 1971: 174).

Dazu kann die Technik sich der wissenschaftlichen Methodik bedienen; insbesondere die Mathematik stellt ein unverzichtbares Hilfsmittel beider Bereiche dar. Der Zugang zur Natur wird aber durch einen unterschiedlichen Gebrauch von Theorie bestimmt. Im Gegensatz zur Wissenschaft ist mit der Technik in erster Linie ein Interesse an funktionierenden Abläufen und weniger an der Aufstellung von Naturgesetzmäßigkeiten verbunden: „*[Technik]...ist daher final eingestellt und zielt nicht bloß auf naturwissenschaftlich objektive Gesetzlichkeit ab, deren sie sich (bloß) bedient...Der Unterschied von Naturwissenschaft und Technik liegt also im Bereiche von Unterschieden wie Theorie und Praxis, Erkenntnis und Handlung, Einsicht und Gestaltung.*" (Moser 1971: 170)

Es kann deshalb auch ausreichen, auf Theorien zurückzugreifen, die in technischen Regeln sedimentiert sind; epistemologische Zweifel an der Legitimität dieses Verfahrens bestehen dabei nicht. Im Gegenteil: Handlungssicherheit, die über technische Regeln und einfachen Theorieaufbau gegeben ist, garantiert bei einer solchen Perspektive geradezu die Effizienz. Alltäglich genutzte und als völlig

---

118 Vgl. ferner zur späten Entdeckung des Phänomens durch die Soziologie Weingart (1989a), durch die Philosophie Ströker (1982).

unproblematisch angesehene funktionierende Technik wird so nicht zum Gegenstand technischer oder wissenschaftlicher Analyse, sondern allenfalls ihre nicht-intendierten Nebenfolgen.[119]

Hinzu tritt ein weiteres Merkmal der Technik: Im Gegensatz zu wissenschaftlichen Theorien gilt für technische Lösungen, dass sie durchgesetzt oder verworfen, nicht aber wahr oder falsch werden können. Damit einher geht der Umstand, dass Technik nicht allein von eigenen Zielen abhängig ist, sondern von gesellschaftlichen Orientierungen. Anders als die Wissenschaft, die autonom über ihre Kommunikationen entscheiden kann und nur über Ressourcen (Geld, Legitimität, Nachfrage) von außerwissenschaftlichen Bewertungen abhängig ist, schlagen diese auf die Technik direkt durch. Damit wird die gesellschaftliche Komplexität zur wesentlichen, nicht durch Umweltgrenzen gefilterten Randbedingung technischer Komplexität. Daraus ergibt sich, dass globale Erklärungsansätze technischer Entwicklungsmuster defizitär bleiben müssen. Das Verhältnis von Wissenschaft und Technik wird besonders dann problematisch, wenn Technik als Anwendung wissenschaftlichen Wissens definiert wird.

Der Umstand, dass eine Reihe von technischen Entwicklungen Anpassungen der wissenschaftlichen Theorie nach sich zogen bzw. für die Lösung komplexer technischer Probleme in zunehmendem Maße wissenschaftliche Anteile eine Rolle spielten, führte in den 1960er Jahren zur Thematisierung spezifisch kognitiver Bestandteile der Technik. Das Phänomen der „Science-based industries", das mit dem Aufkommen der chemischen Industrie eng verknüpft ist und dem die Wissenschaft selbst nicht unwesentlich ihren heutigen gesellschaftlichen Einfluss verdankt, hat das Verhältnis zwischen der Technik und der Wissenschaft über den zunehmenden kognitiven Anteil der Technik - der Technologie - neu definiert.

Historisch ist dieses Verhältnis als Unterordnung der Technik unter die Wissenschaft interpretiert worden, in der Nutzung des technisch-manipulativen Eingriffs in die Natur wird überwiegend der Beginn der neuzeitlichen Wissenschaft gesehen.[120] Mit der experimentellen Wissenschaft entstand die Auffassung, dass sich Technik auf die

---

119 Hier liegt die Basis für eine ähnliche Theorie der Technik innerhalb der soziologischen Systemtheorie, siehe dazu etwa Japp (1998).
120 Vgl. dazu Krohn (1991).

Anwendung wissenschaftlichen Wissens reduzieren lässt. Die Begriffe Technologie und Technikwissenschaft entstanden zu dem Zeitpunkt,[121] als die technische Entwicklung zum zentralen Bestandteil gesellschaftlichen Fortschritts wurde. Die Marginalisierung technischer Umsetzbarkeit zugunsten der Theorie führte zu einer Sicht der Technik, nach der sie als angewandte Wissenschaft zwar für die Entwicklung der Produktivkräfte einen zentralen Stellenwert hat, nicht aber für die Wissenschaftstheorie.

Für die Wissenschaftstheorie gilt, dass in der Technik Theorien bevorzugt werden, die möglichst einfach auf einen bestimmten Sachbereich zugeschnitten sind. Trotz der kognitiven Bestandteile der Technik können Anwendungen nicht zur Verifikation von Theorien herangezogen werden. Dieses Charakteristikum ergibt sich aus der Konstruktion von Theorien, die aus Sätzen bestehen, deren Wahrheitsgehalt nicht durch eine technische Anwendung gesamtheitlich getestet werden kann. Es ist dann offen, ob trotz der gegebenen Funktion einer Technik Sätze einer Theorie falsch sind, die von der Funktion selbst aber nicht berührt werden, also nicht getestet werden: *„Interest in ...[theoretical questions] ceases as soon as the practical problem can be solved, even without their being clarified."* (Küppers 1978: 119) Aus diesem Grund lässt sich formulieren, dass eine erfolgreiche Praxis keine Theorie beweisen könne: *„Die erfolgreiche Praxis liefert weder einen wissenschaftlichen, die Größen echt isolierenden Test für eine Theorie noch eine theoretische Einsicht"* (Lenk 1982: 51f.).

Daraus resultieren anscheinend sichere Möglichkeiten der Grenzziehung. Die Wissenschaft ist durch ihren Gegenstandsbereich, die - wenn auch nur auf der Basis von Theorien erzeugbaren - Fakten, die Technik dagegen durch ihren vermittelten Naturbezug, die Artefakte, gekennzeichnet: *„In der technischen Entwicklung wird vorrangig nicht die Realität erforscht, sondern es werden neue reale Artefakte entsprechend den Entwürfen, Zwecksetzungen und naturgesetzlichen Bedingungen geschaffen. Erst nach dem Entwurf entsteht gleichsam ‚Realität'."* (Lenk 1982: 49) Die Wissenschaft steuert sich selbst mithilfe der binären Codierung in wahr/falsch und bleibt dabei weitgehend von gesellschaftlichen Einflüssen entkoppelt, während die Technik als Werkzeug zwar scheinbar neutral bleiben kann, ihre Anwendung aber

---

121 Zur Begriffsgeschichte siehe Sebestik (1983).

gesellschaftlichen Bewertungen unterworfen ist. Auf der Seite der Wissenschaft ist das Ziel Erkenntnis, auf der Seite der Technik Effektivität: *„Gesetze beschreiben, erklären und deuten, erheben Anspruch auf Wahrheit: sind beschreibend-theoretisch; techn(olog)ische Regeln schreiben Handlungen vor, sind nicht wahrheitsfähig, aber mehr oder weniger wirksam (effektiv), d.h.: sie sind praktisch-pragmatisch und wenigstens zum Teil bewertend, beurteilend, bedingt, handlungsempfehlend."* (Lenk 1982: 52)

Mit der Entwicklung der neuzeitlichen Wissenschaft wird Probehandeln, der bewusste Eingriff in die Natur zum Zweck ihrer Veränderung, zum Bestandteil technischer und wissenschaftlicher Praxis. Das wissenschaftliche Experiment wird als Hilfsmittel zur Feststellung der empirischen Angemessenheit von Theorien genutzt. Die Funktion des technischen Experiments, des Tests, ist eine andere: Hier geht es darum, die Funktion technischer Entwürfe oder Komponenten zu untersuchen: *„In...technology it is the installation itself that is the experiment."* (Küppers 1978: 127) Das Ziel ist dabei, die funktionsnotwendigen Bedingungen zu erforschen und die Grenzen der Leistungsfähigkeit zu ermitteln. Diese Optimierungsleistungen werden selbst optimiert: Das technische Experiment wird im Labor durchgeführt; die beteiligten Akteure bilden dabei, anders als in der Wissenschaft, eine heterogene Gruppe.

Mit der Unterordnung der Technik unter die Wissenschaft, der Annahme also, dass Technik als die Anwendung wissenschaftlichen Wissens anzusehen ist, wird durch die hypothetisch-deduktive Wissenschaftstheorie eine folgenreiche Entscheidung getroffen: Technische Anwendungen können zwar die Suche nach neuen Forschungsfragen der Wissenschaft stimulieren, nicht aber Theorien beweisen: *„We see there is no single road from practice to knowledge, from success to truth; success warrants no interference from rule or law but poses the problem of explaining the apparent efficiency of the rule. In other words, the roads from success to truth are infinitely many and consequently theoretically useless or nearly so, that is, no bunch of effective rules suggests a true theory. On the other hand, the roads from truth to success are limited in number, hence feasible. This is one of the reasons why practical success...is not a truth criterion for the underlying hypotheses."* (Bunge 1974: 40).

Lernen aus (Anwendungs-)Erfahrungen, ein Modus, der die technische Entwicklung bis heute mitprägt, wird zu einem Desiderat, nicht aber zu einem Bestandteil organisierten Erkenntnisgewinns. Der Test erhält so eine spezifische Charakterisierung durch die Wissenschaftstheorie. Die wissenschaftstheoretischen Forderungen an das wissenschaftliche Experiment lassen sich auf das technische Experiment wie folgt übertragen:

Geplantheit
Das Design eines Tests wird im Wesentlichen durch die in ihm enthaltenen Komponenten und Verfahren bestimmt. Diese Artefakte haben dabei eine doppelte Funktion: Zum einen stellen sie den Versuchsaufbau, zum anderen gleichzeitig den Zweck des Tests dar. Es geht darum, über die Möglichkeit bestimmter Funktionsabläufe Aussagen zu gewinnen und die technischen Grenzen spezifischer Kompositionen über Variationen auszuloten.

Theorieabhängigkeit
Technische Experimente werden durch Funktionshypothesen angeleitet. Das Ziel besteht aber nicht darin, die Wahrheit dieser Hypothesen zu ermitteln, sondern die Funktionsfähigkeit der Versuchsaufbauten zu erreichen. Ist es in der Wissenschaft üblich, Variationen über die Durchführung von Versuchsreihen vorzunehmen, so ist bei der Technik der Eingriff in den Aufbau direkter. Da ein unmittelbares Interesse an der technischen Funktionsfähigkeit besteht, ist eine Änderung des Aufbaus jederzeit möglich. Die Entkopplung der sozialen Rollen in Theoretiker und Experimentator und die Rückkopplung theorieadaptierten Naturbezugs der Wissenschaft stellen keine unhintergehbaren Voraussetzungen gültiger Tests dar. Daraus ergibt sich, dass „Trial and error"-Verfahren eine zentrale Rolle spielen. Über diese induktive Komponente der Wissensgenerierung ergeben sich besondere Probleme der Kontrolle.

Hergestelltheit
Die Möglichkeiten zur Reduktion von Komplexität sind insofern begrenzt, als Selektionen nur bei gleichzeitiger Sicherung der Funktion möglich sind. Teilbereiche können gebildet und Komponenten Einzeltests unterzogen werden, wenn die Input/Output-Relationen hinrei-

chend sicher bekannt sind.

Kontrolle

Die Beobachtung und Messung von Reaktionen auf kontrollierte Störungen werden analog zu wissenschaftlichen Versuchsaufbauten durchgeführt. Die Kontrolle über induzierte Störungen ist allerdings durch den Umstand eingeschränkt, dass die Randbedingungen nicht ähnlich umfassend kontrollierbar sind. Die Laborversuche sind durch Modellvorstellungen geprägt, die aufgrund komplexer Wirkungsbeziehungen von Komponenten in Verbindung mit den beabsichtigten Zwecken nur einen geringen Grad an Abstraktheit zulassen. Die Orientierung auf Machbarkeit kann zu Änderungen des Versuchs ohne gleichzeitige Anpassung theoretischer Vorstellung und Variablenkonfigurationen führen. Anstelle von Erkenntnis durch umfassende Kontrolle steht hier die Sicherung der Funktion.

Validität

Technik ist durch die Dekontextualisierbarkeit ihrer Funktion gekennzeichnet. Die Gültigkeit von Tests wird deshalb reflexiv beschreibbar: Funktionsfähigkeit dient einerseits als Voraussetzung für Tests und stellt andererseits das Ergebnis dar. Technische Regeln und Standards dienen als Ausgangspunkt des Probehandelns. Der Nachweis der Funktionsfähigkeit ist der Beweis vorliegender Intersubjektivität.

Fehlersensitivität

Durch die Orientierung an technischer Machbarkeit werden fehlgeschlagene Tests zum Ausgangspunkt technischer Verbesserungen, nicht aber zu Problemen der Theorie. Überraschungen werden zum Ausgangspunkt von Anpassungsversuchen an die Randbedingungen oder von technischen Änderungen. Nur im Fall des Scheiterns wird die Ursachensuche auf die Ebene der Theorie ausgedehnt. An dieser Stelle können technische Probleme zu Nachfragen an die Wissenschaft führen.

Reproduzierbarkeit

Die Reproduzierbarkeit technischer Experimente wird durch die kontextunabhängige Geltung der technischen Funktion hergestellt. Da Technik durch den Bezug auf die prinzipielle Anwendung durch jedes kompetente Mitglied der Gesellschaft definiert ist, wird die Frage nach der Reproduzierbarkeit eines Tests zur Frage nach der Funktionssicherheit einer Technik.[122]

Festhalten lässt sich, dass das Experiment im Rahmen der klassischen Wissenschaftstheorie eine Methode darstellt, die den beiden Bereichen Wissenschaft und Technik gemein ist. Der Test in der Technik, der als eine Frage nach dem Funktionieren eines bestimmten Aufbaus gleichzeitig eine Frage an die Natur darstellt, ist vor allem dadurch bestimmt, dass nicht-intendierte Ergebnisse durch Verbesserungen unterdrückt, nicht aber zu Forschungsfragen werden. „Curiosity" stellt in diesem Zusammenhang kein wichtiges Merkmal eines Technikers dar; der aktive Eingriff in einen laufenden Versuch, um das Erreichen bestimmter Ziele zu gewährleisten, ist - anders als bei dem wissenschaftlichen Experiment, das gerade von der Überraschung lebt - nicht illegitim, sondern als Mittel der Effizienzsteigerung willkommen. Entsprechend sind die Forderungen an das wissenschaftliche Experiment anzupassen, um auf das technische Experiment anwendbar zu sein.

2.2 Experiment, praktisch-kontextuell

Der kritische Rationalismus transformierte Theorien in den Ausgangspunkt wissenschaftlicher Methodologie und verlagerte induktive Verfahren zusammen mit einer Reihe von anderen Einflüssen in den „*Context of discovery*". Als Begründung diente die Logik, aber auch die Zugangsmöglichkeit zur Natur: Beobachtungen stellten keine ungestörte Wahrnehmung dar, wie noch der logische Empirismus annahm, sondern seien theoretisch angeleitet.[123] Das Ziel der Popperschen Methodologie war es, einen normativen Rahmen zu liefern, der es ermöglichte, nicht-rationale, d.h. soziale und sozialpsychologische Faktoren aus der Wis-

---

122 „*When we view all rational technology as scientific, all we do is stress the fact that the knowledge used by technologists for which scientific status is claimed is largely repeatable observations.*" (Agassi 1985: 156f.)

123 Die Theoriegeladenheit, die in neueren Arbeiten der Wissenschaftsforschung eine große Rolle spielt, ist damit vorweggenommen, nicht aber die mit der Quine/Duhem-These der Unterdeterminierung der Theorie durch Fakten verbundenen Probleme. Vgl. Knorr-Cetina/Mulkay (1983: 2ff.).

senschaft auszuschließen. Die Entscheidung über den Wahrheitswert von Aussagen und Theorien sollte in Annäherung an die Natur, die über die wissenschaftliche Methodologie herzustellen ist, erfolgen. Zu dieser Wissenschaftstheorie gehörte, gleichsam als die andere Seite einer Medaille, die funktionalistische Wissenschaftssoziologie.[124] Das von Merton entwickelte Normengerüst setzte die Autonomie der Wissenschaft über ihre Bewertungsstandards voraus und suchte die Abweichung soziologisch zu erklären.[125]

Die Gültigkeit von wissenschaftsinternen Normen und der Wissenschaftstheorie für die Forschung wurde durch Kuhn (1962) über den Nachweis irrationaler Paradigmaentscheidungen in Frage gestellt. In bestimmten Phasen der Wissenschaft werden, wie Kuhn zeigt, derartige Entscheidungen nicht nach wissenschaftsinternen Kriterien der Rationalität oder einer Wissenschaftslogik getroffen, sondern, da Inkommensurabilität der Paradigmen[126] vorliegt, als Abstimmungen in Forschergruppen. Der Gestaltwandel, der durch ein neues Paradigma erfolgt, kann danach zwar dazu führen, dass bestimmte wissenschaftliche Tatsachen neu interpretiert werden, hat aber auch zur Folge, dass bis dato gültiges Wissen in falsches umdeklariert wird, wodurch auch die Vorstellung einer kumulativen Entwicklung wissenschaftlichen Wissens hinfällig wird.

Vor diesem Hintergrund wird die Annahme obsolet, die Natur antworte direkt auf die an sie gestellten Fragen. Fakten werden zu Interpretationsleistungen, die u.a. auch sozial bedingt sind: „*If scientific knowledge, having a conventional character, is not self-sustaining within the scientific sub-culture, then clearly it cannot be self-sustaining within the wider society either. Scientific knowledge does not*

---

124 Zu diesem Zusammenhang siehe Weingart (1972).

125 Bloor (1976) bezeichnet dies bekanntlich als „sociology of error": „*Suppose that it is assumed that truth, rationality and validity are man's natural goal and the direction of certain natural tendencies with which it is endowed. Man is a rational animal and he naturally reasons justly and cleaves to the truth when it comes within his view. Beliefs that are true clearly require no special comment. For them, their truth is all the explanation that is needed of why they are believed... Causes can only be located for error. Thus the sociology of knowledge is confined to the sociology of error.*" (8)

126 Dass der Paradigmabegriff selbst problematisch ist und sich einer Operationalisierung entzieht, kann hier nur angedeutet werden. Wichtig ist an dieser Stelle nur, dass Theorien Bestandteile der Paradigmen sind.

carry a revelation of its own correctness along with itself" (Barnes/Edge 1982a: 5f.). Es lag dann nahe, die Frage nach den sozialen Einflüssen auf das Wissen zu stellen.[127] Die bis dahin angenommene Sicherheit, die das folgende Zitat wiedergibt, ging damit verloren: *"Before the early 1960s, almost all philosophers took the rationality of science for granted...To account for this admirable feature of science it was presupposed that scientists tacitly know methodological rules...which are used to appraise newly introduced hypotheses and theories."* (Kitcher 1993: 178)

Für die Analyse des Experiments hatte die Abkehr von dieser Gewissheit anfänglich allerdings einen eher mittelbaren Einfluss, indem die Geltung der Normen des Experimentierens ebenfalls angezweifelt werden konnten.

2.2.1 Relativismus

Die wissenssoziologische Wende der Wissenschaftsforschung, die durch das *„Strong programme"* (Barnes 1974, 1977 und Bloor 1976) und den Konfliktansatz (Collins 1974, 1975) vorgenommen wurde, verstand sich in erster Linie als eine Kritik an der Wissenschaftstheorie, insbesondere an der von Popper. In den Blick genommen wurden Theorien, das Ziel bestand in dem Nachweis des Einflusses sozialer Faktoren auf die Wissensinhalte. Im Anschluss an Mannheim (1929) wurde hier versucht, gesellschaftliche Interessen bei der Paradigmenformierung aufzudecken.[128] Der Impetus dieser Arbeiten war im Wesentlichen die Kritik an dem System der wissenschaftlichen Autorität: *„Because the special power and authority of natural scientists comes from their privileged access to an independent realm, putting humans at the center removes the special authority."* (Collins/Yearley 1992: 310)

Mit dem bei diesen Untersuchungen zugrundegelegten Symmetrieprinzip sollte die Genese und Wirkung von Theorien unabhängig von den historisch vorgenommenen Wahrheitszuschreibungen untersucht werden: *„It is not that all beliefs are equally true or false, but*

---

[127] Siehe als einen der ersten Versuche der Kritik an diesen Normen der Wissenschaft Barnes/Dolby (1970).

[128] Historische Fallstudien unter der Perspektive dieses Programms finden sich in Barnes/Shapin (1979).

that regardless of truth and falsity the fact of their credibility is to be seen as equally problematic." (Barnes/Bloor 1982: 23) Damit konnte es tatsächlich gelingen, bestimmte Formen der Wissenschaftsgeschichte zu diskreditieren, auch gelang es, die begrenzte Erklärungskapazität der klassischen Wissenschaftstheorie nachzuweisen. Neben dieser Entzauberungsfunktion konnte dieser Ansatz allerdings eines nicht leisten, nämlich eine neue Wissenschaftstheorie zu formulieren.[129]

Die Kritik an dem Strong programme hat deshalb auch immer wieder darauf hingewiesen, dass die Anwendung des Symmetrieanspruchs auf die eigenen Ergebnisse nicht möglich ist, da dazu die notwendige Referenz fehlt.[130] Ein solcher Versuch erscheint mir, trotz der Anstrengungen zur Weiterentwicklung des Symmetrieprinzips durch die sog. Reflexivisten,[131] aussichtslos zu sein, da die eigene epistemische Grundlage, der empirisch-naturalistische Bezug, nicht ausreichend einbezogen worden ist.

Ein prinzipielles Problem ergibt sich daraus, weil auf der einen Seite eine zutreffende Analyse der Wahrheitskonstruktion innerhalb der Wissenschaft vorgenommen wird, auf der anderen Seite die dabei in verschiedenen Formen als Referenz agierende Wirklichkeit nicht hinreichend erfasst wird.[132] Dies gelingt erst dann, wenn der technische Aspekt der wissenschaftlichen Forschung in den Blick genommen wird. Denn dort wird deutlich, dass den Theoriebildungen weniger Grenzen gezogen sind als den Funktionsbedingungen von technischen Systemen innerhalb der gegebenen Natur.

Zusammenfassend lässt sich deshalb festhalten, dass die Stoßrichtung auf die Theorie zu einer Vernachlässigung der Praxis der Wissenschaft und ihrer technischen Abläufe geführt hat. Trotzdem haben die Relativisten in Form des *„Experimenters' regress"* einen wichtigen Beitrag zur Analyse des Experiments geleistet, der im Folgenden untersucht wird.

Als ein Merkmal des experimentellen Handelns gilt die Wiederholbarkeit von Experimenten, eine Forderung, in deren Einlösung

---

129 Obwohl Bloor (1983) für sich in Anspruch nimmt, die Wissenschaftsphilosophie durch die Wissenssoziologie ablösen zu können (183).

130 Siehe dazu etwa die Beiträge in Hollis/Lukes (1982), Gingras (1995) und Klee (1997).

131 Diese Richtung verkörpern z.B. Ashmore (1989) und Woolgar (1988).

132 Siehe zu dieser Kritik Franklin (1990) und Sokal/Bricmont (1999).

klassisch die Sicherung intersubjektiver Geltung von Wahrheitsansprüchen gesehen wurde. Dabei wird nicht nur die Konstanz der Welt vorausgesetzt, sondern auch der technischen Aufbauten, experimentellen Arrangements und der genutzten Stoffe.[133] Ob Experimente tatsächlich wiederholt werden, ist auch von sozialen Faktoren abhängig, nicht in jedem Fall wird der Nachweis der Replizierbarkeit geführt. Eine Ursache dafür liegt in der Funktion der Wissenschaft, neues Wissen zu erzeugen, mit der Folge, dass mit der erfolgreichen Wiederholung eines Experiments nur wenig Reputation erworben werden kann.[134]

Wie der Fall der kalten Fusion gezeigt hat,[135] erweisen sich Falsifikationen bei wissenschaftlichen Auseinandersetzungen dagegen als in einem hohen Maße reputationsfördernd und führten zu entsprechenden Anstrengungen in einer Reihe von Laboratorien, um die Erfindung von Pons/Fleischman zum Forschungsartefakt deklarieren zu können.[136] Akzeptierte Experimente sind darüber hinaus auch deshalb uninteressant, weil durch sie die kumulative Fortsetzung des Rätsellösens ermöglicht wird. Wie Kuhn nachgewiesen hat, bedarf es vorgängiger Problematisierungen und riskanter Entscheidungen, wenn Forschungsergebnisse angezweifelt, experimentell überprüft und zu Anomalien erklärt werden.

Diese soziologische Feststellung lässt sich allerdings noch im Rahmen des Mertonschen Normengerüsts als eine Abweichung von der Norm des organisierten Skeptizismus einordnen, schwieriger wird dies, wenn man von dem spezifischen Zusammenhang von Theorie und

---

133 Und, für den Fall dass Veröffentlichungen nicht ausreichen, sogar photographische Aufnahmen eines Labors herangezogen, über die die technischen Apparaturen und die in ihnen verkörperten Wissensbestände ermittelt werden sollen. Siehe Strate/Weingart (1993: 7).

134 Der erstaunliche Fall, dass eine Reihe von Versuchen Galileis nicht durchführbar ist, lässt sich damit erklären, dass die Suche nach Neuem einen höheren Stellenwert hat als der Nachweis, dass bestimmte Experimente tatsächlich funktioniert haben. Vgl. dazu DiTrocchio (1994). Siehe auch Collins (1975).

135 Allerdings muss auch konstatiert werden, dass dabei außerwissenschaftliche Faktoren ein große Rolle spielen. Zur Hypothese, dass die sozialen Muster wissenschaftlicher Bewertung in Feldern mit hohen ökonomischen oder gesellschaftlichen Nutzenerwartungen einer Veränderung unterliegen, siehe Strate/Weingart (1993).

136 Siehe dazu Close (1992), Pinch (1992), Huizinga (1993) und Simon (1999).

Beobachtung in Form der Theoriegeladenheit[137] ausgeht. Die Wissenschaftsforschung hat die enge Verknüpfung von Theorien und Fakten, von Annahmen und Beobachtungen als den zentralen Ausgangspunkt der Zuschreibung der Gleichheit von Experimenten und damit der Stabilität von Theorien herausgearbeitet: *„The belief that they are ‚really' the same experiments depends upon theoretical assumptions about what is being observed. Thus the theory controls the observation which was supposed to test the theory."* (Wynne 1989: 26) Bei der Zuschreibung von Gleichheit ist die jeweilige Community die zentrale Instanz und die Sozialisation in die Wissenschaft der Modus der Anpassung des Nachwuchses an paradigmatische Festlegungen.[138] Erworben werden Fähigkeiten, die ein hohes Maß an Selektivität ermöglichen[139] und das zur Durchführung und Bewertung gültiger Experimente notwendige Praxiswissen.[140]

Mit Collins kann man zwei Ansätze experimenteller Lernbedingungen unterscheiden. Nach dem ersten, dem algorithmischen Modell, das den normativen Wissenschaftstheorien zugrundeliegt, besteht die Voraussetzung für die erfolgreiche Replikation eines Versuchs in umfassenden Informationen über dessen Bedingungen: *„Scientists and others tend to believe in the responsiveness of nature to manipulations directed by sets of algorithm-like instructions. This gives the impression that carrying out experiments is, literally, a formality."* (Collins 1985: 76). Das zweite, als Enkulturation bezeichnete Modell problematisiert dagegen bereits die Feststellung vorliegender Gleichheit und legt nahe, die identische Replik eines Versuchs in einer Abhängigkeit von impliziten Wissensbeständen zu sehen, also von abgestimmten Hintergrunderwartungen und -praktiken und behauptet, dass soziale Mechanismen genutzt werden, um einen Versuch als richtig und die Ergebnisse als angemessen darstellen zu können. Nicht ein unabhängig gültiges epistemisches Kriterium, sondern nur das, was innerhalb einer Community ausgehandelt wird, sichert die Wiederholbarkeit von Experimenten ab: *„In general terms, to make a claim for the existence and*

---

137 Vgl. als Überblick Heintz (1993, 1998) und kritisch Bunge (1991, 1992).

138 Vgl. zur Rolle der Sozialisation bei der Festlegung von Gleichheit Barnes (1981).

139 Diese Selektivität macht den Kern des Paradigma-Modells aus.

140 Vgl. dazu etwa Ravetz (1973), Collins (1974, 1975, 1981).

character of a phenomenon is to make a demand for a particular organization of conceptual and perceptual categories so that events which take place at different locations and times and under different circumstances, are seen as the same - i.e. manifestations of that phenomenon." (Collins 1975: 107)

Genau daraus entstehen für junge Wissenschaften und neue Forschungsgebiete allerdings gravierende Probleme, da man in diesen Fällen nicht weiß, was als angemessen anzusehen ist. Die Konstruktion eines gültigen Versuchsaufbaus wird damit zu einem möglichen Bereich wissenschaftlicher Auseinandersetzungen. Versuchsaufbauten, Messmethoden und Ergebnisse sind deshalb nicht ohne soziale Festlegungen bewertbar, die erst einen Ausweg aus der zirkulären Schleife bieten.

Dieser *„Experimenters' regress"* ist von Collins anhand der Gravitationswellenforschung analysiert worden. Er zeigt, dass die Ergebnisse einer Messapparatur nur dann nutzbar sind, wenn anschlussfähige Kriterien bereits vorhanden sind. Derartige Kriterien können als technische Eingriffe in Materie über vorhandene Zwecke konzeptualisiert werden, ist der Anschluss an vorhandene Wertmaßstäbe nicht möglich, gilt es, diese in Verhandlungen zu erzeugen. Im Mittelpunkt steht dabei der Nachweis, dass eine Versuchsanordnung korrekte Resultate produziert und ausgeschlossen werden kann, dass Resultate wissenschaftliche Artefakte darstellen bzw. dass das Fehlen von erwarteten Resultaten nicht auf den Aufbau, sondern auf die Theorie bezogen werden muss.

Ein instruktives Beispiel für die dabei zu lösenden Probleme stellt die Telepathie dar. Die Frage, ob es sie gibt oder nicht, mit Experimenten zu entscheiden, misslingt deshalb, weil die Versuchsaufbauten von Skeptikern nicht akzeptiert werden. Erst dann, wenn eine Entscheidungssituation definiert werden kann, etwa dadurch, dass sich eine Community darauf einigt, einer bestimmten Anzahl von Replikationen Beweiskraft zuzurechnen, kann der Zirkel des *„Experimenters' regress"* aufgelöst werden. Wie McCrone (1993) an diesem Fall zeigt, werden bereits mit der Zusammenstellung einer Forschergruppe die Weichen für gültige Experimente gestellt: Der Einbezug von Skeptikern führte nicht zur nachträglichen, unauflösbaren Kritik an den Versuchsaufbauten und -variationen, sondern erzeugte erst die Basis zur Bewertung von Ergebnissen.[141] Im Fall der Gravitationswellen wurde ebenfalls erst über die Einigung auf einen Versuchsaufbau die Bewertung von Versuchsergebnissen möglich. Interessanterweise ist die Schließung der Auseinandersetzung in diesem Bereich dadurch erneut brüchig geworden, dass durch eine Forschergruppe der Versuchsaufbau bzw. seine Kalibrierung problematisiert wurde (Collins 1984: 104ff.).

Festhalten lässt sich, dass in Feldern von *„Extraordinary science"*[142] Bewertungen vorzunehmen sind, die über die Grenzen der Wissenschaft herausreichen. Dies ist z.B. anhand der *„Spontaneous generation"* nachgewiesen worden. Secord (1989) und Latour (1990) zeigen, dass die Erzeugung neuen Lebens im Labor durch Experimente im 19. Jahrhundert nicht direkt, etwa durch den Nachweis der Fehlerhaftigkeit des Versuchsaufbaus, zu widerlegen war. Dass bereits kurze Zeit nach Bekanntwerden der ersten Experimente entwickelte starke wissenschaftliche und gesellschaftliche Echo war im Wesentlichen an gesellschaftliche Interessen geknüpft. Die Gegner dieser Theorie sahen gesellschaftliche Werte, die Befürworter die Möglichkeit politischer und gesellschaftlicher Veränderung gefährdet; beide Seiten versuchten die Forschungsergebnisse für ihre gesellschaftspolitische Argumentation zu nutzen.

Die Auseinandersetzung um den Wert dieser Experimente konnte allerdings nicht innerhalb der Grenzen der Wissenschaft geführt werden, da das zu diesem Zeitpunkt entstandene neue Massenmedium Presse für eine weite Verbreitung der Ergebnisse gesorgt hatte, sondern musste in die Öffentlichkeit verlegt werden, die durch strategisch angelegte Experimente, deren kritischer Punkt in der Erzeugung von Bewertungsstandards lag, überzeugt werden sollte. Experimente wurden

---

141 Die Entwicklung in diesem Bereich ist wesentlich dadurch stimuliert worden, dass in den 1980er Jahren an der University of Edinburgh eine Stiftungsprofessur für Parapsychologie eingerichtet wurde, wodurch die Forschungen akademische Reputation erhielten. Dadurch gelang es, Skeptiker zur Beobachtung von Versuchen zu überzeugen: *„...they...realised that their real argument should be not about the theoretical existence of parapsychology but about how to do research that was methodologically rigorous."* (McCrone 1993: 32) Siehe dazu auch Milton (1996).

142 *„Extraordinary science...is science conducted without clear consensus about what can be counted as an experimental failure or success."* (Secord 1989: 338)

hier zu öffentlichen Demonstrationen, Entscheidungen über Methoden und Wahrheitsansprüche durch gesellschaftliche Konstellationen beeinflusst.[143]

Je weiter eine Wissenschaft dagegen in Normal science überführt worden ist, desto weniger Verhandlungen über Geltungsansprüche werden innerhalb einer Community notwendig.[144] Experimente können dann, wie Popper nahelegt, als Beweisverfahren unproblematisch instrumentell genutzt werden, wenn dabei nur die basalen Regeln beachtet werden. Dass diese ein Produkt sozialer Aushandlung darstellen, wird intransparent; Ansprüche an Korrektheit, die Beziehung von Beobachtung und Phänomen, die Angemessenheit der Instrumente und die Möglichkeit und Notwendigkeit ihrer Reproduzierbarkeit werden zum Bestandteil von Hintergrunderwartungen und experimenteller Fähigkeiten,[145] jedenfalls solange, bis Krisen auftreten, für deren Lösung die wissenschaftlichen Ressourcen u.U. nicht mehr ausreichen.[146] Es liegt deshalb nahe, von einem kontextuellen Verhältnis von Theorie und Experiment in der Wissenschaft auszugehen: *„Repeatability, or replicability...is the touchstone of common sense philosophy of science. However...the actual replicability of a phenomenon is only a cause of its being seen as replicable...Rather the belief in the replicability of a new concept or discovery comes hand in hand with the entrenching of the corresponding new elements in the conceptual/institutional network. This network is the fabric of scientific life. Replicablity, the vanguard of common sense theories of science, turns out to be...a philosophical and sociological puzzle...rather than a simple and straightforward test of certain knowledge. It is crucial to separate the simple idea of repli-*

---

143 Ähnliche Feststellungen lassen sich im Rahmen der kalten Fusion machen, siehe dazu Gieryn (1992) und Huizinga (1993).

144 Gleichzeitig ergeben sich daraus gesellschaftliche Steuerungsmöglichkeiten der Forschung, wie im Zusammenhang der Finalisierungsthese herausgearbeitet worden ist. Siehe als Überblick Schäfer (1985).

145 Der geniale Wissenschaftler, der isoliert in seinem Labor oder Arbeitszimmer neue Erkenntnisse macht, wird vor diesem Hintergrund zu einem ideologischen Konstrukt: *„Just as there can be no such thing as a private rule, there can be no such thing as a private discovery. The crucial thing is that others agree that it is a discovery - that they come to act upon it as a matter of course. The discovery, if it is to be a discovery, must precipitate a new set if public rules - a new set of ways of ‚going on in the same way'."* (Collins 1985: 18) Zum Regelgebrauch siehe Wittgenstein (1977) und Ravetz (1973).

146 Siehe hierzu die historischen Beispiele in Barnes/Shapin (1979).

cability from the complexities of its practical accomplishment...For the vast majority of science replicability is an axiom rather than a matter of practise." (Collins 1985: 18f.)

Die Neufassung der experimentellen Replikation im Rahmen der relativistischen Wissenschaftsforschung bezieht sich entsprechend auf zwei Aspekte: Erstens wird die Möglichkeit eines theorieunabhängigen Experimentierens ausgeschlossen, Daten, Versuchsaufbauten und Ergebnisse erhalten ihre Bedeutung erst in Verbindung mit theoretischen Annahmen. Analog dazu wird zweitens die Theorie von den Experimenten in einer neuen Form abhängig, anstelle des Beweises tritt der gemeinsame Herstellungszusammenhang.

2.2.2 Sozialkonstruktivismus

Die der Wissenssoziologie folgenden Laborforschungen „entzauberten" die Wissenschaft weiter, indem sie die Forschungspraxis im Labor untersuchten. Sowohl Latour/Woolgar (1979) als auch Knorr-Cetina (1984) kritisieren damit die klassische Wissenschaftstheorie. Die von ihnen präsentierten Überraschungen sind vor allem vor dem Hintergrund der Theorieorientierung und der Differenz der Kontexte der Entdeckung und der Begründung einzuordnen.

Die Praxis im Labor hat offensichtlich wenig mit dem normativen Bild der Wissenschaft zu tun, im Vordergrund stehen vielmehr Prozesse der Fabrikation von Produkten, d.h. der Anpassung von Forschungsaufbauten, Forschungsberichten und Theorien an die technisch herstellbaren Funktionen. Ein stärkeres Gewicht als bei den Relativisten erhält damit die eingesetzte Technik, mit der Phänomene erst erzeugt und damit Realität werden. Labore, schreibt Knorr Cetina (1988) *„scheinen nämlich weniger darauf ausgerichtet, Wirklichkeit zu beschreiben als Wirklichkeit zu erzeugen (und dann zu beschreiben)."* (87) Herausgearbeitet wird dabei, dass innerhalb der hoch artifiziellen Arrangements der Wissenschaft mundane Praktiken genutzt werden, aus denen sich kein Sonderstatus wissenschaftlicher Erkenntnisproduktion ableiten lässt.[147]

---

[147] Teilweise werden sogar wie Knorr Cetina (1988) zeigt, klassische Demarkationsversuche zurückgenommen, etwa in Form der Objektivierung durch die Marginalisierung des Forschers, durch das Wiedereinbringen seines Körpers als Messinstanz.

Die ersten Laborforschungen stellten zentrale Vorarbeiten zu der *„praktischen Wende"* (Rheinberger/Hagner 1993: 7) innerhalb der Wissenschaftsforschung dar. Eine Reihe von Arbeiten, die sich unter dem Label *„Science as practice"* (Pickering 1992) zusammenfassen lassen, deren wichtigste Vertreter Galison, Hacking, Knorr und Pickering sind,[148] bauen auf sie auf. Die Gemeinsamkeit ist hier, dass wissenschaftliches Forschungshandeln nicht mehr als Schrittfolgen in den relativ isolierten Bereichen von Experiment und Theorie analysiert wird, vielmehr wird hier von einem Ineinandergreifen verschiedener Arbeitsbereiche ausgegangen, deren Ergebnisse technisch reproduzierbare Phänomene darstellen.

Hervorzuheben sind dabei drei wichtige Merkmale: Die empirische Untersuchung des wissenschaftlichen Handelns weist **erstens** mundane Praktiken innerhalb des wissenschaftlichen Handelns und alltägliche Zwänge nach, verzichtet dabei aber auf die Zuschreibung einer Kontamination wegen des Bruchs mit sozialen und wissenschaftstheoretischen Normen, in dem eine Diskreditierung gesehen werden kann (Daston 1998: 22f.). In den Vordergrund gestellt werden **zweitens** in unterschiedlicher Formulierung Prozesse der Anpassung von Theorien, Untersuchungsgegenständen und Experimenten, die als aneinander anzupassende *„essentially ‚plastic' resources"* (Galison 1995: 27) aufgefasst werden. Schließlich wird **drittens** das Ergebnis der Wissenschaft nicht in der Theorie in ihrer klassischen Form gesehen, sondern in der Erreichung technischer Effekte, die von ihren Herstellungskontexten abgelöst werden können und unterschiedliche Verwertungsmöglichkeiten eröffnen.

Im Einzelnen: Die ethnographischen Untersuchungen der Wissenschaftspraxis konnten nachweisen, dass wissenschaftstheoretische Kriterien bei der Produktion neuen Wissens im Forschungslaboratorium eine untergeordnete Rolle spielen. Wissenschaftler orientieren sich in erster Linie weniger an dem, was mit Blick auf die Theorie naheliegend wäre, sondern stellen Opportunitätserwägungen an. Wie Knorr-Cetina (1984) in ihrer einflussreichen Studie nachweist, stellt die Verfügbarkeit technischer Ausstattungen und die Beachtung innerorganisatorischer Regelungen der Vergabe finanzieller Ressourcen eine

---

148 Übersichten über die Differenzen zwischen den verschiedenen Vertretern dieser Richtung finden sich bei Schaffer (1995), Klee (1997) und Heintz (1998).

wesentliche Komponente bei der Entscheidung bestimmter experimenteller Vorgehensweisen dar.[149] *„Transepistemische Felder"* (Knorr-Cetina 1984) erhalten danach einen zentralen Stellenwert bei der Wissensproduktion.

Mittelvergaben, Karriereorientierungen und Publikationskalküle, die von der klassischen Wissenschaftsforschung als wissenschaftsexterne Faktoren bezeichnet wurden, werden damit auch zu wissenschaftsinternen Faktoren. Der Nachweis einer für die Wissenschaft spezifischen Form der Rationalität innerhalb des Labors misslingt deshalb, vielmehr lässt sich eine große Ähnlichkeit mit den Kalkülen in anderen Praxisbereichen, etwa der Politik, nachweisen. Dieses Ergebnis ist auf den ersten Blick nicht überraschend, die Trennung in die Kontexte der Entdeckung und Begründung in der Wissenschaftstheorie und in interne und externe Faktoren in der Wissenschaftssoziologie hatten, wie ich gezeigt habe, die Funktion, Bereiche auszuklammern, die dem an Objektivität und Wachstum orientierten normativen Bild der Wissenschaft bei Popper und Merton als hinderlich angesehen wurden.

Dadurch, dass Knorr Cetina ihre empirischen Ergebnisse auch auf den *„Context of justification"* ausweitet, ergeben sich weitreichendere Folgerungen. Experimentelles Handeln erhält den Status einer Konstruktion von Tatsachen, die nicht als Entdeckungen, sondern als *„cultural entities"* (Knorr Cetina 1995: 143) angesehen werden, die Überprüfung stellt entsprechend eine Dekonstruktion dar, bei der es notwendig ist, die Entstehungsbedingungen neuen Wissens in seinen lokalen Ideosynkrasien zu rekonstruieren.[150] Als weitreichende Schlussfolgerung formuliert Knorr (1985): *„Als Ergebnis einer solchen Bemühung könnte das Kriterium ‚Erfolg' letztlich den Stellenwert erlangen, den traditionellerweise ‚Wahrheit' innehat."* (157)

Neue Tatsachen, d.h. Funktionsbeziehungen, werden über die verschiedenen wissenschaftlichen Veröffentlichungskanäle verfügbar gemacht und schlagen sich in Reputation von Einzelpersonen, Forschergruppen und Laboratorien nieder. Aus einer solchen Perspektive erhält

---

149 Ähnlich argumentieren Turnball/Stokes (1990), die mit dem Begriff der *„manipulative systems"* arbeiten.

150 Dementsprechend erhalten die Rekonstruktionen historischer Forschungsaufbauten für die Wissenschaftsforschung einen neuen Stellenwert. Vgl. Rieß (1998).

Technik eine zentrale Rolle: Zum einen mit Blick auf die Opportunitätsüberlegungen bei der Erkenntnisproduktion, zum anderen durch die Orientierung an der Funktion, die keine genetische Erklärung beinhaltet, sondern als ein Zweck-Mittel-Zusammenhang verstanden werden kann und schließlich durch die Bemühungen, kontextuelles Wissen über eine Kette von Rekonstruktionen zu dekontextualisieren. Die Universalität wissenschaftlichen Wissens in der klassischen Wissenschaftstheorie wird also ersetzt durch die technische Reproduktion lokal erzeugter Wissensbestände. Problematisch erscheint daran vor allen Dingen, dass die Technik selbst nicht weiter untersucht wird, sondern als Medium der Wissensübertragung konzeptualisiert wird.

Ähnlich wie die Laborforschungen, bei denen die Entstehung noch unsicheren, weil noch nicht in Communities abgestimmten Wissens in den Vordergrund gestellt wird, wird die wissenschaftliche und technische Praxis im Forschungsprozess von Teilen der neueren Wissenschaftstheorie miteinander verknüpft, allerdings wird der konstruktivistische Akzent dabei etwas anders gesetzt. Auch hier werden keine Korrespondenzannahmen mehr gefordert, als zentrales Kriterium gilt wie bei der Laborforschung die *„Nützlichkeit bzw. Orientierungsleistung für den Menschen"* (Knorr-Cetina 1989: 90), die sich aus der Anpassung von Wissensbeständen mit der prinzipiell unzugänglichen „Wirklichkeit der Natur" ergibt.[151] Ausgegangen wird hier von einem Anpassungsprozess, der eine Reihe von Komponenten umfasst. Dazu gehören zu den bereits genannten weitere Aspekte. Hacking (1992) nennt insgesamt fünfzehn Elemente, darunter abstrakte generalisierende Theorien, deren Einfluss in bestimmten Forschungsfeldern auf die experimentelle Praxis gravierend sein kann.[152] Anders als bei Popper wird hier allerdings nicht von einem notwendigen Abhängigkeitsverhältnis des Experiments von der Theorie ausgegangen, aber auch der Umkehrschluss, Theorien als das Ergebnis der Herstellungspraxis im Labor zu bezeichnen, wird nicht gemacht. Vielmehr wird ein Anpassungsverhältnis zwischen den verschiedenen Elementen behauptet, das entsprechend den jeweils gegebenen Bedingungen ausgestaltet wird.

---

151 Zur Diskussion der verschiedenen Spielarten des Realismus siehe Kitcher (1993).
152 Im Wesentlichen unterscheidet Hacking (1992) in die Bereiche Fragestellung, Hintergrundwissen, Funktionsmodelle, technische Ausstattung und die Herstellung von Daten. Siehe auch Hacking (1988).

Eine Beziehung zwischen Experiment und Theorie, die auf Bestätigung bzw. Widerlegung abstellt, wird entsprechend als wenig realistisch bezeichnet, die damit verbundene Vorstellung von *„island empires"* (Galison 1995: 13) wissenschaftlicher Fragestellungen, die losgelöst von anderen Bereichen erforscht werden können, unterschlägt die verschiedenen Abhängigkeiten. Damit wird wird das Problem der Stabilität der Wissenschaft aus einer neuen Perspektive heraus in den Blick genommen: Popper und Kuhn haben das wissenschaftliche Wissen bekanntlich als vorläufig und revidierbar dargestellt. Während die Anwendung des falsifikationistischen Modells zu einer Bedrohung der Wissenschaft geführt hätte, da verworfene Theorien empfindliche Lücken hinterlassen hätten,[153] hat Kuhn wegen der Inkommensurabilität den Anschluss an vorhandenes Wissen zumindest in Krisenzeiten für unwahrscheinlich gehalten und gerade in dem großen Bereich des Nichtwissens, durch den ein neues Paradigma definiert ist, einen wesentlichen Attraktor für Wissenschaftler gesehen. Theorien, so kann man daraus ableiten, bieten nur wenig Sicherheit.

Hacking (1988) unternimmt dagegen den Versuch, *„to understand the manifest fact that science since the seventeenth century has, by and large, been cumulative."* (50) Die Richtigkeit dieser Behauptung unterstellt, wird deutlich, dass hier andere Mechanismen als die rationale Ablösung von Theorien oder die sozial begründete Überwindung eines Paradigmas eine stabilisierende Rolle spielen. Hacking nimmt an, dass diese Funktion von Elementen der Laborexperimente übernommen wird. Darunter fallen disziplinäre Fragestellung, Arbeitshypothesen und Hintergrundwissen ebenso wie verschiedene materielle Bezüge, die in Versuchsaufbauten und -apparaturen vergegenständlicht sind. Keiner dieser Aspekte wird für unveränderlich gehalten, die Stabilität ergibt sich gerade daraus, dass bei Veränderungen an einer Stelle, andere Bereiche weitgehend stabil gehalten werden.

Eine solche Vorstellung von Stabilität bricht radikal mit einigen wissenschaftstheoretischen Annahmen. Insbesondere den experimentellen Aufbauten kommt dabei eine neue Funktion zu, die über den Hypothesentest hinausreicht und mit der Unterordnung praktisch-experimentellen Handelns unter die Theoriebildung unvereinbar ist. Die Beobachtung, dass in bestimmten Bereichen der Naturwissenschaft

---

153 Siehe dazu Lakatos (1982).

experimentelle Gemeinschaften theoretische Umbrüche überdauern und den Wandel von Theorien angestoßen haben, unterstützt diese Akzentverschiebung, mit der der Technik im Bereich der Wissenschaft eine zentrale Rolle zugewiesen wird.[154]

Dieses Ergebnis ist dann überraschend, wenn man die Formulierung von wahrheitsfähigen Aussagen als das wesentliche Ziel der Wissenschaft ansieht, anders stellt sich die Situation dagegen dar, wenn man den Akzent auf die Herstellung von stabilen Funktionsbeziehungen legt, wie es die Autoren der praktischen Wende vorschlagen. In diesem Zusammenhang verweist McLaughlin (1993) auf die Notwendigkeit, den Wahrheitsbegriff neu zu positionieren. Dabei geht er von der Feststellung aus, dass das Experiment von der Wissenschaftstheorie in der Vergangenheit kaum thematisiert worden ist, *„aber Vernachläßigung kann man dies nur dann nennen, wenn dem Experiment weniger Aufmerksamkeit geschenkt wird, als ihm zusteht. Es könnte aber sein, daß in der Wissenschaftstheorie dem Experiment nicht sehr viel zusteht."* (McLaughlin 1993: 209) Er begründet dies damit, dass die induktivistische Tradition das Experiment als eine Sonderform der Beobachtung auffasst, die epistemologisch uninteressant ist, während die rationalistische Tradition wegen der Theorieabhängigkeit *„ihm genau die marginale Aufmerksamkeit geschenkt [hat], die ihm angemessen ist."* (McLaughlin 1993: 210)

Wahrheitsansprüche werden von Experimenten danach gar nicht berührt, vielmehr werden Funktionsbeziehungen hergestellt, die angeben, welche Effekte wie hergestellt werden können. Es geht also darum, prognostisches Wissen zu erzeugen, das McLaughlin in Anlehnung an Descartes für gar nicht wahrheitsfähig hält: *„Es könnte sein, daß der Verzicht auf Wahrheit schlicht die Konsequenz des Anspruchs ist, nicht nur (wahre) Beschreibung von Fakten, sondern auch eine experimentell nachprüfbare Erklärung funktionaler Abhängigkeiten zu leisten. Bei solchen Erklärungen ist es prinzipiell immer möglich, daß ein bestimmtes natürliches Phänomen tatsächlich in einem bestimmten Fall von einer ganz anderen Ursache abhängt, als die, die wir ein-*

---

154 Zu den *„experimental traditions"* siehe Ackerman (1985), Galison (1987), Franklin (1990) und Hacking (1996).

setzen, um das Phänomen (wieder) herbeizuführen." (McLaughlin 1993: 217) Erwartbar wäre angesichts des beigemessenen hohen Stellenwerts eine Analyse der Technik, die aber von den Autoren nicht unternommen wird.

2.3 Synthesen

In den vorhergehenden Abschnitten sind zwei unterschiedliche Analysen des Experiments rekonstruiert worden. Zuerst die Wissenschaftstheorie des kritischen Rationalismus, die das Experiment ähnlich wie der logische Empirismus im Wesentlichen in seiner Abhängigkeit von der Theorie thematisiert und anschließend der sozialwissenschaftliche Praxisansatz, der den Herstellungscharakter wissenschaftlichen Wissens in organisatorischen Kontexten empirisch untersucht. Wenig überraschend ist es, dass die beiden Ansätze zu unterschiedlichen Ergebnissen kommen.

Die Wissenschaftstheorie, die das Experiment im Grunde für ein unproblematisch handhabbares Instrument ansieht, formuliert Regeln zur Produktion wahren Wissens und verweist damit auf die internen Faktoren der Wissenschaft. Dagegen zielt die Wissenschaftsforschung in der hier behandelten Form auf die externen Faktoren der Wissensproduktion ab. Auffällig ist dabei, dass die Trennung in die Entdeckungs- und Begründungskontexte durch die Wissenschaftstheorie, die auf der Überzeugung basiert, dass die Entstehungsbedingungen für die Validierung von Wissen irrelevant sind, bewusst jene „blinde Flecken" vorsah, die die Wissenschaftsforschung zu ihrem Untersuchungsgegenstand macht.

Ihr zentrales Argument lautete, dass Beobachtungen theoriegeladen sind, d.h. dass ein experimenteller Beweis in Form der Falsifikation oder der Verifikation gar nicht angetreten werden kann. Dieses konventionalistische Argument, das sich bereits bei Duhem findet und das Kuhn mit seiner Paradigmentheorie weiter zugespitzt hat, belässt die Theorie im Mittelpunkt des Interesses und hat Auswirkungen auf das Instrument „Experiment", die sich wie folgt zusammenfassen lassen: *„Im Rückblick erscheint also die Diskussion des Experimentbegriffs in der Wissenschaftstheorie vom späten 19. Jahrhundert bis in* *unsere Zeit im Großen und Ganzen als eine Abfolge sich steigender negativer Resultate: Wir wissen immer mehr darüber, was das Experiment nicht leistet, und verstehen immer besser, wie frühere mit dem Experiment verbundene epistemische Ansprüche ihre Grenze finden."* (Heidelberger 1998: 77)

Mit diesem Ausgangspunkt steht die neuere Wissenschaftsforschung allerdings vor einem Problem: An die Stelle epistemisch basierter Wahrheitsansprüche wurde ein sozialer Prozess der Wahrheitsfeststellung gesetzt, entsprechend lässt sich ein blinder Fleck dort verorten, wo es um die Frage nach dem Zusammenhang von Wirklichkeit und ihrer Abbildung geht, also genau in dem Bereich, auf den die Wissenschaftstheorie abzielt. *„Mit anderen Worten, diese ganze Richtung hat sich dem Paradox verschrieben, aus einer (begründeten) Ablehnung naiv-realistischer Wissenschafts- und Erkenntnistheorie einer etwas raffinierteren Form derselben die Tür offenzuhalten; denn daß es die facts in irgendeinem Sinn ‚gibt', die nicht erst durch die sprachlichen und nichtsprachlichen Handlungen der Laborforscher erzeugt würden, muß...in jedem Fall gerettet werden."* (Janich 1998: 98) Der gewählte Ausweg, über die technische Realisierung von Effekten das offensichtliche Prognosepotential wissenschaftlichen Wissens zu erklären, erscheint dann nur als eine Verlagerung der Problemstellung in einen anderen, nicht analysierten Bereich.

An dieser Stelle drängt sich die Frage auf nach der Möglichkeit einer Symbiose der genannten Ansätze, mit der sich nicht nur die Stabilität der Wissenschaft selbst, sondern auch ihr gesellschaftlicher Erfolg in Form von stabilem Anwendungswissen erklären lässt. Oben habe ich bereits auf Hackings Versuch hingewiesen, die wechselseitigen Anpassungen eines ganzen Bündels von Faktoren aufeinander als den Garant für die Stabilität der Wissenschaft anzusehen. Eine Weiterentwicklung dieses Ansatzes kann man in den von Rheinberger eingeführten *„Experimentalsystemen"* sehen.[155] Um es vorwegzunehmen: Das Programm der Experimentalsysteme, das auf die Ergebnisse des Sozialkonstruktivismus aufbaut und sich auf eine Reihe von Fallstudien stützt, bietet bisher noch keine theoretisch und begrifflich befriedigende

---

155 Siehe vor allem die Fallstudien in Rheinberger/Hagner (1993) und Hagner/Rheinberger/Wahrig-Schmidt (1994).

Ausarbeitung an.[156] Trotzdem stellt es einen wichtigen Schritt zu einer Synthese dar, da die disziplinenspezifischen Überakzentuierungen auf Theorie und Begründungszusammenhang bzw. Praxis und sozialer Geltung zurückgenommen werden zugunsten des Versuchs, epistemische, kulturelle und soziale Aspekte der Wissenschaftsentwicklung miteinander zu verknüpfen.

Zugrunde liegt dabei eine Überlegung, die bereits 1935 durch Ludwik Fleck angestellt worden ist: „*Alle Experimentalforscher wissen, wie wenig ein Einzelexperiment beweist und zwingt: es gehört dazu immer ein ganzes System der Experimente und Kontrollen, einer Voraussetzung...gemäß zusammengestellt, und von einem Geübten ausgeführt.*" (Fleck 1980: 126) Im Grunde findet man in diesem Zitat bereits eine ganze Reihe von Bestandteilen der Experimentalsysteme, so etwa den Systembegriff selbst, den Verweis auf einen theoretischen Bezug und auf das notwendige Know-how bei der Durchführung von Versuchsreihen. Auch aus einem anderen Grund heraus erklärt sich, dass Fleck, dessen Untersuchung zur Syphilisforschung in dem Bereich der medizinischen Bakteriologie angesiedelt ist, als ein Vorläufer dieses Programms angesehen werden kann. Da es in erster Linie mit empirischen Studien aus dem Bereich der Biowissenschaften operiert, wo der Begriff der Experimentalsysteme bereits eine längere Verwendungsgeschichte hat, ergibt sich hier eine Überschneidung des Gegenstandsbereichs.[157]

Begründen lässt sich diese Verwendung damit, dass in diesem Bereich eine besondere Verbindung zwischen den Untersuchungsgegenständen, der verwendeten Technik, den Experimentieraufbauten und den Theorien besteht, da „*sich wissenschaftliche Objekte...und die technischen Bedingungen ihrer Hervorbringung zu einer unauflösbaren Einheit verknüpfen.*" (Rheinberger 1997: 36)[158] Im Labor werden also nicht nur Isolationen vorgenommen, indem z.B. störende Einflüsse zum Zweck der Kontrolle ausgeschlossen werden, sondern es werden darüber hinaus neue Phänomene technisch erzeugt. Deren Bewährung

---

156 Siehe etwa zur Kritik des Systembegriffs Stichweh (1994b).

157 Ein Versuch zur Übertragung auf die Physik findet sich bei Hentschel (1998).

158 Amann (1994) spricht in diesem Zusammenhang von einer im Labor geschaffenen „*zweiten Natur*", die über Modellsysteme epistemische Objekte und technisch erzeugte Phänomene miteinander verbindet.

innerhalb dieser artifiziellen Konstellationen besteht in der Stabilität der erzeugten Phänomene, dabei wird eine Wechselwirkung von technischer Reproduzierbarkeit mit der Modellentwicklung angenommen.

Im Labor als Ort der Manipulation sind somit technische Fähigkeiten zusammen mit Instrumenten, Apparaturen, Versuchsmaterialien und Forschungsobjekten sowohl Ressourcen als auch Ergebnisse des Forschungshandelns. Dieses ist eingebettet in einen weiteren Kontext aus Forschungstraditionen, epistemischen Praktiken und kulturellen Werten. Diese Konstellationen aus lokalen Gegebenheiten und Praktiken, aus Modellvorstellungen und Forschungsmethoden stellen in Verbindung mit gesellschaftlichen Erwartungen und Einflüssen Experimentalsysteme, also komplexe Strukturen dar. Die Ausgestaltung dieser *„empirical set-ups in which scientific objects take shape"* (Hagner/Rheinberger 1998: 356) ist in einem hohen Maße kontingent.

Wie aber entsteht Stabilität? Der Ausgangspunkt zur Entwicklung des Programms der Experimentalsysteme kann in der folgenden Überlegung gesehen werden: Ein Problem für die Wissenschaftsforschung stellt der Widerspruch zwischen der Theoriegeladenheit von Beobachtungen einerseits und dem Nachweis experimenteller Traditionen andererseits dar. Als eine Lösung bietet sich hier an, wiederum darauf zu verweisen, dass stabile Resultate technisch erzeugt werden, unklar ist dann aber, welche Wechselwirkung die erzeugten Phänomene auf die Theorien ausüben. Im Grunde steht man hier vor der Entscheidung, entweder die These der Theoriegeladenheit fallenzulassen und stattdessen auf eine Wissenschaftspraxis abzustellen, die weitgehend induktivistisch bestimmt ist oder aber die experimentellen Traditionen für ein eher singuläres Phänomen zu halten, deren Stellenwert für die Forschung marginal ist.

Eine dritte Möglichkeit besteht darin, Uneindeutigkeiten zuzulassen: *„Experimental systems are hybrid arrangements: in a permanently fluctuating and varying pattern, they mix elements which many historians and philosophers of science, and sometimes even scientists (at least in their semi-popular essays) wished to have properly separated. This desire for separation is due to a vision of purity that has no counterpart in the process of science in the making."* (Hagner/Rheinberger (1998: 359) Vor dem Hintergrund, dass die Wissensproduktion innerhalb der Wissenschaft sich von lebensweltlichen Praktiken nicht durch eine besondere Form der Rationalität auszeichnet, was im übrigen bereits in der Differenz der Kontexte der Entstehung und Begründung angelegt ist, erhalten die Ergebnisse der Wissenschaft eine distinktive Funktion, die allerdings nicht in der Wahrheit, sondern in dem Merkmal der Reproduzierbarkeit liegt. Diese Reproduzierbarkeit, die ein wesentliches Merkmal von technologischen Systemen darstellt, wird allerdings nach Meinung der genannten Autoren wissenschaftlich durch einen wesentlichen Aspekt erweitert, nämlich dadurch, dass darin gleichzeitig „*Generatoren von Überraschungen*" (Hentschel 1998: 329) enthalten sind. Gemeint ist damit, dass bei Reproduktionen auftretende unerwartete Abweichungen nicht einfach übersehen werden, sondern als Ausgangspunkt für weitere Forschungen genutzt werden.

Auch wenn an dieser Stelle fraglich ist, ob die enthaltene Annahme über das Verhalten technisierter Systeme zutrifft, wird damit ein Weg gewiesen aus einer einfachen Ineinssetzung von Technologie und Wissenschaft: „*Gefragt ist eine Position, die gewissermaßen in der Mitte zwischen den genannten Extremen liegt: Dem Experimentieren muß neben seiner kritischen auch eine schöpferische Seite zugestanden werden, aber auf eine Weise, die den starken Induktivismus vermeidet.*" (Heidelberger 1998: 79).

Diese doppelte Rolle des Experiments setzt nicht nur den Verzicht auf die oben herausgearbeiteten disziplinspezifischen Zuspitzungen voraus, notwendig ist vor allem eine Analyse der experimentellen Technik. Heidelberger (1998) hat in diesem Zusammenhang vorgeschlagen, ausgehend von der Zweckgebundenheit von Technik drei wesentliche Funktionen zu unterscheiden. Erstens die „*produktive Funktion*" experimenteller Aufbauten und der entwickelten und genutzten Technik, die im Wesentlichen darin besteht, Phänomene zu erzeugen, die ohne diese Aufbauten nicht vorhanden wären. Als Beispiele verweist er dabei auf die im 19. Jahrhundert entwickelte Elektrisiermaschine und auf die modernen Teilchenbeschleuniger, mit denen neue Phänomene erzeugt werden können. Einen zweiten Typus stellen Aufbauten zur Beobachtung bekannter Phänomene dar. Im Vordergrund steht dabei die „*repräsentierende Funktion*", d.h. der Versuch, durch die Variation von Variablen Kausalbeziehungen aufzudecken, die etwa in die Formulierung von Naturgesetzen einfließen. Schließlich dient ein dritter Typus dazu, Sachverhalte experimentell so zu beeinflussen, dass sie beherrschbar sind. Diese „*konstruierende Funktion*" besitzen z.B. technische Experimente im Labormaßstab, mit denen die prinzipielle

Funktionsweise von Artefakten mit dem Ziel der Verbesserung und Beherrschung ermittelt werden soll. Zentral ist hier, dass über die Laborsituation Randbedingungen hergestellt werden können, die die Eliminierung störender Einflüsse erlauben, das Ziel besteht im Wesentlichen in der Modellierung und Beherrschung von Sachverhalten für gesetzte Zwecke.[159]

Mit Blick auf die Theorie stellt Heidelberger fest, dass auf den repräsentierenden Typus am ehesten die These der Theoriebeladenheit der Beobachtung zutrifft. Die Anwendung von Messinstrumenten erscheint danach ohne einen theoretischen Hintergrund kaum sinnvoll zu sein, zudem ist die Einpassung in vorhandene theoretische Wissensbestände bei der Aufstellung von Naturgesetzmäßigkeiten notwendig. Dagegen wird auch bei produktiven und konstruierenden Experimenten auf Hintergrundwissen zurückgegriffen, nicht notwendigerweise werden damit aber vorhandene Theorien überprüft.

Diese analytische Trennung in Typen des Experimentierens ist insofern von Bedeutung, als damit die Vielfalt von Experimenten abbildbar ist, ohne in die Engführungen der Positionen der klassischen Wissenschaftstheorie oder der praktisch-kontextuellen Wissenschaftssoziologie zurückzufallen. In Experimentalsystemen, so ließe sich hier ableiten, finden sich empirische Ausprägungen, die tatsächlich einen der oben genannten Typen verkörpern oder aber, was vermutlich viel öfter der Fall sein dürfte, Kombinationen der Typen darstellen. Eine eher resignative Haltung, wie sie etwa Schaffer (1995) mit der Aussage formuliert, es sei *„highly unlikely ever to identify an essential quality all ‚experiments' possess."* (258) bezieht sich damit auf das einzelne Experiment, für die Experimentalsysteme stellt sich die Situation dagegen anders dar: *„...social, conceptual, instrumental, material, and cultural elements act together to constitute an experiment, forming an interlocking grid that has the character of a system: a structure that cannot be defined by any one element, or even by a small subset of*

---

159 Als Vorläufer dieser Aufteilung verweist Heidelberger auf die Differenzierung in Entdeckungsexperimente und Messexperimente bei Buchwald (1993) und synthetische und analytische Geräte bei Böhme/Daele/Krohn (1978).

elements, but rather by the interaction among the elements." (Buchwald 1998: 374f.) Zu diesen Elementen werden Theorien dazugezählt, allerdings wird ihre Stellung innerhalb von Experimentalsystemen empirisch bestimmt.

In einem engen Zusammenhang damit steht die Frage nach der *„reproductive coherence"*. Hagner/Rheinberger (1998) sehen darin einen wesentlichen gesellschaftlichen Legitimationsfaktor der Wissenschaft, gleichzeitig halten sie fest, dass das Ziel der Stabilität von Versuchsergebnissen und theoretischen Aussagen nicht in jedem Fall der Wissenschaftsentwicklung dient. Mit Rückgriff auf die verschiedenen Funktionen von Experimenten kann hier festgehalten werden, dass *„new knowledge...emerges from an oscillation between stability and breakdown."* (366) Diesem innerwissenschaftlichen Muster von Bewähren und Verwerfen bei der Produktion neuen Wissens gegenübergestellt ist allerdings die gesellschaftliche Funktion der Stabilität anwendungsfähigen Wissens. Auf die unterschiedlichen Anforderungen der Gesellschaft und der Wissenschaft an Stabilität gehen Hagner/Rheinberger nicht weiter ein, allerdings kann man aus ihren Ausführungen schließen, dass auch sie der technischen Reproduzierbarkeit an dieser Stelle einen hohen Stellenwert einräumen.

Als Zwischenfazit lässt sich an dieser Stelle formulieren: Es erscheint sinnvoll zu sein, auf eine monistische Charakterisierung des Forschungshandelns zu verzichten. Wie die Auseinandersetzung mit den Experimentiersystemen gezeigt hat, ist der Gegenstandsbereich der jeweiligen Wissenschaft nicht nur wichtig in Bezug auf den jeweiligen Untersuchungsgegenstand, vielmehr ergibt sich daraus auch ein ganz unterschiedlicher Zugang zu den Phänomen selbst. Die klassische Wissenschaftstheorie hat als ihren Untersuchungsbereich im Wesentlichen die Physik gewählt, eine Umjustierung auf die Biologie scheint andere epistemologische Schlussfolgerungen nahezulegen. Weiter sind Experimente nicht als isolierte Theoriebeweise anzusehen, sondern als ein Bestandteil des Handlungssystems Forschung. Somit werden Fragestellungen, wie die nach einem experimentum crucis obsolet, da damit die Einbettung in einen wissenschaftlichen und gesellschaftlichen Kontext nur unzureichend erfasst werden kann. Zumindest kann man in einigen Bereichen von einer so engen Verbindung von Forschungsobjekten und Technik auf der einen Seite mit Modellen und Theorien auf der anderen Seite ausgehen, dass die klassische Trennung in die

Kontexte der Entdeckung und Begründung sich kaum mehr aufrechterhalten lässt. Ferner ergibt sich ein Spannungsverhältnis aus den unterschiedlichen Anforderungen an die Stabilität des Wissens von Seiten der Wissenschaft und der Gesellschaft, das im Rahmen der Experimentalsysteme zwar thematisiert, aber nur in seinen innerwissenschaftlichen Auswirkungen untersucht wird. Dabei wird also die unmittelbare Folgenentlastung wissenschaftlicher Forschung vorausgesetzt, eine Vorstellung, die mit der eigenen Analyse des technischen Charakters neuen Wissens nicht Schritt halten kann. Diesen zu erweiternden Kontext werde ich im Folgenden anhand der gesellschaftlichen Funktion des Labors analysieren.

2.4 Das Labor

Das Labor ist der Ort zur Durchführung wissenschaftlich-technischen Probehandelns mit dem Ziel der Produktion neuen Wissens. Soziologisch handelt es sich bei dem Labor um eine Institution, über die verschiedene Verhaltenserwartungen koordiniert werden.[160] Zu diesen gehört der Verzicht auf den gesellschaftlichen Einfluss auf die Forschung ebenso, wie die Entlastung der Gesellschaft von den Ergebnissen der Wissenschaft. Deren Umsetzung soll einem weiteren, außerhalb der Wissenschaft liegenden Umsetzungs- und Anwendungsprozess vorbehalten bleiben. Erwartet wird nicht nur, dass Vorkehrungen gegen solche Art von Risiken getroffen werden, die mit dem Forschungshandeln direkt zusammenhängen, was sich in physischen und organisationalen Barrieren gegen Unfallfolgen und Freisetzungen niederschlägt, sondern auch, dass die wissenschaftliche Erkenntnis für die Gesellschaft keine unmittelbaren Folgen hat. Das Labor, so könnte man daraus ableiten, stellt einen institutionalisierten sozialen Raum dar.[161]

---

160 Einen Überblick über den soziologischen Institutionenbegriff gibt Schülein (1987), zum neuen Institutionalismus und seine Abgrenzung zu der älteren soziologischen Theorie siehe Hasse/Krücken (1999).

161 Arbeiten zu einer Soziologie des Raumes stehen noch aus, erste Ansätze finden sich bei Friese/Wagner (1993) und Knorr Cetina (1988).

2.4.1 Grenzziehungen

Die Erzeugung von wissenschaftlicher Wahrheit und technischer Funktionssicherheit wird durch die Nutzung des Labors wesentlich vereinfacht und z.T. erst ermöglicht. Dafür sprechen forschungspragmatische und die oben dargestellten wissenschaftstheoretischen Überlegungen. Der soziale Raum Labor, in dem von gesellschaftlichen Einflüssen weitgehend unbehelligt Wissen produziert werden kann, ist das Ergebnis eines historischen Versuchs der Legitimationsbeschaffung durch Ausgrenzung eines bestimmten Kommunikationstypus. Wie ich im vorhergehenden Kapitel gezeigt habe, war ein zentraler Bestandteil dieser Abgrenzungspolitik das Versprechen der Befürworter der experimentellen Wissenschaft des 17. Jahrhunderts, bestimmte gesellschaftliche Bedürfnisse befriedigen zu können. Eine weitere Voraussetzung war der Schutz der Wissenschaft vor gesellschaftlichen Einflüssen, etwa der Religion. Diese Säkularisierung wurde allerdings noch damit begründet, dass es durch die experimentelle Wissenschaft möglich werde, im Rahmen der christlichen Kosmologie Gottes ganzes Wesen zu zeigen. Dazu bedurfte es der Entwicklung einer neuen Diskursform, der herrschaftsfreien, nur den Kriterien der neuen Wissenschaft selbst unterworfenen Argumentation.

Zentral war dann, dass ein Ort geschaffen wurde, an dem, unbeeinflusst von anderen Interessen als den wissenschaftlichen, Forschung betrieben werden konnte. Dieser Ort war für die experimentelle Wissenschaft das Labor. Die mit diesem Handeln von Hobbes in Zusammenhang gebrachten Risiken, einerseits die Ineffizienz der Wissenschaft selbst, andererseits die Instabilität des sozialen Systems wegen der fehlenden Möglichkeit zur autoritativen Lösung von Kontroversen, unterscheiden sich deutlich von den modernen Risiken. Aber gerade der damit gemachte Vorwurf der Verschwendung wurde zu einem die experimentelle Bewegung unterstützenden Argument: Die von Hobbes kritisierte Beschränkung auf einen bestimmten Teilnehmerkreis, nämlich auf jene, die diese Diskursform für erfolgreich hielten und gewisse wissenschaftliche Vorkenntnisse mitbrachten, wurde zu einer Voraussetzung für die Durchführung artifizieller Experimente, die allein durch eigene Kriterien gesteuert werden konnten.

Die gesellschaftliche Legitimität des wissenschaftlichen Versuchs im Labor nahm seinen Ausgangspunkt denn auch in der von

Hobbes behaupteten Folgelosigkeit dieser Aktivität für den technischen Fortschritt. Diese wurde zu dem Zeitpunkt zur Fiktion, als die Trennung von Technik und Wissenschaft aufgehoben wurde, also dann, als technische Probleme mit wissenschaftlichen Mitteln und Theorien bearbeitet wurden. Die Verwissenschaftlichung der Technik führte gleichzeitig zu einer Neuthematisierung der gesellschaftlichen Relevanz der Wissenschaft bzw. zu Versuchen ihrer Steuerung durch außerwissenschaftliche Interessen.

2.4.2 Entgrenzungen

Die Wissenschaft, die als Ressource der Entwicklung neuer Gesellschaftsmodelle diente, gewann historisch erst allmählich bei der Entwicklung ökonomischer Produktivität an Bedeutung. Die Idee des Fortschritts durch die Wissenschaft, die lange Zeit nur ideologische Gültigkeit besaß, wurde im 19. Jahrhundert Realität. Damit wurde nicht nur die Frage nach dem Verhältnis von Wissenschaft und Technik neu gestellt, sondern auch nach dem der Wissenschaft zur Gesellschaft. Im 20. Jahrhundert geschah dies insbesondere vor dem Hintergrund der Diskussion über die Möglichkeiten einer speziellen marxistischen Wissenschaft. Hier wurde die Option einer Umorganisation der Wissenschaft auf gesellschaftliche Ziele hin diskutiert.

Merton (1957) antwortete auf diesen Versuch, die Wissenschaft gesellschaftlichen Zielen unterzuordnen, mit dem Hinweis, dass nur in einer Demokratie Wissenschaft optimal betrieben werden könne. Damit wurde nun die politische Organisation der modernen westlichen Staaten zur Ressource für die Wissenschaft: Hatte der ausdifferenzierte, nach eigenen Normen verfahrende Entwurf einer Wissenschaft durch die Royal Society im 17. Jahrhundert der Gesellschaft als Nachweis der Möglichkeit einer neuen politischen Verfassung gedient, so wurde dieses Verhältnis jetzt umgekehrt.

Solange die Wissenschaft nach eigenen Zielen funktionierte und die Anwendung wissenschaftlicher Erkenntnis der Technik überlassen wurde, blieb die Vorstellung der Folgelosigkeit wissenschaftlicher Forschung gesellschaftlich konsensfähig: *„Was ist die gesellschaftliche Funktion der Wissenschaft? Vor hundert oder gar fünfzig Jahren wäre diese Frage sogar dem Wissenschaftler als fremd, beinahe sinnlos erschienen, weit mehr noch dem Politiker oder dem einfachen Bürger."*

(Bernal 1939, zitiert nach Weingart 1972: 1) Die gesellschaftliche Bedeutung der Wissenschaft wurde durch technische, medizinische und wirtschaftliche Erfolge nachgewiesen. Die Abkopplung der wissenschaftlichen Forschung von negativen Effekten gelang weiterhin durch den Verweis, dass über die Anwendung dieses Wissens an anderen gesellschaftlichen Orten entschieden werde.

Spätestens mit dem Abwurf der Atombombe über Hiroshima 1945 und der Diskussion über die ethische Verantwortung nicht nur jener Wissenschaftler, die am Manhattan-Projekt mitgewirkt hatten, sondern auch der Grundlagenforscher wurde dieses Bild auf breiter Front brüchig.[162] Mit der Entstehung staatlich geförderter Großforschungsprogramme in den 1940er Jahren vor allem in den USA und der UdSSR änderte sich das Verhältnis von Technik und Wissenschaft, da beide Bereiche zielorientiert an einem Projekt zusammenarbeiteten. Die Politik nutzte, wie ich im vorhergehenden Kapitel gezeigt habe, die Möglichkeit, wissenschaftliche Forschung auf politische Ziele auszurichten.

Diese Aufweichung der Trennung von Wissenschaft und Gesellschaft wurde gesellschaftlich thematisiert. Da die Kopplung von Wissenschaft und Fortschritt im gesellschaftlichen Diskurs gültig blieb, geriet der Bereich des wissenschaftlichen Probehandelns, das Labor, selbst nicht unter Legitimationsdruck. Ethische Fragen nach der grundsätzlichen Orientierung der Wissenschaftler und nach der prinzipiellen Autonomie der Wissenschaft wurden jedoch sehr wohl gestellt. Das System Wissenschaft und die normative Orientierung seiner Mitglieder wurden zum Problem. In den 1960er Jahren wurde das Verhältnis von Wissenschaft und Technik, so wie die Bewertung des technisch-wissenschaftlichen Fortschritts - dies war ja das Ergebnis der Untersuchung oben - zwar nicht zum ersten Mal, aber durch eine neue Qualität und Quantität folgenreicher, diskutiert. In den im Anschluss entstandenen, bis heute beobachtbaren Risikodiskursen über Technik werden die durch die Wissenschaft erzeugten Risiken, folgt man Luhmann (1991), nicht länger als unvermeidliche Gefahr, sondern als das Ergebnis von Entscheidungen wahrgenommen. Mit der Zunahme sog. evolutionärer

---

162 Vgl. die Biographie Oppenheimers in Kant (1985) und Jungk (1964).

Risiken[163] geht eine neue Bewertung des Forschungshandelns und auch des Labors einher.

Offenkundig wird dabei, dass die Existenz von Mauern nicht mehr als Grundlage der Legitimation des für die Gesellschaft risikolosen Forschungshandelns dienen konnte. Die Entgrenzung ist doppelter Natur: Zum einen wird die Gesellschaft und ihre natürliche Umwelt zum Bestandteil des Labors. Aus den Idealisierungen des Forschungsprozesses, die für sich noch kein implementationsfähiges Wissen darstellen, werden zunehmend anwendbare Lösungen. Zum anderen wird, da die soziale Nutzung der Ergebnisse und die Komplexität der Anwendungen durch Maßstabverschiebungen und nicht gänzlich kontrollierbare Randbedingungen nur unzureichend modellierbar sind, das kognitive Risiko des Probehandelns auf den Normalbetrieb und die Nutzung der Technik ausgedehnt. Die Zurechnung des Risikos auf den Implementator von Technik und wissenschaftlichen Ergebnissen allein wird deshalb gesellschaftlich zunehmend thematisiert. Das Neutralitätsargument, nach dem die Wahrheitssuche der Wissenschaft kein ethikrelevantes Handeln darstellt und auch die wertfreie Erfindung von Technik einschließt, trifft insofern auf abnehmende gesellschaftliche Resonanz, als es nicht gelingt, die Trennung des Forschungshandelns von der Anwendung wissenschaftlicher Erkenntnis und technischer Produkte aufrechtzuerhalten.[164]

Ein anderer Bereich, der die Legitimität der Mittel betrifft, wird dadurch beschrieben, dass die Anwendung der Wissenschaft selbst noch zum Hilfsmittel der wissenschaftlichen Forschung wird: Wenn die Wissenschaft für die Prüfung ihrer Hypothesen das Labor verlassen muss, wird die Gesellschaft zum Labor.

---

163 Krohn/Krücken (1993) definieren diese als *„solche, die in einem gegebenen Kontext auftreten und zugleich den Kontext verändern. Sie beeinflussen die Möglichkeiten, die sie möglich machen."* (12) Im Gegensatz zu traditionellen Risiken seien die Kontextveränderungen aber so gravierend, dass dadurch eine neue Qualität erreicht werde. Als Beispiele werden die Klimakatastrophe und die Gentechnik genannt.

164 Siehe dazu ausführlich Bayertz (1990) und Ropohl (1996).

2.4.3 Politische Steuerung der Technikfolgen

Angesichts einer gestiegenen Verwissenschaftlichung und Technisierung sowie der Erfahrung mit wissenschaftlich-technischen Großprojekten kristallisierte sich nach dem 2. Weltkrieg die Notwendigkeit der Steuerung des wissenschaftlich-technischen Fortschritts heraus. Für die Politik entstand Handlungsdruck. Der gestiegene Informationsbedarf zur Selektion sinnvoller Ziele und die Notwendigkeit rationaler Ressourcensteuerung auf der einen Seite, die Minimierung der Katastrophenpotentiale und langfristig wirkender Umweltgefährdungen auf der anderen Seite führten insbesondere in den USA zur Entwicklung der Technikfolgenabschätzung.[165] Mit diesem Instrument war eine neue Bewertung des Fortschritts verknüpft, denn durch die herrschende Orientierung an ökonomischen Parametern konnten die sozialen und ökologischen Kosten nicht ausreichend erfasst werden. Das Auftreten unerwünschter Effekte aufgrund einer fehlenden umfassenden Analyse der Implementationsfolgen sollte durch einen sequentiellen Prozess der Technikbewertung umgangen werden. Die Wissenschaft hatte dazu, so die Vorstellung in den 1960er Jahren, Fakten zu erarbeiten, die als Entscheidungsgrundlage für die Politik dienen sollten.

Diese enge Interpretation der Technikfolgenabschätzung als Risikoanalyse und -prognose auf quantitativer Basis überführt Entscheidungen unter Unsicherheit in Entscheidungen unter Risiko.[166] Damit wird die Zurechnung von Risiken auf Entscheidungen möglich. Wenn Entscheidungen durch wissenschaftliche Instrumente angeleitet sind und im Extremfall objektivierte Ergebnisse in Form technisch-wissenschaftlicher Sachzwänge der Politik keine echte Entscheidung mehr ermöglichen, wird das prognostische Risiko zu einem Erkenntnisrisiko der Wissenschaft, das von der Gesellschaft zu tragen ist. Gleichzeitig liefert die Technikfolgenabschätzung die Parameter für die Evaluation von Entscheidungen über Technik. Damit wird eine experimentelle Struktur erzeugt: Die Aussagen der Technikfolgenabschätzung sind in (Forschungs-)Hypothesen überführbar, die, den Fall einer um-

---

165 Vgl. als Überblick Dierkes (1989) und Baron (1995).

166 Vgl. dazu Elster (1979), der die Möglichkeit der Quantifizierung zum Kriterium dieser Unterscheidung heranzieht. Als Ausgangspunkt einer quantifizierenden TA siehe Starr (1969), als Überblick über die gewandelten Kriterien und Vorgehensweisen Fischoff (1995).

fassenden Begleitforschung vorausgesetzt, Experimentierergebnisse aus der Praxis heraus generieren können.[167] Erkenntnislücken kann man so zwar ex post schließen, aus der ex ante Dimension heraus aber wird die Implementation zu einem riskanten, durch Forschungsrisiken charakterisierbaren Prozess.

Eine weitere Schwierigkeit der klassischen Technikfolgenabschätzung besteht darin, dass die Vorstellung objektiver Prognosemöglichkeiten nur begrenzt zutrifft. Insbesondere bei der Auswahl der Parameter sind Interessen zu beobachten, die der Nutzung der Technikfolgenabschätzung als objektivem Instrument Grenzen ziehen.[168]

2.4.4 Die Vergesellschaftung von Erkenntnisrisiken

Es sind zwei Sachverhalte, die den neuen Legitimationsbedarf der Wissenschaft erzeugen: Zum einen werden die negativen Folgen der wissenschaftlich-technischen Entwicklung gesellschaftlich problematisiert, zum anderen wird die wissenschaftlich-technische Forschung auf die Anwendung der Ergebnisse ausgedehnt bzw. werden bestimmte Experimente aus dem Labor in die Gesellschaft verlagert. Die Feststellung, dass die Wissenschaft nicht mehr nur mit dem Gewinn von Erkenntnis, sondern auch mit ihrer Anwendung befasst ist, hat weitreichende Folgen. Verbunden ist damit etwa die Frage, wie der Aufbau und die Durchführung eines Versuchs in der Gesellschaft legitimiert werden können. Erkenntnisgewinn kann sich hier nicht mehr allein an wissenschaftsinternen Interessen orientieren, sondern muss die Interessen anderer gesellschaftlicher Akteure einbeziehen bzw. wird durch diese beeinflusst. Dies ist die wesentliche Voraussetzung des Konzepts

---

167 Dies trifft natürlich nur bei Entscheidungen zugunsten einer Technikimplementation zu. Eine weitergefasste Interpretation der Leistungen der Technikfolgenabschätzung, nach der etwa alternative Pfade verglichen werden, kann aber auch in diesem Fall mit Hypothesen dienen.

168 Dies lässt sich etwa bei den Auseinandersetzungen um die Kernkraft feststellen: Wenn man den Treibhauseffekt aufgrund der Nutzung fossiler Brennstoffe zur Wärme- und Stromgewinnung in die Prognosen einbezieht, erhält die Diskussion um die Risiken der Kernkraft eine neue Qualität: Nicht mehr nur ökonomische Faktoren, sondern auch ökologische werden für die Befürworter nutzbar.

der „*Gesellschaft als Labor*". Krohn/Weyer (1989) sprechen hier davon, dass die Handlungsorientierungen des Implementators und des Experimentators nicht notwendigerweise in einem gesellschaftlichen Teilsystem verortet werden müssen. Empirische Arbeiten, die zeigen könnten, wie dieser „*partielle Interessenkonsens*" (Schimank 1992) erreicht wird, mit welchen Mitteln die Systeme Wissenschaft und Politik konkrete Vorhaben für ihre jeweils eigenen Systemrationalitäten fruchtbar machen, liegen erst in Ansätzen vor. Weyer (1991) zeigt anhand des Golfkrieges eine „*operative Kopplung systemischer Handlungsprogramme*", über die die beteiligten Systeme bei der Implementation voneinander profitieren. Die Kriegswissenschaft erhoffte sich nicht nur einen Ausbau bzw. die Weiterführung eigener Forschungsprogramme, sondern die Überprüfung von Hypothesen. Die Politik sah sich in einer Situation, eine Machtprobe nur dann gewinnen zu können, wenn sie neueste Technik anwandte und machte so das epistemische Risiko zu einem politischen. Problematisch wird hier, dass die wissenschaftstheoretische Fundierung für derartige Realexperimente nur rudimentär entwickelt ist und den oben erarbeiteten wissenschaftstheoretischen Normen zur Durchführung von Wissenschaft nur ansatzweise entspricht.

Nimmt man die Wissenschaftstheorie des kritischen Rationalismus als Maßstab, so kann mit einem derartigen Experiment kein Erkenntnisgewinn erreicht werden: Hypothesen werden nicht auf die Möglichkeit ihres Scheiterns hin entwickelt (Falsifikation), sondern auf ihre Bewährung (Verifikation). Es ist nicht die Suche nach Schwachstellen oder nach den Grenzen des Versuchsaufbaus, die das experimentelle Design bestimmt, sondern, da es um konkrete Projekte geht an denen die Interessen anderer Akteure gekoppelt sind, die erfolgreiche Handlung.

Diese Differenz, die auf das politische Risiko abzielt, war die Ursache für das Scheitern einer Bewegung der Sozialwissenschaften in den späten 1960er und den 1970er Jahren, die Reformen als Sozialexperimente durchführen wollte. Eckel (1978) hat so, ganz in der Tradition des kritischen Rationalismus, eine Reformierung der Politik gefordert, die über die Verwissenschaftlichung erreicht werden sollte. Politik sollte sich nicht durch „*Muddling through*" (Lindblom 1959, 1979) auszeichnen, sondern durch eine schrittweise über empirische Erkenntnis angeleitete Praxis auf der Grundlage sozialwissenschaftlicher Hypothesen.[169] Das Risiko der Politik mit dieser Form der Implementation wurde genauso wenig thematisiert, wie das Risiko der Gesellschaft.

Ernüchterung konnte an dieser Stelle nicht ausbleiben, wie die Erfahrungen mit den verschiedenen Sozialprogrammen zeigen. Die Ursache war hier, dass derartige Planungen auf festen Zielen beruhen, die Offenheit der Ziele und Anpassungen der Mittel, die angesichts der Steuerungsbedingungen moderner polyzentrischer Gesellschaft notwendig sind (Willke 1986), standen diesen Zwecken entgegen. Dies hat u.a. die Implementationsforschung gezeigt (Mayntz 1980). Implementationen sind dadurch gekennzeichnet, dass sie nur dann erfolgreich sein können, wenn Planung nicht als abgeschlossen angesehen und dem Vorgang der Implementation mehr als nur der Stellenwert einer bloßen Umsetzung zugemessen wird. Vielmehr muss die Implementation selbst zu einem Teil der Planung werden; Planung wird damit rekursiv.

Die Orientierung am wissenschaftlichen Erkenntnisgewinn ist in einer derartigen Situation dadurch erschwert, dass Änderungen im laufenden Versuch Anpassungen der Hypothesen nach sich ziehen und eine Überprüfung aufgrund der so steigenden Komplexität kaum mehr möglich ist. Wissenschaftliches Forschungshandeln in Realexperimenten wird deshalb zum technischen Handeln.

Anders stellt sich die Situation dar, wenn man das Ziel der Wissenschaft in der Herstellung technischer Funktionszusammenhänge sieht. Für eine derartige Umstellung sprechen neben den epistemischen Schlussfolgerungen aus den Arbeiten des Sozialkonstruktivismus weitere Faktoren. Zum einen ist dies der Befund eines Trends zu einer „*new production of knowledge*" (Gibbons et al. 1994) zum anderen die von verschiedenen Seiten aufgeworfene These eines „*Endes der Wissenschaft*" (Horgan 1997). Auffällig ist hier, dass aus ganz unterschiedlichen Beobachtungsperspektiven heraus die Schlussfolgerung getroffen wird, dass der direkte Anwendungsbezug für die Wissenschaft zunehmend in den Vordergrund tritt.

---

169 Allerdings kann man festhalten, dass Popper in seiner Forderung nach Falsifizierbarkeit sozialwissenschaftlicher Theorien nicht entschieden argumentiert. Vgl. Hedström/Swedberg/Udéhn (1998).

Ohne hier auf die normativen Konnotationen dieser Diskussion eingehen zu wollen,[170] lässt sich festhalten: Politische Entscheidungen über die finanzielle Ausstattung und die Funktion der Universitäten[171] haben die Bedeutung der akademischen Forschung zugunsten der Industrieforschung zurückgedrängt, das Monopol der Universitäten auf die Erzeugung anspruchsvollen wissenschaftlichen Wissens gehört der Vergangenheit an. Die Wissenschaft verliert aber auch das Monopol auf ihre Bewertungskriterien, die enge zeitliche Kopplung von Forschung und Anwendung macht den Einbau gesellschaftlicher Bewertungsmaßstäbe in Form eines *„Rückkopplungsmusters"* (Weingart 1997: 20) notwendig.

Das herkömmliche lineare Modell, nach dem das bei der Grundlagenforschung hergestellte Wissen für zukünftige Anwendungen, über die außerhalb der Wissenschaft entschieden wird, zur Verfügung steht, verliert damit zumindest tendenziell seine Gültigkeit. Wissenschaftliche Großprojekte der Grundlagenforschung, die vor dem Hintergrund des kalten Krieges und der politischen Blockbildung vor einigen Jahren noch prestigeträchtig finanziert wurden, werden - wie im Fall der negativen Entscheidung des amerikanischen Kongresses von 1993 für den Bau eines Teilchenbeschleunigers weitere Milliardenbeträge bereitzustellen - angehalten, der Finanzbedarf der Wissenschaft in diesen Bereichen wird gesellschaftlich zunehmend vor dem Hintergrund der Nützlichkeit thematisiert.

An diesem Beispiel lässt sich auch die Beobachtung sinkender Nutzenerträge festmachen, die den Ausgangspunkt für die These des Endes der Wissenschaft darstellt: *„The sense of crisis in the high-energy community has been amplified by the disparity between the time scales for constructing new accelerators and detectors and for creating novel theories."* (Schweber 1993: 38) Die Überlegung, dass bei Erreichen eines bestimmten Niveaus an Wissen über die Natur die Schließung von Wissenslücken in Form der Kuhnschen *„normal science"* einen langwierigen und zunehmend teureren Prozess darstellt, ist an sich nicht neu.[172] Neu ist aber, dass dieser Sachverhalt als ein Krisenphäno-

---

170 Eine kritische Auseinandersetzung mit der These der neuen Wissensproduktionen und ihrer normativen Implikationen bietet Weingart (1997).

171 Siehe dazu Krücken/Weingart (1998).

172 Entsprechende Hinweise finden sich etwa bereits bei Peirce (1876).

men innerhalb der Naturwissenschaften selbst diskutiert wird. So hat etwa der Biologe Stent seine Feststellung, seine Disziplin befände sich gegenwärtig in einer als *„Golden age"* bezeichneten beispiellosen Wachstumsphase mit der Vermutung abgeschlossen, *„the dizzy rate at which progress is now proceeding makes it seem very likely that progress must come to a stop soon"* (Stent 1969: 94). Zugrundegelegt wurde dabei, dass die Menge an erforschbaren biologischen Phänomenen einerseits beschränkt und andererseits die Entwicklung der Theorie im Wesentlichen abgeschlossen sei.[173] Eine sonderliche Resonanz fand diese Behauptung zum Zeitpunkt ihrer Publikation nicht, diese Situation änderte sich erst Mitte der 1990er Jahre als John Horgan, Redakteur bei der Zeitschrift Scientific American, mit einem Buch, das im Wesentlichen aus Interviews mit führenden Naturwissenschaftlern besteht, diese Idee wieder aufnahm (Horgan 1997).[174] Seine Grundannahme besteht in spezifischen Funktionen der Wissenschaft für die Gesellschaft: der Entdeckung fundamentaler Naturgesetze, der Entwicklung empirisch bestätigbarer Theorien und anwendungsfähigen Wissens. Die Ergebnisse der Wissenschaft sind seiner Auffassung nach nicht Entdeckungen, sondern soziale Produkte in dem Sinne, dass die Wissenschaftlergemeinde Konstruktionen herstellt, die sich funktional bewähren, Theorien müssen sich also einem empirischen Test unterziehen lassen. Diese erkenntnistheoretische Position ist offensichtlich realistisch etwa im Sinne Kitchers (1993).

Darüber hinaus nimmt er an, dass die vorhandenen Theorien der Naturwissenschaften in weiten Teilen bestätigt worden sind und dass ein revolutionärer Wandel nicht zu erwarten ist, als Beispiele führt er für die Biologie die Evolutionstheorie und die Entdeckung der DNA an, für die Physik nennt er die Quantenmechanik, in der Kosmologie hat seiner Meinung nach das Standardmodell einen entsprechenden Stellenwert. In Anspielung auf das von Vennegar Bush 1945 vorgestellte wissenschaftspolitische Programm folgert er, die *„Zeit der grenzenlosen Horizonte ist vorbei"* (Horgan 1997: 46). Neben dem Argument des sinkenden Grenznutzens führt er ein weiteres an, mit dem er insbeson-

---

173 Ähnlich argumentiert Glass (1979).

174 Horgan hat im Rahmen seiner Tätigkeit als Wissenschaftsjournalist eine Reihe von Kurzportraits von bedeutenden Wissenschaftlern verfasst, die er dazu auswertete. In einer Reihe mit Nobelpreisträgern finden sich hier neben Popper, Feyerabend und Kuhn insgesamt mehr als vierzig Wissenschaftler.

dere auf die Physik abzielt. Die neuen Theorien der Teilchenphysik entziehen sich seiner Meinung nicht nur wegen der notwendigen hohen finanziellen Aufwendungen eines Beweises, sondern auch aufgrund ihrer spekulativen Struktur, die der Physiknobelpreisträger Sheldon Lee Glashow wie folgt umreißt: *„Zum ersten Mal seit dem finsteren Mittelalter können wir absehen, daß unsere ehrbare Suche damit enden könnte, daß der Glaube wieder an die Stelle der Wissenschaft tritt."* (Zitiert nach Horgan 1997: 108)

Eine Wissenschaft, die nicht die empirische Bewährung, sondern die theoretische Spekulation sucht, nennt Horgan *„ironische Wissenschaft"*, sie kann *„nicht mit empirisch überprüfbaren Überraschungen aufwarten, die Wissenschaftler zu einschneidenden Korrekturen an ihrem Basismodell der Wirklichkeit zwingen würden."* (Horgan 1997: 19)

Festhalten lässt sich, dass für die Feststellung des „Endes der Wissenschaft" zwei Ebenen miteinander verknüpft werden: Zum einen die pragmatische der Ressourcenallokation, die auf dem induktiven Schluss abnehmender Erträge bei steigenden Kosten der Normalwissenschaft basiert, zum anderen die prognostische der Wissenschaftsentwicklung, die deduktiv verfährt, indem behauptet wird, die wesentlichen wissenschaftlichen Entdeckungen seien bereits gemacht worden.

Gegen das erste Argument lässt sich vorbringen, dass es gerade der Entwicklungsgrad einer Wissenschaft ist, der wenn auch nicht die in den 1970er Jahren erhofften Steuerungsmöglichkeiten der Wissenschaft eröffnet, so doch zumindest die Option zur Setzung gesellschaftlicher Präferenzen über die Mittelvergabe und Schwerpunktsetzungen erlaubt. Gegen das zweite Argument spricht vor allem, dass damit die wissenschaftshistorische Annahme einer linearen Entwicklung revitalisiert wird, die mit Kuhn und der relativistischen Wissenschaftsforschung überwunden werden sollte. Dabei geht es Horgan aber weniger darum, den besonderen Stellenwert gegenwärtigen Wissens gegenüber früheren Wissensbeständen herauszustellen, vielmehr wird auch diese Behauptung dem pragmatischen Zweck untergeordnet, der Wissenschaft gesellschaftlich relevante Anwendungen abzuverlangen.

Von einigen Kritikern ist auf den Widerspruch hingewiesen worden zwischen der Annahme, wissenschaftliche Theorien stellten soziale Konstruktionen dar und der Behauptung, das Ende der Wissenschaft sei angesichts der Wahrheit des vorhandenen Wissens erreicht worden.[175] Meiner Ansicht nach erklärt sich dieser Widerspruch daraus, dass die gleiche Annahme wie bei den Sozialkonstruktivisten zugrundegelegt wird, dass nämlich die technische Funktionsfähigkeit die wissenschaftliche Wahrheit ersetzen könne. Auch Horgan unternimmt keine Thematisierung der Technik; die klassische Legitimation des wissenschaftlichen Probehandelns über die Trennung in die Erzeugung von Wissen und seine Anwendung, wird ironischerweise perpetuiert, indem die technische Funktion als ein unproblematisch herstellbares Faktum angesehen wird. Dagegen sprechen allerdings nicht nur die gesellschaftlichen Risikodiskurse über Technik, sondern auch die besonderen Bedingungen bei der Einführung von Technik, die in der Regel die Form soziotechnischer Systeme annimmt.

2.5 Anschlüsse

Die Stellung der Wissenschaft in der modernen Gesellschaft lässt sich resümierend durch drei Faktoren charakterisieren: **Erstens** durch die Problematisierung des wissenschaftlich-technischen Fortschritts innerhalb der Gesellschaft und in Teilen der Wissenschaft selbst. **Zweitens** durch eine ubiquitäre Verwissenschaftlichung aller Lebensbereiche. Schließlich sind **drittens** weite Teile der wissenschaftlichen Erkenntnisproduktion auf Anwendung bezogen, deutlich ist ein radikaler Bruch mit jenen idealistischen Vorstellungen zu verzeichnen, die bei der Durchsetzung der Forschungsfreiheit eine zentrale Rolle gespielt haben, deutlich ist aber auch, dass die Anwendung wissenschaftlichen Wissens zu einem zentralen Faktor der ökonomischen und technischen Entwicklung geworden ist. Die ursprüngliche ideologisch-rhetorische Funktion der gesellschaftlichen Bedeutung der Wissenschaft ist demzufolge durch die gesellschaftliche Nachfrage nach Anwendungswissen abgelöst worden.

Was aber bedeutet eine solche Analyse für das Verhältnis von Gesellschaft und Wissenschaft? Zunächst einmal wird man festhalten können, dass wissenschaftliche Aussagen auf gewisse Vorbehalte treffen, insbesondere dann, wenn sie sich auf die gesellschaftliche Entwick-

---

175 Siehe dazu Casti (1996) und Goodstein (1996).

lung selbst beziehen. Nicht nur ist der Glaube an einen andauernden über die wissenschaftlich-technische Entwicklung garantierten sozialen Fortschritt zweifelhaft geworden, zur Disposition steht auch die Autorität der Wissenschaft bei der Lösung gesellschaftlicher Probleme. Das von den Postmodernen proklamierte „Ende der großen Erzählungen" (Lyotard 1982) ist wesentlich dadurch stimuliert worden, dass die umstandslose aufklärerische Gleichsetzung sozialer mit wissenschaftlich-technischer Rationalisierung offenkundig unhaltbar geworden ist. Und dies nicht nur, weil wissenschaftliche Wahrheiten für revidierbar gehalten werden oder der Einfluss außerwissenschaftlicher Faktoren auf die Erkenntnisproduktion offenkundig geworden ist, sondern vor allem deshalb, weil sich in Entscheidungssituationen meist mehr als eine Wahrheit finden lässt. *„Das Elend der Experten"* (Hartmann/Hartmann 1982) besteht offensichtlich nicht nur in ihrer Instrumentalisierbarkeit durch die Politik und spezifische Interessengruppen, sondern auch darin, dass gesellschaftliches Vertrauen in die Unabhängigkeit wissenschaftlicher Urteilsfähigkeit verloren gegangen ist. Zugespitzt könnte man formulieren, dass Meinungsvielfalt eingekehrt ist, die angesichts fehlender Referenzen einen ähnlichen Status wie die postmoderne kulturelle Vielfalt für sich beanspruchen kann.

Angesichts einer derartigen Beschreibung ist es ein paradoxes Phänomen, dass sich kaum mehr Bereiche finden lassen, in die die Wissenschaft nicht vorgedrungen ist. So kommen politische Entscheidungen kaum ohne eine wissenschaftliche Beratung zustande, selbst der gegenwärtig beobachtbare Rückzug der Politik aus einigen ihrer traditionellen Felder wird mit wissenschaftlichen Begründungen unterlegt. Ähnlich verhält es sich mit persönlichen Entscheidungen, Ratgeber für alle Lebenslagen werden auf der Basis wissenschaftlichen Wissens formuliert, die Skala reicht hier von Verhaltenstherapien bis hin zu Diätplänen aus Max-Planck-Instituten. Organisationsberatung und Systemanalyse stehen für die Wirtschaft zur Verfügung, diese Liste ließe sich etwa über die Medizin und die Pädagogik beliebig verlängern. Ohne die Konsultation von Experten, ohne den Rekurs auf wissenschaftlich erzeugtes Wissen scheint kaum eine Entscheidung möglich. Die verfügbaren Wissensbestände bieten Orientierungen an, die sie gleichzeitig auch wieder verweigern. Denn das Fehlen eindeutiger Lösungen scheint in fast allen Fällen ein gemeinsames Charakteristikum zu sein. So lassen sich fast immer unterschiedliche Vorschläge finden, die Notwendigkeit der Selektion verbleibt auf der Seite der jeweiligen Entscheider.

Für diese Uneindeutigkeit lassen sich wiederum verschiedene Faktoren verantwortlich machen, zentral für die hier unternommene Untersuchung erscheint mir dabei das wissenschaftstheoretische Argument, dass über die Anwendung von Wissen keine Theoriebeweise möglich sind. Theorien stehen als Bestandteil des wissenschaftlichen Wissens selbstverständlich auch unter dem Veränderungsvorbehalt, verweisen aber auf die Wissenschaft, die vor dem gesellschaftlichen Legitimationshintergrund autonom über sie entscheiden kann. Die Bewertung von Anwendungen lässt sich dagegen kaum monopolisieren, im Anschluss an die Laborforschung lässt sich vielmehr zeigen, dass hier auch andere gesellschaftliche Akteure einzubeziehen sind.

Entsprechend ist ein Spannungsverhältnis für den Fall zu diagnostizieren, dass die kognitiven Risiken der Forschung aus dem sozialen Raum Labor in die Gesellschaft verlagert werden, das sich daraus ergibt, dass zwei unterschiedliche Vorstellungen aneinander anzupassen sind. Dies ist zum einen die, die mit der Erkenntnisproduktion bzw. der Technologieproduktion zusammenhängt, zum anderen jene, die sich auf Fragen des Risikos bezieht. Die Erkenntnisproduktion lässt sich nicht mehr - wie in der Tradition des kritischen Rationalismus in den 1970er Jahren propagiert wurde - als vorrangiges Ziel politischer Implementationen auffassen, denen sich andere Aspekte entsprechend unterzuordnen haben. Dagegen scheint es notwendig zu sein, einerseits den mit dem Experimenters' regress zusammenhängenden Bewertungsproblemen und den Herstellungsbedingungen von Wissen, die sich aus den Laborforschungen ergeben, Rechnung zu tragen. Damit wird, wie ich gezeigt habe, Anschluss gefunden an die epistemischen Grundlagen technischer Produktion, ohne dass hier allerdings der Schritt aus dem Bereich der Wissenschaft in die Gesellschaft vollzogen worden wäre. Denn als Hintergrund fungiert hier noch immer das Legitimationsmodell der Wissenschaft, das sich durch die doppelte Barriere auszeichnet.

3 Experimente mit Abfall

Man kann in der Entstehung von Abfällen die klassische Nebenfolge der Modernisierung sehen, die sich in der Entwicklung von einer *„Aufbewahr- und Reparaturgesellschaft"* (Dirlmeier 1991: 21) zu einer Konsumgesellschaft der *„Waste makers"* (Packard 1960) zeigt. Abfälle sind durch diesen Prozess aus verschiedenen Gründen zu einem Problem geworden: **Erstens** durch das schlichte Mengenwachstum, das mit dem Zerbrechen traditioneller Verwertungsketten zusammenhängt. Urbanisierung und Arbeitsteilung führen zu Stoffkonzentrationen an Orten, an denen die Möglichkeiten zu einer Rückführung in die Stoffkreisläufe nicht gegeben bzw. nicht ausreichend entwickelt sind. Als Beispiele dafür sollen an dieser Stelle die Verweise auf die Probleme der Stadthygiene im 19. Jahrhundert und auf die landwirtschaftliche Gülleproduktion in Landstrichen mit Masttierintensivhaltung ausreichen. **Zweitens** hat die im 19. Jahrhundert einsetzende Chemisierung zu neuen Verbindungen geführt, die nur unzureichend über natürliche Prozesse abgebaut werden können bzw. die auch nach einer Verdünnung riskante Auswirkungen zeigen. Das bekannteste Beispiel dürfte das Dioxin darstellen, das erst durch moderne Produktionsverfahren und Technik entstanden ist.[176] **Drittens** ist die Erzeugung von Abfällen ein Resultat der mit dem Konsumverhalten verbundenen sozialen Distinktionsmöglichkeiten, die die Abfallentstehung weiter befördert haben, wie sich anhand der in den 1960er und 1970er Jahren diagnostizierten Mülllawine zeigen lässt. Fortschritt und die Entstehung von Abfällen stehen somit in einem engen Abhängigkeitsverhältnis.

Dieser Sachverhalt gilt so lange, wie die Gesellschaft fortfährt, ihre eigene Praxis des Umgangs mit Müll und Abfall an der Annahme ausreichender Selbstreinigungskräfte der natürlichen Umwelt auszurichten. Tatsächlich lässt sich für die Bundesrepublik festhalten, dass für einen Großteil von Abfällen, insbesondere im Hausmüllbereich, neue Wege beschritten worden sind, die auf eine Abkehr von der doppelten Strategie von Verdünnung (etwa durch hohe Schornsteine für Verbrennungsanlagen) und Konzentration (Deponien) hinweist. Dass die von der damaligen Umweltministerin Merkel im Jahr 1997 proklamierte *„Gesellschaft des Wiederverwertens"* dabei in erster Linie durch die Haushalte umgesetzt wird, erklärt sich dadurch, dass Möglichkeiten

---

176 Ein anderes ist das oben genannte DDT.

geschaffen wurden, das seit Jahren durch empirische Forschungen nachgewiesene Umweltbewusstsein auch in entsprechendes Umweltverhalten umzusetzen. Diese Möglichkeiten stellen Verkopplungen von technischen, organisatorischen und sozialen Aspekten dar, die ich zusammen mit Kollegen als *„Entsorgungsnetze"* bezeichnet habe.[177] Damit ist eine Lösung des gesellschaftlichen Abfallproblems gegeben, die sich von den lange Zeit diskutierten zwei Idealtypen durch die Integration heterogener Komponenten unterscheidet.

Diese zwei Idealtypen kann man mit Keller (1998) als *„strukturkonservativen"* bzw. *„kulturkritischen"* Ansatz der Abfallpolitik bezeichnen. Die strukturkonservative Lösung zeichnet sich vor allem durch die Nutzung von End-of-the-pipe-Technologien aus, während die kulturkritische die Entstehung von Abfällen durch einen Umbau der Gesellschaft erreichen will. Dieser zweite Ansatz interessiert mich in dieser Arbeit nur insofern, als seine Verfechter teilweise den Hintergrund zur Kritik technischer Lösungen abgeben. Ich stelle dagegen die Entwicklung der Technik, insbesondere der Deponietechnik in den Vordergrund, um den experimentellen Charakter der Technikentwicklung herausarbeiten zu können.

Beobachtet wird im Folgenden die parallele Entwicklung einer wissenschaftlichen Disziplin - der Abfallwissenschaft - und einer Technik - der Deponierung - als Reaktion auf eine gesellschaftliche Wahrnehmung der Folgen einer technischen Praxis. Das sich in den 1960er Jahren entwickelnde Umweltbewusstsein, welches sich u.a. in Widerständen gegen Abfallbeseitigungsanlagen manifestierte bzw. erst den normativen Hintergrund für einen erfolgreichen Protest abgab, stimulierte über politische Entscheidungen die Ausdifferenzierung neuen Wissens. Ein wesentliches Moment stellten dabei Störfälle dar: Diese galten nicht länger als punktuelle Manifestationen ungeplanter Nebenfolgen der gesellschaftlichen Praxis, Abfälle an für andere Zwecke unbrauchbaren Stellen zu verstecken, sondern wurden als erwartbare, regelmäßig auftretende Folgen wahrgenommen. Erfahrungen, die diesen Zusammenhang nahelegten, wurden durch Systematisierungen bestimmter Phänomene zur Gewissheit, d.h. über die Sekundärverwissenschaftlichung zur wissenschaftlich gesicherten Erkenntnis.

---

177 Zu den technischen und sozialen Dimensionen dieser Entsorgungsnetze siehe Herbold/Kämper/Krohn/Timmermeister/Vorwerk (1999).

Dies führte im Bereich der Deponieforschung zu einem Dilemma: Einerseits wurde durch neues Wissen die technische Lösung des gesellschaftlichen Problems der Abfallbeseitigung ständig verbessert, andererseits ermöglichten diese Erkenntnisse eine wissenschaftliche Analyse der Folgen der Technik. Es entstanden Kontroversen über die Bewertung von Technik und ihrer Folgen, die wesentlich mit den Ergebnissen der Forschung geführt wurden. Ich werde mich im Folgenden besonders auf den Prozess der Verwissenschaftlichung dieses Feldes konzentrieren und eine Entwicklung aufzeigen, die von der Problemgenerierung über die Entwicklung technischer Lösungen bis zur Suche nach geeigneten Theorien und Forschungspraktiken führte. Zentral ist dabei die Beobachtung, dass die Suche nach Erkenntnismitteln nur unbefriedend verlief und eine Verengung auf Wirklichkeitsausschnitte nur unzureichend gelang. Anders als in den entwickelten Disziplinen der Naturwissenschaft, die über Normierungen von Versuchsaufbauten, Untersuchungsgegenständen und baulichen Anordnungen verfügen,[178] blieben die Versuchsaufbauten der Abfallwissenschaft im Wesentlichen Unikate, die Untersuchungsmethoden kaum übertragbar und der Untersuchungsgegenstand, die Abfälle, kaum vergleichbar. Die Ursache dafür liegt, wie ich zeigen werde, in der Orientierung an den Bedürfnissen der technischen Praxis.

Ich argumentiere im weiteren im Rahmen des sozialkonstruktivistischen Schließungskonzepts.[179] Grundlegend ist dabei die Annahme, dass wissenschaftliche Auseinandersetzungen nicht nur mit wissenschaftsinternen, sondern auch mit externen Mitteln beendet werden können. Im Zentrum steht das Ziel, durch die Überwindung interpretativer Flexibilität sozial stabile Lösungen zu erlangen. Es gilt deshalb, einen Blick auf die relevanten Akteure und ihre spezifischen Interessen und Möglichkeiten zu werfen. Politik, Wissenschaft, Technik und der manifeste gesellschaftliche Widerstand spannen dabei die Arena auf.

Das folgende Kapitel ist in drei Teile gegliedert: Im **ersten Teil** werde ich die Entstehung des politischen Problems Abfall skizzieren und herausarbeiten, dass Lösungen genutzt wurden, die mit möglichst geringen Verhaltensanpassungen der Wirtschaft und anderer

---

178 Amann (1994) zitiert den Leiter eines gentechnischen Labors, der diesen Sachverhalt für seine Disziplin prägnant formuliert: *„Du kannst überall auf der Welt hingehen. Die molekularbiologischen Labore sehen alle gleich aus"* (36).
179 Als Überblick zum Closure-Konzept siehe Engelhardt/Caplan (1987).

Abfallerzeuger durchführbar waren. Ein Schritt zur Stabilisierung der Deponierung bestand in der Festlegung spezifischer Anforderungen, durch die Umweltfreundlichkeit gesichert werden sollte. Da nennenswertes Wissen über die Auswirkungen und Prozesse dieses Verfahrens noch nicht vorhanden war, bezeichne ich diesen Versuch als defensive Normung.

Im **zweiten Teil** werde ich die Entstehung der Abfallwissenschaft rekonstruieren und dabei besonders auf die Probleme der Forschung eingehen. Hier waren es vor allen Dingen Versuche, über die Festlegung von Untersuchungsmethoden und des Versuchsaufbaus zu einer Vereinheitlichung zu gelangen, die das lokal produzierte Wissen durch universellere Aussagen ersetzen sollten. Das Ziel war es, Deponien beherrschbar zu machen und nach einer bestimmten Phase der chemisch-physikalisch-biologischen Aktivität über einen inerten Deponiekörper zu verfügen und damit der gesellschaftlichen Risikowahrnehmung ihre Spitze zu nehmen.

Im **dritten Teil** werde ich das Scheitern einer solchen Strategie untersuchen. Eine Forschungsrichtung, die auf Erkenntnis setzte und die technischen Ziele aus den Augen verlor, sich also an eigenen Fragestellungen orientierte, wurde zugunsten eines neuerlichen Versuchs aufgegeben, eine dauerhafte Abfallbeseitigung mit Sicherheitsgarantien zu schaffen. Die Abfallwissenschaft bleibt damit eine anwendungsorientierte Wissenschaft, deren Ziel es ist, funktionsfähige Lösungen anzubieten. Auffällig ist an dieser Stelle, dass die favorisierte Lösung - die Verbrennung - ihre Sicherheits- und Funktionsversprechungen wesentlich rhetorisch erzeugte und im Mittelpunkt dieses Prozesses die Stabilisierung eines technischen Musters stand.

Noch eine Vorbemerkung: Bei der empirischen Untersuchung des Fallbeispiels zeigte sich sehr schnell, dass nur selten auf Texte der Reflexionswissenschaften zur Entwicklung der Abfalltechnik und -wissenschaft zurückgegriffen werden konnte. Ein wesentlicher Teil der Arbeit bestand deshalb in Quellenstudien. Genutzt wurden dabei für die Zeit vor 1970 Artikel aus Publikationen verschiedener technischer Disziplinen, Handbücher, ferner Gesetzeskommentare und verfügbare graue Literatur. Erst die sich anschließende Konsolidierungsphase der Abfallwissenschaft ermöglichte einen einfacheren Zugriff auf Literatur, allerdings noch immer unter dem Vorbehalt, dass kaum soziologische Arbeiten zum Thema vorhanden waren. Daraus erklärt sich eine Darstellung, die an manchen Stellen der Empirie weiten Raum lässt.

Zur Datenbasis gehört ebenso eine Reihe von Experteninterviews, die ich teilweise zusammen mit Kollegen in verschiedenen Forschungsprojekten mit Vertretern der Abfallwissenschaft und -wirtschaft, politisch Verantwortlichen und weiteren Personen geführt habe, die über langjährige praktische Erfahrungen im Bereich verfügen.

3.1 Die Abfallbeseitigung als politisches Problem

Abfälle als die Stoffe, für die kein weiteres Verwendungsinteresse besteht, stellten bis zum Einsetzen der Industrialisierung in der Regel kein gravierendes Problem dar.[180] In den ländlichen Siedlungsräumen fielen Abfälle gar nicht erst an; praktisch alle Endprodukte wurden genutzt und stellten nach der heutigen Semantik wiederum Sekundärrohstoffe für weitere Produktionsketten dar. In der Stadtgeschichtsforschung wird dagegen auf typische Umweltprobleme verwiesen, so auf die mit der Fäkalienentsorgung mittelalterlicher Städte verbundenen Geruchsbelästigungen und Seuchen (vgl. Dirlmeier 1986). Im Wesentlichen aber sind Abfälle auch hier durch ein System der Wiedernutzung vermieden worden: Fäkalien dienten der städtischen Kleingartenwirtschaft als Dünger, Urin wurde u.a. in der Lederbearbeitung genutzt, anfallende Textilrückstände (Lumpen) der Papierherstellung zugeführt, Grünabfälle verwerteten die auch in den Städten frei herumlaufenden Schweine, Ruinen boten Material für den Hausbau. Nicht unerwähnt bleiben darf, dass scharfe Einschnitte durch militärische Unternehmungen (Entwaldungen), Verödung durch politische Missachtung der regenerierenden Zykluswirtschaft, Missernten und Naturkatastrophen immer wieder zu regionalen ökologischen Problemen mit teilweise irreparablen Schädigungen führten. Aber das Gesamtbild war das einer Wirtschaftsweise, die über lange Zeiträume hinweg in der Lage war, ihre ökologischen Grundlagen durch eingespielte Nutzungsregeln des Abfalls aufrechtzuerhalten.

---

180 Der Abfallbegriff erhält seine heutige Bedeutung entsprechend erst gegen Mitte des 19. Jahrhunderts, wie Kuchenbuch (1988) zeigt.

Erst die Industrialisierung, die grob betrachtet mit dem 19. Jahrhundert einsetzte, gefährdete dieses Gleichgewicht strukturell und langfristig. Dafür sind einige miteinander verkettete Bedingungen verantwortlich: Die Erschließung neuer Transportmöglichkeiten durch die Eisenbahn und die Dampfschifffahrt ermöglichte eine immer weitergehende Trennung von landwirtschaftlichen Produktionsstätten und Märkten. Damit wurden für die Landwirtschaft ökologische Grundsätze durch kapitalistische Allokationsentscheidungen ersetzt. Die Landwirtschaft konzentrierte sich nicht nur auf die Märkte der stark wachsenden urbanen Zentren der Industrialisierung, sondern wurde auch einer der wichtigsten Rohstofflieferanten der Frühindustrialisierung (Fasern, Öle, Schmierstoffe, Zucker). Das Verhältnis von Landwirtschaft zu Viehwirtschaft wurde durch den Import von Viehfutter und Düngemittel gestört, langfristige Bodennutzung wich kurzfristigen Gewinnerwartungen, Monokulturen vergrößerten die Gefahren durch Schädlinge. Insgesamt wurden alle Stoffnutzungsketten fragil und verloren die Eigenschaft der ökologischen Schließung.

Hinzu kommt der durch die Industrialisierung in Gang gesetzte dynamisierte Produktionszyklus, der den *„Wohlstand der Nationen"* (Smith 1776) an der Effizienz und der Erhöhung der Güterproduktion orientierte. Im Windschatten dieser Umstrukturierung musste zwangsläufig die Asymmetrisierung zwischen der Allokation von Produktionsfaktoren und Entsorgung von Abfall zunehmen. In dem Umfang, wie die industrielle Produktion stieg, brachen die Stoffstromkreisläufe auseinander.[181] Viele dieser Folgen wurden lange Zeit nicht als vorrangige Probleme der politischen Regulierung wahrgenommen. Eine Ausnahme bildete in den urbanen Zentren seit Mitte des 19. Jahrhunderts das Problem der Beseitigung menschlicher Fäkalien. Die Cholera-Epidemie von 1854 in London kann als die Initialzündung zur Einführung der Schwemmkanalisation bezeichnet werden. Bis zum Ende des 19. Jahrhunderts hatte sich das Ableiten der städtischen Abwässer allgemein durchgesetzt.

Zwar wurde damit das zentrale Gesundheitsproblem gelöst, aber im Wesentlichen mithilfe einer Problemverlagerung aus der Stadt in das Umland, die zudem das Abfallproblem verschärfte, weil für die Landwirtschaft die Abwässer schwerer nutzbar waren als der Inhalt der

---

181 Als Überblick dazu siehe Andersen (1994).

Abortgruben, die zudem zunehmend mit industriellen Abfallprodukten versetzt waren. Dieses Muster der Problemverlagerung anstatt Problemlösung wird für beinahe 100 Jahre Industrieentwicklung politisch bestimmend bleiben.[182] Gegen Ende des Jahrhunderts entstanden weitere Entsorgungsprobleme durch den Zuwachs an Küchenabfällen, die bis dahin in die Abortgruben gelangt waren und durch Aschen aus Holz- und Kohleheizung. Erste Fraktionen an Industriemüll wurden nun zu einem Problem, die Umstellung von Holz auf Kohle als Heizmaterial verschärfte die Situation weiter.

Die Städte erklärten wegen dieser Entsorgungsengpässe die Abfallbeseitigung zur kommunalen Aufgabe und suchten nach Lösungen, die Abfälle möglichst schnell und preiswert zu beseitigen. Die Deponierung an den Rändern der Stadt wurde zum meistgenutzten Verfahren.[183] Ähnlich wie bei der Abwasserfrage wurde Ende des 19. Jahrhunderts vor allem in den Großstädten einer groß-technischen Lösung der Vorzug gegeben, bei der endgültig die alten ökologischen Grundsätze verworfen wurden, indem auf Müllsortierung und die notwendige Zwischenlagerung verzichtet wurde. Neben der Deponierung wurde gelegentlich auch die Verbrennung eingeführt, die durchaus als eine fortschrittliche Lösung galt, auch wenn sie sich mit dem mythologischen *„Glauben an die reinigende Kraft des Feuers"* (Radkau 1986: 219) verband.

Die Industrialisierungsdynamik erfasste um die Jahrhundertwende immer weitere Produktionsbereiche. Maschinenbau, Elektrotechnik, Stahl- und Kohleverbund, künstliche Farben und Kunstdünger veränderten Siedlungsstrukturen, Transport- und Kommunikationssysteme, Konsumgewohnheiten und Berufsfelder. Die Umweltprobleme wurden im Wesentlichen durch Verlagerungsmöglichkeiten gelöst: Die Schornsteine wurden höher, die Abwässer in spezielle Kanäle geführt und außerhalb der Kommunen in die Flüsse geleitet, Abfälle aus der Stadt transportiert und dort abgelagert. Im Bereich der Abfallbeseitigung hatte diese Strategie vor allem zur Folge, dass erstens die Abfall-

---

182 Zu der Strategie der hohen Schornsteine und der Nutzung von End-of-the-pipe-Lösungen von der Industrialisierung bis in die 1970er Jahre siehe anhand der Luft- und Wasserverschmutzung Andersen (1994).

183 Einen Überblick zur Geschichte der Städtereinigung gibt Hösel (1987), zur Geschichte der Müllverbrennung siehe Radkau (1986) und Lindemann (1992).

wirtschaft zu einem durchorganisierten System der Städtereinigung wurde, zweitens den Zusammenbruch bestehender Verwertungsstrukturen, dass drittens das Abfallproblem zum Problem knapper (Deponie-) Flächen wurde, und viertens die Abfallbeseitigungsmethoden aufgrund der zunehmenden Chemisierung der Produkte nur Zwischenlösungen darstellten, mit der die Grundlagen für die heutige Altlastenproblematik gelegt wurden.

Die Geschichtswissenschaft hat in den letzten Jahren die Umwelt als einen neuen Forschungsbereich für sich entdeckt und eine Reihe von Arbeiten über die städtische Wasserversorgung und -entsorgung sowie zur gesellschaftlichen Raumnutzung vorgelegt.[184] Es fehlen aber noch immer übergreifende Arbeiten zur Geschichte des Abfalls.[185] Vorhanden sind zu diesem Themenbereich v.a. historische Beiträge von Praktikern der Städtereinigung, in denen von historischen Risikokonstellationen ausgegangen wird, die sich von den heutigen gravierend unterscheiden:[186] Danach ist die im Altertum von einigen Städten mit z.T. hohem technischen Aufwand betriebene Entsorgung fester und flüssiger Abfälle auf das Ergebnis gesundheitlicher Risikoentscheidungen zurückzuführen,[187] während die Zustände in mittelalterlichen Städten - angeführt werden hier knöchelhoch auf den Straßen liegende menschliche und tierische Ausscheidungen, unbrauchbar gewordene Gegenstände und Reste von Tierschlachtungen - in erster Linie als ein Unfallrisiko wahrgenommen werden. Belegt werden erste Versuche der kontrollierten Ableitung von Abwässern und Entsorgung fester Abfälle ab 1600.

---

184 Siehe v.a. Simson (1983), Hermann (1986), Brüggemeier/Rommelspacher (1987), IUGR (1993), Behrens/Paucke (1994) und Abelshauser (1994).

185 Als Anfänge dieser Forschung sind hier Melosi (1972), Dirlmeier (1991, 1986) Kuchenbuch (1988) und Lindemann (1992) zu nennen.

186 Diese Arbeiten stammen zum Großteil von Erhard und sind in den 1950er und 1960er Jahren verfasst worden. Siehe aber auch Wienbeck (1976) und Hösel (1987).

187 „*Bereits in der vorgeschichtlichen Zeit waren sich die Menschen bewußt, daß sie aus hygienischen und ästhetischen Gründen eine gewissenhafte und vorbildliche Abfallbeseitigung durchführen müssen, um von schlechten Gerüchen und Krankheiten verschont zu bleiben.*" (Klotter 1972: 73)

3.1.1 Entsorgung und Regulation

Den wichtigsten Entwicklungsschub erhielt die Abfallentsorgung nach diesen Arbeiten erst Mitte des 19. Jahrhunderts durch die Entdeckung des Zusammenhangs mangelnder Städtehygiene mit den immer wieder auftretenden Choleraepidemien. Die Ergebnisse der ersten wissenschaftlichen Untersuchungen in England, widersprachen der damals gültigen Miasmenlehre,[188] nach der die von Abfällen und Ausscheidungen ausgehenden Gerüche zu Erkrankungen führten. Diese epidemiologischen Studien wurden erst durch die Bakteriologie theoretisch fundiert: Die Forschungen Robert Kochs bilden nach Meinung der Abfallwirtschaft den Ausgangspunkt der Entwicklung der Abwasser- und Abfallbeseitigung.

Mit der Übersetzung der Ansteckungsgefahr in ein Risiko ergab sich die Möglichkeit politischer Entscheidung auf der Basis wissenschaftlicher Erkenntnis. Diese politischen Entscheidungen bezogen sich auf die Sicherung der Entsorgung durch Abfallsatzungen, in denen im Wesentlichen die Gebühren geregelt wurden und der Anschluss und die Benutzung städtischer Entsorgungseinrichtungen bei öffentlichem Interesse verfügt wurde.

Zusammenfassend lässt sich festhalten, dass bis nach dem 2. Weltkrieg die Abfallentsorgung der Haushalte als seuchenhygienische kommunale Aufgabe aufgefasst wurde, bei der die Mechanisierung der Sammlung und des Transports der Abfälle aus den Städten im Vordergrund stand. Dieser Stand der Risikowahrnehmung und der technischen Lösung dokumentiert sich etwa in dem folgenden Zitat eines Abfallingenieurs: *„In sämtlichen Kulturstaaten beschäftigt man sich schon seit vielen Jahren mit den Problemen einer möglichst hygienischen, wirtschaftlichen und technisch vollkommenen Beseitigung der festen städtischen Abfallstoffe, also des Mülls und des Straßenkehrichts, da eine einwandfreie und laufende Aussonderung diese in den Städten und Gemeinden zwangsläufig anfallenden Rückstände im Interesse der Volksgesundheit und der allgemeinen Hygiene unabdingbar notwendig*

---

188 Vgl. Beller (1949) und Popp (1970).

ist...So sind auch in Deutschland Müllabfuhr- und Straßenreinigungsverfahren entwickelt worden, die den verschiedenen Erfordernissen Rechnung tragen und Lösungen darstellen, die als unbedingt brauchbar zu bezeichnen sind" (Baumann 1961: 486).

Die historische Beschreibung der Vertreter der Abfallwirtschaft zeichnet sich dadurch aus, dass die Maßstäbe der Bewertung nicht aus den jeweiligen historischen Konstellationen heraus gewonnen wurden, sondern als Abweichung von den Abfallbeseitigungsbedingungen der 1950er und 1960er Jahre. Abfälle werden weitgehend mit Haushaltsabfällen gleichgesetzt und die Differenz zur Vergangenheit als Technik der Externalisierung und lokalen Begrenzung beschrieben und bewertet. Damit wird die geschichtliche Darstellung zur Affirmation: Der Status quo wird zum Endpunkt einer Entwicklung und zu einem Ergebnis, an dem sich politische und gesellschaftliche Eingriffe messen lassen müssen.

Zu Beginn der 1950er Jahre lagen noch keine systematischen Untersuchungen über die Folgen der Abfallbeseitigung vor. Ablagerungen wurden von den kommunalen Verwaltungen auf anderweitig unbrauchbaren Flächen vorgenommen. Diese Situation änderte sich mit der Gesetzesinitiative auf Bundesebene zur Reinhaltung der Gewässer. Bereits vor dem 1. Weltkrieg hatte es Versuche zur Vereinheitlichung der Wassernutzungsrechte gegeben, der Bedarf nach einer solchen Regelung war durch die Einrichtung der Bundesländer nach dem 2. Weltkrieg noch gestiegen.[189] Problematisch geworden war, dass durch die zunehmend verschmutzten Oberflächengewässer die gestiegene Nachfrage der Industrie und der Haushalte nach Wasser nur noch unzureichend gestillt werden konnte. Der Versuch, auf die Nutzung des Grundwassers überzugehen, machte dann das Ausmaß der Verschmutzung auch dieser Wasserquelle deutlich.

Die Gewässer wurden bis zu diesem Zeitpunkt für die Abwasserentsorgung als ein öffentliches Gut betrachtet, zu dessen Schutz - wie sich jetzt zeigte - kommunale Regelungen kaum ausreichen konnten: *„Durch die zunehmende Verschmutzung der Oberflächengewässer und durch die Erkenntnis der Bedeutung des Grundwassers ging die Wasserversorgung...in zunehmendem Umfang auf die Entnahme aus*

---

189 Zum Stillstand bei der Lösung der Wasserverschmutzung und zur Kontinuität der Praxis vom 19. Jahrhundert bis zu Beginn der 1950er Jahre siehe Hüttenberger (1992).

dem Grundwasser über. Hier aber fehlt in den geltenden Wassergesetzen der Länder die gesetzliche Grundlage für einen echten Ausgleich der Nutzungsinteressen...Der Gesetzgeber muß baldigst Abhilfe schaffen, wenn nicht ein wesentliches Fundament der öffentlichen Wasserversorgung ernstlich in Gefahr geraten soll." (Kohl 1953: 520)

Eine bundeseinheitliche Regelung der Wassernutzung wurde vor allem durch die bis dahin nur unzureichend eingespielte Zuständigkeitsverteilung zwischen dem Bund und den Ländern erschwert, ein Umstand, der sich in dem langen Zeitraum von der ersten Gesetzesinitiative im Jahre 1949 bis zum Inkrafttreten des Gesetzes 1960 dokumentiert. Mit dem Wasserhaushaltsgesetz des Bundes war - über die politische Dimension des Föderalismus hinaus - das politische Risiko des Implementationsdefizites verknüpft. Da deutlich war, dass die Maßnahmen zur Reinhaltung des Oberflächen- und Grundwassers erhebliche finanzielle Aufwendungen der Verschmutzer notwendig machten, griff die Bundesregierung hier zur Information als politischem Mittel, deren Wirkung ein Beteiligter wie folgt zusammenfasst: *„Die Fachorganisationen der Wasserwirtschaft, insbesondere die Vereinigung Deutscher Gewässerschutz in Frankfurt, haben, gefördert von den zuständigen Bundes- und Landesministerien, eine sehr wirksame Propaganda gegen Mißstände durchgeführt. Die beiden in den Vordergrund gerückten Hauptprobleme - drohender Mangel an verwendbarem Wasser, untragbare Verschmutzung zahlreicher Gewässer und die möglichen Abhilfemaßnahmen - sind der breiten Masse des Volkes nähergebracht worden."* (Wüsthoff 1955: 1777)

Damit bekamen die Interessenverbände der Wasserwirtschaft eine zentrale Funktion, die zum einen in der öffentlichen Darstellung der Lage der Wasserversorgung und der damit verknüpften Risiken lag: *„Viele bekannte Fachleute haben die Forderung, nun auch das Problem der festen Siedlungsabfälle aufzuwerfen, damals für übertrieben gehalten. Es galt also auch die Einsicht zu wecken, daß die übliche Ablagerung der Abfälle eine Gefahr für Wasser und Boden darstellt und daß zu der notwendigen Abwasserreinigung nun noch die gefahrlose Beseitigung der festen Siedlungsabfälle hinzukommen müsse."* (Arbeitsgemeinschaft für kommunale Abfallwirtschaft 1962: 3) Zum anderen wirkten sie an der Formulierung von Richtlinien und Vorschlägen zur Wasserreinhaltung mit: „*Die Vorarbeiten der Verbände bildeten eine wesentliche Grundlage für die Arbeiten der Bundesregierung.*" (Kolb 1958: 14)

Bis zu diesem Zeitpunkt wurden die Auswirkungen der Deponierung auf die Wasserqualität als Unfälle angesehen und nicht als eine regelmäßig mit der Ablagerung verbundene Folge.[190] Wesentlich war dabei, dass bis zur Wahrnehmung eines Wasserverschmutzungsrisikos, die Referenz zur Bewertung der technischen Praxis fehlte. Der „*Notstand in der Wasserwirtschaft*" (Sauer/Lais/Quirl 1958: 11) stellte den Ausgangspunkt einer Initiative dar, in deren Verlauf nicht nur die Quellen der Wasserverschmutzung öffentlich gemacht wurden, sondern auch der politische Handlungsbedarf.

In der ersten wissenschaftlichen Langzeituntersuchung der Folgen der Abfallablagerung wurden beide Aspekte miteinander verknüpft; in seiner Arbeit wies Rößler die chemische Veränderung in einer Reihe von Grundwasserbrunnen im Zeitraum von 1928-1941 in Abhängigkeit von Ablagerungen und dem Verlauf des Grundwasserstromes nach und machte dafür das fehlende Risikobewusstsein der Abfallentsorger verantwortlich und forderte die Änderung der Praxis: „*Es ist in Fachkreisen heute allgemein bekannt, daß Müll- und Schuttablagerungen das Grundwasser - je nach den Bodenverhältnissen - nachteilig beeinflussen können. Dennoch wird, sowohl von seiten der Behörden als auch von seiten der Unternehmer, dieser Erkenntnis nicht die erforderliche Bedeutung beigemessen...Die nachfolgenden Ausführungen bezwecken, alle Stellen, die sich mit diesen Fragen befassen, mit aller Deutlichkeit darauf aufmerksam zu machen, in welch hohem Maße Müll- und Schuttablagerungen das Grundwasser nachteilig beeinflussen können.*" (Rößler 1951: 43f.)

Festhalten lässt sich hier, dass die Abfallbeseitigung durch die Wahrnehmung des Wasserverschmutzungsrisikos und den Versuch einer staatlichen Regelung zu einem politischen Problem wurde, da ein Konflikt um Nutzungsansprüche der natürlichen Umwelt entstand; die Städtehygiene konnte noch mit kommunalen Regelungen zur Abfallsammlung und der Technik der räumlichen Verlagerung und Ablagerung auf städtebaulich wie landwirtschaftlich nutzlosen Flächen gesi-

---

190 Wüsthoff (1955: 1777) nennt als Beispiele hier Typhusepidemien in Altötting, Hagen und Olpe und ferner Fälle massenhaften Fischsterbens in Flüssen und Seen.

chert werden, das Problem der Wasserverschmutzung verlangte nach anderen Lösungen. Die Entscheidung zur staatlichen Regulierung der Abfallbeseitigung ging maßgeblich auf die Initiative der Wasserwirtschaft zurück, die zu diesem Zeitpunkt bereits über eine organisierte Interessenvertretung verfügte. Den überregionalen Verbänden der Wasserwirtschaft gelang es, eigene wissenschaftliche Ergebnisse und beobachtete Unfälle zu Evidenzen zu machen, der die kaum organisierte kommunale Abfallwirtschaft politisch und wissenschaftlich wenig entgegenzusetzen hatte.

Das Ergebnis dieser Risikokommunikation stellte die Einführung eines Besorgnisgrundsatzes in das Wasserhaushaltsgesetz dar. Mit diesem unbestimmten Rechtsbegriff wurde die Entwicklung der Abfallwissenschaft maßgeblich stimuliert: Da der erste Nachweis der Schädlichkeit durch die Wasserwirtschaft geleistet worden war,[191] wurde es aus der Sicht der Abfallentsorger notwendig, diese Untersuchungsergebnisse zu relativieren. Vor diesem Hintergrund können auch die oben genannten Arbeiten aus diesem Kreis zur Geschichte der Städtereinigung als ein Versuch bewertet werden, die Chancen und Risiken der Abfallentsorgung mit den überwundenen hygienischen Risiken in Beziehung zu setzen.

Für die Politik stellte der gesetzliche Schutz des Wassers nicht nur wegen der anfallenden Kosten ein Risiko dar, sondern auch wegen der großen Anzahl an Verschmutzern, durch die ein Vollzugsdefizit vorprogrammiert war. Die Informationspolitik, die der Wasserwirtschaft überlassen wurde, diente der Minimierung dieses Risikos, die Formulierung eines unbestimmten Rechtsbegriffs der Implementationsfähigkeit und der Erzeugung neuen Wissens. Da bis zu diesem Zeitpunkt nur wenig Wissen über Abfallablagerungen vorhanden war und kaum technische Optimierungen dieses Verfahrens unternommen worden waren, stellten die getroffenen politischen Entscheidungen - als Nachfrage nach neuen technischen Verfahren und wissenschaftlichen Ergebnissen - die Weichen zur Entwicklung der Abfallwissenschaft.

---

191 *„Die Beobachtungen gehen im Gegenteil dahin, daß man den von Wasserfachkräften vorgebrachten Warnungen nicht genügend Beachtung und auch meist keinen Glauben schenkt."* (Rößler 1951: 43)

3.1.2 Die Kompostierung: Erste technische Schließung

Die Ablagerung von Abfällen war lange Zeit das wichtigste Verfahren der Abfallbeseitigung, das allein deswegen angewandt wurde, weil es nur einen geringen finanziellen und organisatorischen Aufwand erforderte. Andere Verfahren wurden kaum genutzt, wie Abbildung 2 zeigt. Die Wahrnehmung der Abfallbeseitigung als ein Risiko seit Beginn der 1950er Jahre hatte allerdings nicht zu einer systematischen Weiterentwicklung technischer Verfahren geführt; die Ausnahme bildet hier die bereits im letzten Jahrhundert von der Wasserwirtschaft entwickelte Kompostierung. Dieses Versäumnis fasst einer ihrer Vertreter wie folgt zusammen: *„Was aber kann getan werden, wo eine Ablagerung des Mülls sich verbietet? Vor diese Frage sind heute schon viele Städte gestellt. Die Angelegenheit ist bereits so drängend geworden, daß man eigentlich nicht erst heute, sondern bereits gestern sich damit ernsthaft hätte beschäftigen müssen."* (Duhme 1960: 205) Es waren deshalb auch Vertreter dieses Bereiches, die dieses Verfahren auf die Abfallbeseitigung übertrugen und technische Versuche durchführten.

Abb. 2: Angewandte Beseitigungsverfahren deutscher Städte mit mehr als 20.000 Einwohnern 1954-1961

Jahr / Verfahren	Ablagerung	Kompostierung	Verbrennung
1954	238	9	1
1957	265	5	1
1961	275	2	7

Quelle: Müllstatistiken des „Deutschen Städtetages"

Der Vergleich der Abbildungen 2 und 3 zeigt deutlich den Unterschied zwischen der Abfallbeseitigungspraxis und der geführten Diskussion über die Beseitigungsmethoden. Die Verbrennung von Abfällen war zu diesem Zeitpunkt offensichtlich nicht das Verfahren der Wahl. Mit der -

zunehmend diskutierten, aber abnehmend genutzten - Kompostierung wurden verschiedene Ziele verknüpft: Zum einen wurde - mit Blick auf die Verbesserung von Böden - von einer Nutzung von Abfällen in einem wie man heute formulieren würde, ökologischen Kreislauf gesprochen. Insbesondere die Erfahrungen der Wasserwirtschaft mit der Verrieselung von Abwässern auf Feldern, die bis zum Aufkommen der künstlichen Düngemittel[192] eine wichtige Rolle gespielt hatte und die Abfallverwertungserfahrungen in den Kriegszeiten spielten hier eine wichtige Rolle und führten zu Versuchen, den erzeugten Kompost als Dünger an die Landwirtschaft zu verkaufen.

Abb. 3: Artikel zu den Abfallbeseitigungsverfahren in der Zeitschrift „Der Städtetag" 1954-1961

Jahr \ Verfahren	Ablagerung	Kompostierung	Verbrennung
1954	2	1	
1957		3	1
1961		4	2

Quelle: eig. Auszählung

Zum anderen wurden Abfälle durch die Kompostierung soweit vorbehandelt, dass von ihnen nur noch geringe hygienische Gefahren ausgingen und ihr Volumen für eine Ablagerung stark reduziert war. Es bestand also die Möglichkeit, auf die Abfallablagerung fast völlig zu verzichten bzw. eine in den Augen der Wasserwirtschaft risikolose Beseitigung zu erreichen.

Die „Arbeitsgemeinschaft kommunale Abfallwirtschaft" (AkA) spielte in diesem Zusammenhang eine besondere Rolle. Gegründet wurde sie 1952, vertreten waren darin der „Deutsche Städtetag", die „Abwassertechnische Vereinigung", der „Verband Kommunaler Fuhrparks- und Städtereinigungsbetriebe", der „Deutsche Verein der

---

192 Vgl. dazu Naumann (1933).

Gas- und Wasserfachmänner" und die Bundesministerien für „Wirtschaft" und für „Ernährung, Landwirtschaft und Forsten".[193] Ihr Aufgabenbereich wurde als Koordinierung von Forschung im Abfallbereich und der Bereitstellung von Expertisen definiert: *„Anfangs formulierte man so, daß die AkA in loser Form die Forschungsarbeiten über die Verwendung und Beseitigung von städtischen Abfallstoffen (Müll, Klärschlamm u. dgl.) zusammenfassen und sich auch dem Studium der hygienischen und technischen Vorkehrungen widmen wird, mit denen die Verwertung oder Beseitigung städtischer Abfallstoffe gefördert werden kann; auch die Frage des Absatzes von Mischkompost aus Müll und Klärschlamm sowie von anderen Abfallstoffen der Stadthygiene wird Gegenstand der Untersuchungen der AkA sein'."* (Apfelstedt 1960: 657) Bereits kurz nach ihrer Gründung definierte die Arbeitsgemeinschaft ihren Aufgabenbereich um: Sie verstand sich nun als eine Einrichtung, die Forschungen zur Kompostierung von Hausmüll und Klärschlämmen durchführte und die dazu benötigten Forschungsgelder einwarb, wie ihr 1956 formuliertes Forschungsprogramm belegt.[194] 1960 legte sie den Stand der Technik im Kompostbereich in einer Publikation fest.

Einen wichtigen Einfluss auf die Rahmenbedingungen der Abfallbeseitigung nahm die Arbeitsgemeinschaft durch die Mitwirkung ihrer Mitglieder an den Vorarbeiten zum Wasserhaushaltsgesetz; im Rahmen der mit der Gesetzesinitiative verknüpften Öffentlichkeitsarbeit wies sie 1954 auf ihrer ersten öffentlichen Veranstaltung eindringlich auf die Wasserverunreinigung durch Müllkippen hin. Müller (1973) referiert die Ausführungen so: *„Weit schwieriger sei es allerdings um die Beseitigung fester Abfallstoffe bestellt. Die meisten Städte und Gemeinden müßten Müll in verlassenen Kies- und Ziegelgruben und auf Halden ablagern. Hygienische Gefahren seien nicht auszuschließen, und die Fälle, in denen Grundwasser durch derartige ‚Müllkippen' verseucht worden sei, hätten in den letzten Jahren in einem bedenklichen Maße zugenommen. Für die Trinkwasserversorgung seien diese Erscheinungen sehr bedenklich."* (44) Auf der Mülltagung des Verbandes von 1957 mit dem Titel „Schutz des Trinkwassers vor

---

193 Vgl. Elsaesser (1954) und Müller (1973).

194 Diese Arbeiten kristallisierten sich um zwei Kompostwerke, die als Großversuchsanlagen konzipiert waren. Das Werk Baden-Baden wurde von Straub, dem Geschäftsführer der Arbeitsgemeinschaft, geplant und geleitet.

der Gefahr der Verunreinigung durch Siedlungsabfälle" wurde die Ablagerungspraxis kritisiert und die Möglichkeit der Abfallbeseitigung durch die Kompostierung in den Vordergrund gestellt.

Wegen ihrer Schwerpunktsetzung auf die Kompostierung und ihrer Kritik an der als unhygienisch und verschwenderisch bezeichneten Deponierung, hatte die Arbeitsgemeinschaft kein Interesse daran, bei der Formulierung des Wasserhaushaltsgesetzes sicherzustellen, dass die überwiegend angewandte Entsorgungstechnik der 1950er und 1960er Jahre von staatlichen Regulationen ausgenommen blieb. Vielmehr war das Gegenteil der Fall: Je schwieriger die Entsorgungssituation wurde, desto stärker wurde die Kompostierung als Ausweg propagiert. Die Beteiligung der Wasserwirtschaft an der Formulierung des WHG führte dazu, dass hohe gesetzliche Anforderungen an Ablagerungen gestellt wurden, die die Anlage und den Betrieb von Deponien wesentlich erschwerten. Die politische Wirkung erklärt sich aus dem Umstand, dass die Abfallwirtschaft nicht identisch mit der Arbeitsgemeinschaft war und aufgrund ihres eigenen geringen Organisationsgrades über keinen nennenswerten politischen Einfluss verfügte.

Die Selbstbeschränkung auf die Methode der Kompostierung führte zu einem öffentlichen Dissens mit dem Städtetag, dessen Hauptreferent sich auf der Tagung der Arbeitsgemeinschaft 1960 deutlich von deren Politik distanzierte: *„Sie [die Städte] wünschen nicht, daß ihnen die AkA fachliches Propagandamaterial für den Absatz ihres Mülls, ihres Kompostes oder der ‚Endprodukte' ihrer Müllverbrennung erarbeitet."* (Apfelstedt 1960: 657)

Vielmehr forderte er, sie möge sich mehr mit der Verbrennungstechnik und Fragen der Deponierung befassen. Kritisiert wurde weiterhin, dass der Stand der Abfallwissenschaft durch sie nicht allgemein vorangetrieben worden sei. In diesem Zusammenhang wurden das Fehlen einer Methodik der Abfallanalyse sowie der Erforschung von Zerfallszeiten bestimmter Müllsorten und von Stoffinteraktionen genannt.[195] In der Folge verlor die Arbeitsgemeinschaft kommunale Abfallwirtschaft - einhergehend mit der Kompostierung - an Bedeutung

---

195 *„Bisher fand ich im Schrifttum noch keine Übersicht, wie und nach welcher Zeit die verschiedenen...Stoffe...verrotten, verbrennen oder sonst zerfallen und welche Verbindungen sie etwa untereinander eingehen...manche treiben mit anderen Stoffen bedenkliche chemische Spielereien oder entwickeln sich sogar zu Giftstoffen."* (Apfelstedt 1960: 659)

und ging 1967 mit Industrieverbänden in der „Arbeitsgemeinschaft für Abfallbeseitigung" auf,[196] für die die Kompostierung ein eher randständiges Thema war.

Abfälle sind also erst als Folge politischer Entscheidungen zu einem politischen Problem geworden. Die von der technisch-wissenschaftlichen Gemeinschaft der Wasserwirtschaft hergestellte Beziehung zwischen Ablagerungen und der Qualität des Grundwassers führte zur regulativen Politik und damit zur Einschränkung der Abfallwirtschaft. Der eingeführte unbestimmte Rechtsbegriff in das Wasserrecht und das Genehmigungsverfahren machten die Konsolidierung dieser Community notwendig, die bis zu diesem Zeitpunkt über keine nennenswerten Wissensbestände über das Verhalten ihrer Artefakte verfügte, nun aber deren Unschädlichkeit nachweisen musste. Die Reaktion auf dieses Dilemma ist die Verwissenschaftlichung der Abfallentsorgung.

Ein anderer Faktor für diesen „Demand-pull" stellt die Entwicklung der Abfallmenge dar, die sich nach Schätzungen in den 1950er Jahren verdoppelte und in ihrer Zusammensetzung änderte. Die Lösung dieses Problems wurde in technischen Verfahren gesucht, die in erster Linie nach ihren Kosten bewertet wurden. Charakteristisch für die frühen 1960er Jahre ist es, dass nennenswerte gesellschaftliche Diskurse über die Risiken der Abfallentsorgung nicht stattfanden. Diese Situation fassen Grassmuck/Unverzagt (1991) zusammen: *„Die Strecken, die die Ausscheidungen zurücklegen müssen, werden wie bei den Fäkalien aus den Städten immer größer. Sie sind Vorboten eines Problems, noch nicht selbst ein Problem. Der Abfall ist eine ärgerliche Last, der man sich mit Achtlosigkeit entledigt...Das Problem dahinter erkennen erst einige miesmacherische Mahner, die von Müllawinen reden, ohne daß sie jemand ernst nimmt. Noch feiert der Müll seine fröhlichen Triumphe."* (13f.) Gerade der politische Versuch, ein gesellschaftliches Bewusstsein für die Notwendigkeit des Gewässerschutzes mithilfe der Wasserversorger und ihrer Verbände erzeugen zu wollen, zeigt, dass ein höherer Aufwand für die Entsorgung erst legitimiert werden musste. Auf der gesellschaftlichen Bewertungsskala wurden Abfälle nicht erfasst.

---

196 Eine Darstellung der Aufgaben und Aktivitäten der Arbeitsgemeinschaft für Abfallbeseitigung findet sich bei Straub (1969).

Nur vereinzelt sind die Folgen der Konsum- und Produktionsgewohnheiten vor dem Hintergrund der Entsorgung thematisiert worden. Packard (1960) hat die Folgen der Verschwendung der amerikanischen Wegwerfgesellschaft kritisiert: Durch kurz bemessene Nutzungszyklen von Gütern garantiert die Industrie die Nachfrage nach ihren Produkten; Wegwerfen gilt als Ausdruck von Wohlstand und wird durch wechselnde Moden in vielen Lebensbereichen stimuliert. Das Wirtschaftswunder der Nachkriegsgesellschaft hat auch in der BRD die Nachfrage nach Gütern steigen lassen und eine Wegwerfmentalität nach sich gezogen, die Packards plakativer Beschreibung der modernen Konsumgesellschaft entspricht, ohne durch ein Bewusstsein der Beseitigungsrisiken ergänzt zu werden.[197]

In einem derartigen Klima hatte die Kompostierung von Abfällen keine Chance.[198] Anstelle der Beseitigung hatte sie die Verwertung von Abfällen zum Ziel, was zu Spannungen führte *„zwischen den reinen Müllbeseitigern und den erklärten Kompostbereitern. Dahinter stehen die Beschränkung auf die städtehygienische Aufgabe auf der einen Seite und die oft sehr kämpferisch vertretenen bodenbiologischen Forderungen auf der anderen Seite."* (Glockner 1967: 694) Dazu bedurfte es allerdings bestimmter, nicht durchsetzbarer Voraussetzungen: Die notwendige Trennung in Müllfraktionen schon in den Haushalten erschien als undurchführbar, der Absatz des Kompostes als landwirtschaftliches Düngemittel unwirtschaftlich, mit dem Verfahren verbundene Geruchsbelästigungen galten als nicht völlig vermeidbar (Knoll 1967: 695). Verfahrenstechnisch war die Kompostierung zu diesem Zeitpunkt durchführbar, die dazu notwendigen Verhaltensanpassungen wurden aber zum Argument ihrer Undurchführbarkeit.

Die Bewertung dieser Technik hing also nicht allein von ihren technischen Eigenschaften ab, sondern von kontextspezifischen Anforderungen ihrer Funktion. Die wechselseitige Anpassung von Technik und Organisation einerseits und der gesellschaftlichen Abfall- und Verwertungspraxis andererseits wurde als undurchführbar angesehen und führte zu einem technischen Closure. Trotz des Einflusses ihrer

---

197 Zur Entwicklung der westdeutschen Konsumgesellschaft siehe v.a. Wildt (1994) und Andersen (1997).

198 *„Man muß ernstlich fragen, woher es kommt, daß...in der Bundesrepublik nur ganze neun Müllkompostierungsanlagen...entstanden sind."* (Glockner 1967: 694)

Vertreter, der sich u.a. in der Thematisierungsmacht zeigt, gelang es den Komposttechnikern nicht, ihre Technik durchzusetzen.

3.1.3 Defensive Normung

Durch das Wasserhaushaltsgesetz veränderte sich die Lage der Abfallbeseitigung: Der in der Bundesrepublik erste Versuch eines medienspezifischen Umweltschutzes brachte allein durch die steigende Menge an Klärschlämmen ein quantitativ neues Abfallproblem mit sich. Qualitativ wirkte sich vor allen Dingen die Bestimmung unschädlicher Ablagerung und der Besorgnisgrundsatz aus, durch den die Genehmigung von Ablagerungen durch die Wasserwirtschaftsämter von wissenschaftlichen Experten abhängig gemacht wurde.[199] Im Gesetz wurde die Ablagerung von Abfällen dann gestattet, wenn *„eine schädliche Verunreinigung des Grundwassers oder eine sonstige Veränderung seiner Eigenschaften nicht zu besorgen ist."* (WHG § 34 (2))[200] Bei einer engen Auslegung dieses Paragraphen wäre die Deponierung von Abfällen ausgeschlossen gewesen: Der Kenntnisstand über die Grundwasserverunreinigungen durch Deponien, obwohl er noch recht unvollkommen war, reichte um 1960 aus, um diese Ansicht zu untermauern.

Gleichwohl konnten sich die Vertreter dieser Gesetzes- und Faktenauffassung nicht durchsetzen: Jung (1988) fasst dies so zusammen: *„Die Wasserwirtschaft hat ihre Anforderungen zum Schutz des Grundwassers...zwar massiv formuliert, aber letztlich nicht durchgesetzt. Die Entsorgung wurde möglichst unauffällig, geräuschlos und billig durchgeführt."* (106) Vielmehr bildete sich eine Praxis heraus, nach der die Gefährdung mit einer gewissen Wahrscheinlichkeit versehen sein musste. Sie basierte auf der Annahme, dass die von Deponien ausgehenden Beeinträchtigungen einer Verunreinigung entsprachen,

---

199 Vgl. die Ausführungen zum formalisierten Genehmigungsverfahren in der Darstellung zum Entwurf des WHG in BT-Drucksache II/2072: 35. Zur Rechtsprechung und der Rolle von Experten siehe Sieder/Zeitler (1977: § 26 WHG, 17a: 13).

200 Als weitere gesetzliche Regelung kam das 1961 erlassene Bundesseuchengesetz hinzu, das eine Überwachung von Abfallbeseitigungsanlagen durch die Gesundheitsämter ermöglichte und vorschrieb, dass die Beseitigung so vorzunehmen war, *„daß Gefahren für die menschliche Gesundheit durch Krankheitserreger nicht entstehen."* (§ 12 BSeuchG)

über deren Genehmigung die Wasserbehörden zu entscheiden hatten. Dazu sahen die Landeswassergesetze kein förmliches Bewilligungsverfahren vor. Vielmehr kam es auf der Grundlage von § 6 WHG, wonach die Versagung einer Bewilligung an die „*Beeinträchtigung des Wohls der Allgemeinheit*" geknüpft war, zu einer Güterabwägung von Wasserschutz und Abfallentsorgung, die den Wasserbehörden enge Grenzen setzte: „*Die subjektive Auffassung der Wasserbehörde genügt nicht, wenn sie sich nicht mit dem nach verständigem Ermessen zu erwartenden objektiven Geschehensablauf deckt.*" (Burghartz 1974: 218) Die Folge dieses offensichtlich breiten Interpretationsspielraumes war, dass sich an der vorherrschenden Praxis wenig änderte.

Zu Beginn der 1960er Jahre wurde die Abfallbeseitigung weitgehend mit Müllkippen durchgeführt, die bei geringem technischen und planerischen Aufwand kostengünstiger als die Kompostierung und die Verbrennung betrieben werden konnten. Diese Kippen wurden zumeist als Geländeausgleichsmaßnahmen von natürlichen Bodensenken und künstlichen Gruben angelegt; Umwelt- und Anliegerschutz wurden dabei kaum beachtet. Daraus resultierte auch ihr schlechtes Image in der Bevölkerung, das zu ersten Versuchen führte, neue Anlagen mit juristischen Mitteln zu verhindern bzw. bestehende zu schließen. Ein Verzicht auf die Ablagerung wurde allerdings allgemein als unmöglich angesehen. Gleichzeitig wurde das Ansteigen der Müllmengen wahrgenommen. Seit den frühen 1960er Jahren sahen sich die Gemeinden stark wachsenden Abfallmengen gegenüber, für die der Ausdruck „Mülllawine" geprägt wurde. Ihre Entstehung wurde mit dem gehobenen Einkommens- und Konsumniveau als Folge des Wirtschaftswachstums sowie in neuen Verpackungs-, Konsum- und Heizgewohnheiten, einhergehend mit dem verstärkten Einsatz von Kunststoffen für Verpackungen und Gebrauchsartikel erklärt: „*Der Zuwachs an Müllgewicht ist ein Zeichen besserer Lebenshaltung und besserer Ausstattung der Verbrauchsgüter.*" (Straub 1962: 16)

Angesichts dieser Situation wurden um 1960 erstmals systematische Versuche zur Erhebung der Entsorgungssituation in der

BRD unternommen.[201] Die Statistik des Deutschen Städtetages auf der Basis einer Umfrage von 1959 machte so auf den drohenden Deponienotstand aufmerksam. Es schien absehbar, dass der Deponieraum nur noch für wenige Jahre ausreichen würde. Dies führte zur Suche nach einer neuen Technik der Abfallbeseitigung. Deutlich wurde dabei, dass nicht länger zu den gewohnt niedrigen Kosten entsorgt werden konnte. Es waren aber weder die Kompostierung noch die Müllverbrennung, die vor diesem Hintergrund wieder interessant wurden, vielmehr entwickelte die Abfallwirtschaft das kostengünstigere Verfahren der geordneten Ablagerung. Dabei wurde der Müll nicht wie bisher üblich, einfach über eine Schüttkante gekippt, sondern durch lagenweise Verfestigung und Abdeckung eingebaut. So sollte ein möglichst homogener Deponiekörper entstehen, der nach Abschluss der Verfüllung anderweitig genutzt werden sollte. Die Abfallwirtschaft formulierte hier die Hypothese, dass durch Verfestigungs- und Homogenisierungsmaßnahmen der unschädliche biologische Abbau organischer Abfälle gewährleistet und das Einsickern von Oberflächenwasser in den Deponiekörper weitgehend unmöglich sei. Ohne die Richtigkeit dieser Annahme belegen zu können, brachte dies den Entsorgern einen Zeitgewinn. Problematisch blieb allerdings, dass die in ihrem Ergebnis nicht prognostizierbaren Einzelfallentscheidungen der Wasserwirtschaftsämter über die Bewilligung einer Gewässernutzung eine Verunsicherung darstellten. Die sich nun bildende Abfallwissenschaft formulierte hier einen Stand der Technik, um die Planungssicherheit zu erhöhen.

Formuliert wurde dieser in Merkblättern, deren Beachtung den Entsorgern empfohlen, der aber nicht verbindlich gemacht werden konnte, da dafür keine rechtliche Grundlage vorhanden war. Veröffentlicht wurden in den Jahren 1963-65 insbesondere Merkblätter zur Vereinheitlichung der Untersuchung von Abfällen. Im Wesentlichen ging es dabei darum, Planungen in Abhängigkeit von Menge und Zusammensetzung des Abfalls zu ermöglichen und fehlerhafte Annahmen über die Eigenschaften des Mülls zu vermeiden. Außerdem konnten damit Daten

---

201 Die Erhebungen des Deutschen Städtetages für das Statistische Jahrbuch deutscher Gemeinden reichen zwar bis vor den 2. Weltkrieg zurück und wurden kontinuierlich bis 1969 fortgeschrieben, hatten allerdings den Nachteil, dass durch die Beschränkung auf Gemeinden über 20.000 Einwohner die Zahlen verfälscht wurden. Überdies ist die dort benutzte Messmethode nach Volumen problematisch.

gewonnen werden, die bei Anschaffungen für den städtischen Maschinenpark - Abfallfahrzeuge, Planierraupen, Verkleinerungmaschinen - von Bedeutung waren. Zudem konnten durch die normierte Analytik des Abfalls erstmalig vor einer Verarbeitung bzw. Ablagerung Abschätzungen des Deponieverhaltens durchgeführt werden. Untersucht wurde hier u.a. das Vorhandensein wasserverändernder Stoffe, die eine Versalzung und Verhärtung herbeiführen konnten; Schwermetalle, Dioxine und andere Gifte, die heute im Mittelpunkt des Interesses stehen, blieben allerdings unberücksichtigt.

Diese Merkblätter wurden im 1964 begründeten Müll-Handbuch abgedruckt, das das Ziel hatte, Praktikern den jeweiligen Stand der Technik in Form einer Loseblattsammlung aktualisiert zur Verfügung zu stellen.[202] Das Merkblatt M 7 „Geordnete und kontrollierte Ablagerung fester Siedlungsabfälle" schrieb 1965 die geordnete Deponie als Stand der Technik der Abfallablagerung fest. Die Abfallentsorger wurden durch diese Merkblätter in die Situation versetzt, den Genehmigungsbehörden einen in der Abfallwirtschaft allgemein als ausreichend bezeichneten Stand der Technik vorweisen zu können und damit das Genehmigungsverfahren kalkulierbar zu machen.[203] Die Herausgeber der Merkblätter sahen in dieser Technik einen wesentlichen Schritt weg von den Fehlern bisheriger Ablagerungspraxis. Gewässerverunreinigungen, seuchenhygienische Probleme sowie die negativen Landschaftsveränderungen galten mit dieser Technik als behoben. Die Vorbehalte der Bevölkerung wurden als überzogen und kaum sachgerecht angesehen: *„Bei der Einhaltung dieser Richtlinien sind keinerlei Gefährdungen mehr zu befürchten, und die vielerlei Bedenken gegen bestimmte Ablagerungsplätze können zerstreut werden."* (Klotter 1965: 366)

Die Festlegung eines Stands der Technik hatte reflexive Wirkung: Einerseits wurde Planungssicherheit erzeugt, andererseits konnten die Wasserämter auf das definierte Minimum weitere Forderungen

---

[202] Das Müll-Handbuch gilt bis heute als Standardwerk der Abfallwirtschaft; das Autorenverzeichnis umfasst Vertreter der verschiedenen Behörden, des Umweltbundesamtes (UBA), Technischer Hochschulen und Universitäten, wobei die Orientierung an den Bedürfnissen der Praxis im Vordergrund steht.

[203] Vgl. Laube (1969), der die Praxis der Wasserämter belegt, Genehmigungen von der Einhaltung der Anforderungen der Merkblätter abhängig zu machen.

aufsatteln. Standards für die Ablagerung waren nun vorhanden, die Entscheidungen der Wasserbehörden blieben aber weiterhin nicht sicher abschätzbar. Da die Abfallwirtschaft nur über kaum nennenswerte Wissensbestände verfügte, konnte sie den Gutachten aus der Wasserwirtschaft, die in empirischen Arbeiten die Korrelation von Ablagerungen und Grundwasserverschmutzungen nachgewiesen hatte, ihrerseits kaum ähnlich fundierte Expertisen gegenüberstellen. Es bestand politischer Handlungsbedarf: *„Der für die Abfallbeseitigung Verantwortliche...fand...praktisch keine Vorschriften, die ihm eindeutig sagten, wie Abfälle tatsächlich schadlos zu beseitigen sind."* (Hösel/Lersner 1972, Ziffer 1020: 4)

Bereits 1962 - zwei Jahre nach Inkrafttreten des Wasserhaushaltsgesetzes - wurde die Bundesregierung durch den Bundestag beauftragt, eine Prüfung der Frage vorzunehmen, wie die aktuellen Probleme der Abfallbehandlung und -beseitigung den Bedürfnissen der Praxis entsprechend gelöst werden konnten. Prägnant fassen dies Grassmuck/Unverzagt (1991) zusammen: *„In jedem Fall ist Handlungsbedarf für die Legislative gegeben. Die hat erstmal eine Expertenkommission einberufen. Nur, um dabei festzustellen, daß es noch keine Experten für Müll gab. Wissenschaftler aus Chemie, Medizin, Biologie etc. stellen fest, daß Müll zu einem Problemfeld geworden ist, das keiner von ihnen hinreichend erfassen kann. Wissenschaftliches Neuland."* (31) Angeregt wurde vom Bundestag die Gründung eines unabhängigen Instituts, das Expertisen und fachliche Grundsätze auf dem Stand der Wissenschaft und Technik erstellen sowie öffentliche Forschungs- und Entwicklungsarbeiten koordinieren sollte.[204] Die Bundesregierung legte 1963 einen 1. Bericht zum Problem der Beseitigung der Abfallstoffe vor, in dem die bereits oben genannten Rahmenbedingungen festgehalten wurden und auf der Grundlage der ersten umfassenden Erhebung der Abfallsituation in Städten und Gemeinden mit mehr als 10.000 Einwohnern, die der Deutsche Städtetag im Auftrag der Bundesregierung durchgeführt hatte, die benutzten Beseitigungsverfahren, Deponiekapazitäten und bekanntgewordene Umwelteinflüsse durch Ablagerungen erhoben wurden.

In ihrem Bericht regte die Bundesregierung die Gründung eines Forschungsinstitutes und einer „Länderarbeitsgemeinschaft Ab-

---

204 Vgl. BT-Drucksache (IV/587).

fall" (LAGA) an. Die Abfallbeseitigung wurde damit zu einer staatlichen Aufgabe erklärt.[205] 1965 wurde von Bund und Ländern die „Zentralstelle für Abfallwirtschaft e.V." (ZfA) gegründet, die dem Bundesgesundheitsamt (BGA) angegliedert wurde. Das Ziel dieser Einrichtung sollte die wissenschaftliche Klärung von Fragen der Abfallbeseitigung sein. Als Aufgaben wurden genannt: Ausarbeitung von Grundsätzen und Richtlinien und deren Veröffentlichung in Form von Merkblättern, die Koordinierung, Auswahl und Vergabe von Forschungsaufträgen, die Erstellung einer umfassenden Dokumentation relevanter Fragen im Abfallbereich und die Erstellung von Abfallstatistiken.

Anhand der Gründung der Zentralstelle lässt sich die Problemlage im Abfallbereich gut nachvollziehen: Offensichtlich galt es, Lösungen zu finden, die über einen breiten Konsens aller Beteiligten verfügten. Die für Genehmigungsverfahren nach dem Wasserrecht entwickelte fallweise Güterabwägung sollte durch die einvernehmliche Formulierung eines Stands der Technik ersetzt werden, um die Lage der Abfallentsorger zu verbessern. Gleichzeitig sollte der Gefährdung durch Ablagerungen durch die Entwicklung einer wissenschaftlichen Analytik Rechnung getragen werden. Die Sammlung von Erfahrungen und ihre wissenschaftliche Aufbereitung stellten die Voraussetzung für eine wesentliche Dienstleistung dar, die bisher nicht abgefragt werden konnte; die Entsorger konnten, wenn sie den Richtlinien der ZfA entsprechend bauten, nicht nur wasserrechtlichen Haftungsansprüchen entgehen, sondern hatten auch ein Hilfsmittel an der Hand, die Genehmigungschancen von Anlagen zu verbessern.

Mit Hilfe der ZfA wurde die Verwissenschaftlichung im Abfallbereich zum ersten Mal institutionell betrieben, ihre Vorläufer[206] hatten sich im Wesentlichen auf die Kompostierung konzentriert und die Lage der Abfallwirtschaft so kaum verbessern können. Aber auch das Institut konnte - schon allein wegen der schlechten Personalausstattung - diese Aufgaben nicht bewältigen; was blieb, war die tech-

---

205 *„Übereinstimmend wurde festgestellt, daß ein dringendes Bedürfnis nach unabhängiger Beurteilung der Zweckmäßigkeit der verschiedenen Möglichkeiten und Verfahren nach allgemeingültigen, fachlichen Grundsätzen entsprechend dem jeweiligen Stand von Wissenschaft und Technik und unter Einbeziehung wirtschaftlicher Gesichtspunkte und nach einer Abstimmung der Forschungs- und Entwicklungsarbeiten besteht."* (BT-Drucksache IV/945: 3f.)

206 Hier besonders die Gießener Arbeitsgemeinschaft und das Stuttgarter Institut für Siedlungswasserwirtschaft.

nische Normung durch Merkblätter und die Propagierung der geordneten Deponie, die als ein kaum mehr problematisches Verfahren angesehen wurde: *„Bei der geordneten Ablagerung werden durch entsprechende bauliche und betriebliche Maßnahmen Beeinträchtigungen von Wasservorkommen sowie Nachteile für die Umwelt auf das örtlich vertretbare Maß beschränkt.*" (Merkblatt 1: 1570) Zur Vereinfachung der Planung wurde ein umfassender Katalog relevanter Unterlagen und Untersuchungen erstellt. Vorgeschlagen wurde die Nutzung meteorologischer, geologischer, hydrologischer und wasserwirtschaftlicher Karten zur Planung; die Standortwahl wurde damit mit einem gewissen Aufwand an Expertise belastet. Die Deponieknappheit wurde in diesem Merkblatt überdies durch den Einbau besonderer Technik zu beheben versucht: *„ [Das Ziel war es für] geeignete Flächen die notwendigen Maßnahmen für eine geordnete Ablagerung von Abfällen, von Reststoffen und von mehr oder weniger vorbehandelten Abfällen festzulegen. Dabei sind auch diejenigen Flächen zu berücksichtigen, bei denen die zu erwartenden behördlichen Auflagen nicht mit geringem technischem Aufwand erfüllt werden können"* (Merkblatt 2: 1575).

Die in den ZfA-Merkblättern vorgeschlagene Lösung des Abfallproblems bedeutete ein zeitweiliges Ende der Dominanz der technisch aufwendigen Verfahren der Abfallverwertung in der wissenschaftlich-technischen Diskussion. Die Kompostierung und Verbrennung galten als unschädliche Abfallverwertungsmöglichkeiten. Für einzelne Gemeinden und kleinere Städte wurden die notwendigen Investitionen für diese Anlagen als zu hoch angesehen, auch in größeren Kommunen war die Wirtschaftlichkeit problematisch.[207]

Die geordnete Ablagerung blieb das Hauptverfahren der Abfallbeseitigung. Auch in den 1970er Jahren setzte man die gängige Praxis fort, da sie ein gewisses Maß an Sicherheit der Deponien versprach. Interessant war an dieser Stelle das neue Selbstbewusstsein der Vertreter der Ablagerungstechnik, die diese Technik für unverzichtbar erklärten und die Verbrennung und Kompostierung nur noch als Verfahren zur Volumenreduzierung ansahen, so etwa Klotter (1965): *„Müllverbrennung und Müllkompostierung sind keine Verfahren zur Abfallbeseitigung, sie dienen lediglich nur der Volumenreduzierung."*

---

207 Vgl. Laube (1969), der das finanzielle Problem anhand der Abfallplanung der Stadt Regensburg ab 1964 darstellt.

(366) Und Langer (1965): *"Das Problem der Lagerung des Mülls und der Abfälle wird also immer akut bleiben, zumal es irreal wäre zu glauben, daß es nur eine Frage der Zeit sein wird, bis der größte Teil der Abfälle entweder verbrannt oder kompostiert werden wird."* (41) Diese Festschreibung der Bedeutung der Ablagerung und des Stands der Abfallbeseitigung zeigte sich auch bei der Initiative des Städtetages von 1965 eine Übersicht der Verfahren der Abfallbeseitigung für die Kommunen zu erstellen. Die geordnete Ablagerung wurde hier an erster Stelle genannt und ausreichend Gelegenheit zur Propagierung der Deponierung geboten: *"Nicht zuletzt deswegen hat sich die geordnete Deponie in den vergangenen Jahren zu einem ernst zu nehmenden Verfahren entwickelt, das die Nachteile der unkontrollierten Müllabladeplätze vermeidet."* (Mahlke/Horstmann/Kaupert 1965: 573)

Die Renaissance der Ablagerung dokumentierte sich ferner bei der Gründung der Zeitschrift „Müll und Abfall" im Jahr 1969, der Fachzeitschrift für die „Behandlung und Beseitigung von Abfällen". Im ersten Jahrgang fand sich eine Reihe von Artikeln zur Absicherung der geordneten Ablagerung. Der erste Artikel in „Müll und Abfall" bezog sich auf die Kritik an der Deponierung. Klotter/Hantge (1969) hielten Einwände auf Grund neuer Arbeiten für nicht länger haltbar.[208] Zwar gestanden sie Fehler der Vergangenheit ein, relativierten diese aber mit dem Hinweis auf die Gesamtzahl an Deponien und damit, dass die Grundwasserverunreinigung durch andere Einleiter (Landwirtschaft, Kanalisation, Friedhöfe) weitaus bedeutender seien. Die Autoren plädierten deshalb dafür, von der einseitigen Beurteilung der Ablagerung abzugehen und diese als die bedeutsamste Technik der Abfallbeseitigung nicht länger durch enge gesetzliche Rahmenbedingungen zu erschweren. Damit wurde Interessenpolitik betrieben: Die Abfallentsorger versuchten über die technische Festlegung Legitimität zu erzielen. Ein Aspekt war dabei die Wirtschaftlichkeit durch geringe Kosten, ein anderer der Abbau der Risikowahrnehmungen Betroffener. Die Argumentation ist deshalb aufschlussreich, weil sie der Kritik mit dem Hinweis, es fehlten noch umfassende wissenschaftliche Untersuchungen begegnen, ohne allerdings diese Aussage symmetrisch auf die von ihnen gemachten Sicherheitsversprechungen selbst anzuwenden: Der Vor-

---

208 Genannt wurden Pierau (1967), Nöhring u.a. (1968) und Klotter/Hantge (1969).

wurf, im Wesentlichen auf unbewiesene Hypothesen zurückzugreifen, trifft auch auf die eigenen Aussagen zu.

Die Arbeit von Klotter/Hantge blieb nicht ohne Widerspruch. Fürmaier/Lohr (1969) kritisierten an der gleichen Stelle: Zwar gehe die Verschmutzung des Grundwassers auf verschiedene Einleiter zurück, die Schlussfolgerung aber, dass sich Deponien als relativ harmlos erwiesen, wurde mit dem Hinweis auf die mögliche, singulär hohe Gefährdung durch Deponien abgelehnt: *„Eine einzige...an ungünstiger hydrogeologischer Stelle (z.B. Wasserversorgungs-Schutzgebiet einer Großstadt) eine weitaus größere und nachhaltigere Grundwasserverunreinigung hervorrufen, als mehrere Jahre Düngung in einem ganzen Regierungsbezirk.*" (Fürmaier/Lohr 1969: 34) Kritisiert wurde ferner, dass die lokal sehr unterschiedliche Fähigkeit des Untergrunds zur Selbstreinigung als konstanter Faktor bei der Gefahrenabschätzung eingerechnet werde. Gefordert wurde eine stärkere Berücksichtigung wasserwirtschaftlicher Erkenntnisse und dass die Wirtschaftlichkeitsberechnung zugunsten anderer Planungskriterien zurückgedrängt werde.

Knoll (1969), beim Arbeitskreis Gießener Universitätsinstitute mit hygienischen Fragen der Abfallbeseitigung befasst, stellte im gleichen Heft ein Selbstreinigungsvermögen des Bodens fest, verwies aber darauf, dass dieses uneinheitlich sei. Da die Deponierung seiner Ansicht nach zu diesem Zeitpunkt die einzig praktikable Entsorgungsmöglichkeit war, schlug er vor, Abfälle vor der Ablagerung durch die Kompostierung hygienisch unbedenklich zu machen: *„Sieht man in der geordneten Deponie die wirtschaftlich mögliche Form zur Beseitigung der Siedlungsabfälle, so sollten die gewonnenen Erkenntnisse bei der Anlage kommunaler oder regionaler Abfallhalden angewendet werden.*" (Knoll 1969: 40) Die Faktoren Selbstreinigung und Verdünnung wurden zum Schlüssel für die Stabilisierungsphase der technischen Entwicklung der geordneten Deponie. Neben dem unterstellten geringen Gefahrenpotential dieser Technik bot nach Ansicht ihrer Protagonisten allein eine großzügige Genehmigungspraxis die Gewähr dafür, dass unkontrollierte Ablagerungen auf Grund steigender Abfallbeseitigungsgebühren unterlassen würden.

Das 1969 erschienene Merkblatt 3 der ZfA „Geordnete Deponie" definierte einen diesem Diskussionsstand entsprechenden neuen Stand der Technik. In ihm wurden Planung, Betrieb und Nachsorge geregelt; die Ausgangsvoraussetzung war hier ein definierter geeigneter

Untergrund und weitere spezifische Geländevoraussetzungen. Größeres Augenmerk als vorher sollte entsprechend auf die Untersuchung des Untergrundes gelegt werden. Es wurde vorgeschlagen, durch Experten die Eignung festzustellen. Diese Maßnahmen waren von einer Reihe von Einschränkungen begleitet: So wurde angenommen, dass nur bestimmte Stoffe nicht im angeschnittenen Grundwasser abgelagert werden durften, dass nach Abschätzung der Grundwassergefährdung durch Erhebung der Fließrichtung auf besondere Maßnahmen der Untergrundabdichtung verzichtet werden konnte und dass die Reinigungswirkung des Untergrundes mit zu berücksichtigen sei. Neu waren auch die Anforderungen einer Sickerwassererfassung und nach besonderen Untergrund- und Oberflächenabdichtungen.

Die weitreichendste Festlegung betraf die Notwendigkeit wasserwirtschaftlicher Maßnahmen: Es wurde davon ausgegangen, dass technische Mittel zur Verfügung stünden, um eine Deponie nach den Richtlinien des Wasserrechts an fast jedem Standort anlegen zu können. Als Maßnahmen wurden hier die Verringerung des Sickerwasseranfalls durch besondere bauliche Maßnahmen, die Abdichtung des Untergrunds mit verschiedenen Materialien, das Auffangen und Reinigen des Sickerwassers sowie die Anlage von Kontrollbrunnen und Sickerwasseranalysen genannt.

Die geordnete Deponie galt damit als eine finanzierbare Technik zur Abfallbeseitigung, die nur geringen Einschränkungen unterliegen sollte. Übereinstimmung herrschte darüber, dass entstehende Umwelteinflüsse technisch minimiert werden konnten; neben bestimmten Mindestanforderungen an Ort und Einbau waren besonders im Bereich der Abdichtung Lösungen gefunden worden, die sowohl in rechtlichen Aspekten als auch der betroffenen Öffentlichkeit gegenüber als ausreichend angesehen wurden.

3.2 Die technische Lösung als Experiment

An dieser Stelle lässt sich festhalten, dass es eine offensichtliche Diskrepanz zwischen der Nutzung und der Thematisierung von Abfallbeseitigungstechniken gab. Es lag eine technische Auseinandersetzung vor, die unter der Prämisse geführt wurde, möglichst voraussetzungslos anzuwendende Technik für die Abfallbeseitigung zu nutzen. Daraus erklärt sich auch, warum der Versuch zur flächendeckenden Einführung der Kompostierung scheiterte, obwohl er gut vorbereitet worden war. Ein Aspekt war dabei die Existenz eines institutionellen Rahmens: Der Leiter des ersten Kompostwerkes der Bundesrepublik in Baden-Baden, Straub, war gleichzeitig der Geschäftsführer der Arbeitsgemeinschaft kommunale Abfallentsorgung und verfügte nicht nur über ein funktionierendes technisches Paradigma, sondern auch die notwendige Organisation, um als System-builder[209] fungieren zu können. Auch die Kritik an der Wasserverschmutzung durch Ablagerungen wurde wesentlich von ihm und anderen Mitgliedern der Arbeitsgemeinschaft formuliert. Die Übertragung dieser Technik von der Wasser- in die Abfallwirtschaft wurde vor dem Hintergrund der Kosten der Externalisierung vorgenommen. Ein anderer Aspekt ergibt sich aus dem vorhandenen Risikobewusstsein, das sich u.a. in dem gesetzlichen Regelungsbedarf manifestierte. Zu wenig Beachtung fand bei diesem Versuch allerdings der Aspekt der Verhaltensanpassung; die technische Übersetzung auf den Abfallbereich war schwierig, da Müll nicht den gleichen Homogenisierungsgrad besaß wie Abwässer.

Das technische System Kompostierung war deshalb voraussetzungsvoller als die Abfallablagerung, die Deponierung erscheint dagegen als die *„einzige Methode, die geeignet ist, sämtliche Abfallarten...in einem einzigen Verfahrensgang zu erfassen"* (Jäger 1969: 42). Für eine flächendeckende Einführung der Kompostierung war dagegen eine Sortierung durch die Abfallproduzenten die Voraussetzung, die die Abfallentsorger für kaum umsetzbar hielten oder eine spätere Sortierung, die als zu teuer bezeichnet wurde.

Dahinter steht ein Spannungsverhältnis zwischen dem Gesetzgeber und den Kommunen. Da die Abfallentsorgung zu diesem Zeitpunkt auf wenig gesellschaftliches Interesse stieß, war der Versuch erfolgreich, durch die Setzung eines sachlich kaum begründeten Sicherheitsstandards die Deponierungstechnik zu stabilisieren. Das Versprechen, mit einer kostengünstigen und umweltfreundlichen Technik die Abfallentsorgung sichern zu können, bedeutete das vorläufige Ende der Kompostierung. Die defensive Normung, deren Sinn darin bestand,

---

209 Siehe zu diesem Konzept Hughes (1983), der es am Beispiel von Edison und der elektrischen Energieversorgung entwickelt.

eine Argumentationslinie für das wasserrechtliche Genehmigungsverfahren zu besitzen, beruhte auf Hypothesen, nicht auf sicherem Wissen. Zwar konnte auf gewisse Erfahrungen mit der geordneten Deponie zurückgegriffen werden, aber nicht auf wissenschaftliche Untersuchungen, sondern nur auf Berichte von Praktikern zur technischen Durchführbarkeit.[210] Die Wirkungsweise der eingeführten Änderungen war unbekannt. Im Vordergrund stand, da die bisherige Ablagerungspraxis nur partiell geändert werden musste, ein konservatives Moment der Technikentwicklung.

Damit wird die Einführung der geordneten Deponie zu einem Experiment im Sinne der klassischen Wissenschaftstheorie, wenn auch zu konstatieren ist, dass wesentliche Merkmale nur ansatzweise vorliegen:

Geplantheit
Die Anlage einer Deponie dient der Lösung eines sozialen Problems. Das Design ist deshalb abhängig von Funktionsannahmen, die im Wesentlichen mit den Bewertungskriterien der Planer identisch sind. Die Frage, ob mithilfe einer bestimmten Technik eine möglichst optimale Geländeausnutzung erreichbar ist, zielt auf ökonomische Parameter, die Frage, ob mit speziellen Maßnahmen eine Umweltverschmutzung vermeidbar ist, auf den Grad der Externalisierung. Der Umweltschutz war Ende der 1960er Jahre noch weitgehend mit den gesetzlichen Forderungen an die Reinhaltung des Wassers identisch. Der eingeführte unbestimmte Rechtsbegriff ließ interpretative Spielräume zu, die von der Abfallwirtschaft genutzt wurden. Mit der defensiven Normung ging eine Festlegung auf eine konkrete Technik einher, die eine experimentelle Situation erzeugte. Es wurde möglich, ein Design auf die Funktion hin zu überprüfen, auch wenn dies von den normsetzenden Akteuren selbst nicht beabsichtigt wurde, sondern mit dem Zwang zur Verwissenschaftlichung einherging.

---

210 Vgl. etwa Langer (1969), der Ausführungen über die Erfahrungen mit dem notwendigen Maschinenpark macht, bei der Frage, ob Wasserverunreinigungen zu befürchten sind, auf die Möglichkeit kontinuierlicher Grundwasseruntersuchungen verweist, ohne allerdings angeben zu können, was in dem Fall einer Kontamination getan werden könnte.

Theorieabhängigkeit
Da eine ausformulierte Theorie der Deponie fehlte, sind die Beobachtungen der Artefakte Teil einer induktiv gefärbten Praxis der Erfahrungsgenerierung. Andererseits können die vorhandenen Forschungshypothesen als Prüfsteine aufgefasst werden. Unfälle, auftretende Überraschungen und Erkenntnisse über nicht ausreichend modellierte Bereiche werden in Falsifikationen übersetzbar.

Hergestelltheit
Die Funktionsweise einer geordneten Deponie ließ sich nur ansatzweise im Labor beobachten. Insbesondere die lange Zeitdauer der Abbauvorgänge setzte hier enge Grenzen, da es um die Entwicklung einer Lösung für ein praktisches Problem ging, das - vor dem Hintergrund angenommener Sachzwänge - Handlungen notwendig machte. Die geordnete Deponie wurde nicht auf die Probleme der wissenschaftlichen Untersuchung hin konzipiert.

Kontrollierbarkeit
Ein wesentliches Problem der Deponieforschung war die nur sehr begrenzt mögliche Kontrolle der Randbedingungen. Die Bewertung von Veränderungen des Grundwassers wurden z.B. dadurch erschwert, dass andere Einflussfaktoren nur selten ausgeschlossen werden konnten, die Zusammensetzung des Deponieuntergrundes war ebenfalls nur unzureichend feststellbar. Mit der sozialen Bewertung der Abfallentsorgung als ein notwendiges Übel und dem geringen sozialen Status der Deponiemitarbeiter waren betriebsbedingte Einflüsse kaum stabil zu halten; die wirksame Kontrolle des eingelagerten Abfalls war organisatorisch zu diesem Zeitpunkt nur sehr unzureichend gelöst.

Validität
Mit den genannten Merkblättern zur Abfallanalyse wurde der erste Versuch zur Entwicklung von Messmethoden unternommen. Wie ich weiter unten zeigen werde, sind die Auswahl der Parameter, die Messmethoden und die Bewertung von Ergebnissen zu diesem Zeitpunkt in einem hohen Maß ungeregelt. Damit wurde nicht nur jeder experimentelle Aufbau - jede Deponie - zu einem Unikat, sondern auch jede Messung. Die interpretative Flexibilität war damit extrem hoch.

Fehlersensitivität
Der Bau und die Befüllung einer Deponie als ein Realexperiment orientierte sich an Funktionsannahmen. Überraschungen wurden erst dann zu einem Problem, wenn Abweichungen von den zugrundeliegenden Kriterien auftraten und problematisiert wurden. Für den Fall, dass sich gravierende Umwelteinflüsse einstellten, waren die Einflussmöglichkeiten sehr begrenzt.

Reproduzierbarkeit
Die geringe Kontrolle über die Randbedingungen durch lokal sehr unterschiedliche und nur unzureichend erfassbare Verhältnisse, das Fehlen einer geeigneten Untersuchungsmethodik und der regional sehr unterschiedlich zusammengesetzte Abfall setzten der Reproduzierbarkeit enge Grenzen. Deponien waren Unikate und die Übertragung von Ergebnissen deshalb schwierig.

Damit ergab sich eine interessante Konstellation: Es wurden hoch spekulative Hypothesen über das Verhalten eines technischen Artefakts gebildet, deren Funktion nicht in der Produktion von Erkenntnis bestand, sondern in der Durchsetzung spezifischer technischer Aufbauten. Gleichzeitig wäre die Möglichkeit zur Falsifikation dieser Hypothesen gegeben gewesen, wenn eine Überwachung und Messung nur mit den geeigneten Mitteln durchgeführt worden wäre. Für die Abfallwirtschaft stand einerseits die defensive Normung im Vordergrund, d.h. das Ziel, die Abfallbeseitigung mit möglichst geringem Aufwand zu garantieren. Für die Wasserwirtschaft bot sich andererseits die Gelegenheit, die Umsetzung der abgegebenen Funktionsversprechungen zu überprüfen und die Problematik der Wasserverschmutzung durch die Deponierung bei negativen Ergebnissen erneut zu thematisieren.

Der Gewinn für die entsorgenden Kommunen bestand also wesentlich in einem zeitlichen Aufschub. Allerdings stellt sich dabei ein Dilemma ein: Trotz der genannten Probleme der Übertragbarkeit von Ergebnissen war die Wissensproduktion in diesem Bereich von Beginn an auch für die Kritik an der verwendeten Technik nutzbar. Die Sekundärverwissenschaftlichung geht in diesem Fall direkt einher mit der Verwissenschaftlichung; die reflexive Verwissenschaftlichung setzt ohne eine vorgängige Phase der reinen Problemlösungssuche ein.

3.2.1 Abfallrecht

Trotz der vorgestellten juristischen und technischen Entwicklung gab es Bedarf für eine umfassende politische Regelung der Abfallentsorgung. Die Initiative datiert auf das Jahr 1965: Der erste Entwurf aus dem Referat Wasserhygiene des damaligen Bundesministeriums für Gesundheitswesen wurde, nach Überarbeitungen und Auseinandersetzungen mit den Ländern um die konkurrierende Gesetzgebung, Bestandteil des in der Regierungserklärung von 1969 angekündigten Umweltprogramms. 1970 wurde das weitgehend ausgearbeitete Gesetz als Maßnahme durch das „Sofortprogramm Umweltschutz" in Aussicht gestellt und 1972 schließlich verabschiedet.

Mit dem 1972 erlassenen Abfallbeseitigungsgesetz (AbfG) änderte sich die Lage der Abfallwirtschaft erheblich.[211] Nicht nur wurde damit die Vereinheitlichung der Abfallentsorgung für die Bundesrepublik erreicht; durch die Formulierung eines spezielleren Gesetzes, das u.a. der Ausformulierung allgemeiner Vorschriften diente, fanden auch die Passagen des Wasserhaushaltsgesetzes nun auf den Abfallbereich keine Anwendung mehr.[212] Das Abfallgesetz regelte im Einzelnen die Abfallbeseitigung in ihrer bekannten Form (Sammlung, Beförderung, Behandlung, Lagerung und Ablagerung) mit dem Ziel, dies auf eine unschädliche Art und Weise zu gewährleisten. Dazu wurden die Organisation, Planung und Überwachung geregelt. Auf der Grundlage eines subjektiven - auf den Willen des Besitzers, sich bestimmter Güter zu entledigen, abstellenden - und eines objektiven - auf das Wohl der Allgemeinheit und damit der Pflicht zur Beseitigung abzielenden - Abfallbegriffs, wurde die Beseitigung als öffentliche Aufgabe definiert. Zur Pflicht wurde, dass Abfälle nur in dafür vorgesehenen und genehmigten Anlagen behandelt und beseitigt werden durften. Zur Erhebung der Abfallsituation wurde die Anzeigepflicht sämtlicher Abfallbeseitigungsanlagen eingeführt; bei einer Überprüfung durch die zuständigen Behörden konnten Auflagen gemacht und, sofern erhebliche Beeinträchtigungen festgestellt wurden, die Schließung von Anlagen verfügt

---

211 Siehe zum Hintergrund der Gesetzesformulierung Bartels (1987) und die entsprechenden Ausführungen im Müll-Handbuch.

212 Diese Interpretation ist nicht unumstritten, bestimmt aber die Praxis. Vgl. Lühr (1986) und Lühr/Staupe (1986).

werden. Geregelt wurden ferner die Überwachung von Anlagen, die Erhebung von behandelten Abfallarten und -mengen durch die Betreiber sowie der Nachweis der Entsorgung bestimmter Stoffe (Nachweisbücher) und der grenzüberschreitende Verkehr von Abfällen (Einfuhr).

Neben diesen ordnungsrechtlichen Aspekten regelte das AbfG die Planung der Abfallbeseitigung. Um eine überregional abgestimmte Abfallbeseitigung zu erreichen, wurden Landesabfallpläne eingeführt, durch die die Länder auf die jeweilige Beseitigungsart Einfluss nehmen konnten. Die Abfallbeseitigungsanlagen selbst wurden mit dem AbfG genehmigungspflichtig; da das dieses Verfahren regelnde Verwaltungsverfahrensgesetz noch nicht in Kraft war, fanden sich detaillierte Ausführungen zur Durchführung des Planfeststellungsverfahrens im Gesetz.

Den Ländern blieb die Ausgestaltung des Gesetzes mithilfe von Landesabfallgesetzen vorbehalten, die durch die Vorarbeiten der LAGA vereinheitlicht wurden.[213] Die Flächenstaaten legten die Entsorgungspflicht den Kreisen und kreisfreien Städten auf; Sammlung und Transport der Abfälle blieben Aufgabe der Gemeinden. Vereinheitlicht wurde die Müllentsorgung durch die Festlegung von verbindlichen Abfallbeseitigungsplänen, die der Optimierung umweltpolitischer und wirtschaftlicher Ziele dienen sollten: *„Eine sinnvolle Planung der Abfallbeseitigung darf nicht durch Gemeinde und Kreisgrenzen behindert werden, sondern muß sich in erster Linie an der Eignung der Plätze, an dem regionalen Abfallaufkommen und an den Transportproblemen orientieren, damit in Hinblick auf eine rationelle Zusammenfassung zu wirtschaftlichen Anlagegrößen wirklich die am meisten geeigneten Standorte und Verfahren festgelegt werden können. Nur durch eine optimale Kombination aller Faktoren lassen sich einerseits die Kosten so niedrig halten, daß die Neuordnung der Abfallbeseitigung auch wirtschaftlich günstig ist, und andererseits ist dies zugleich erforderlich, um eine vom Gesetz erwünschte geordnete Abfallbeseitigung zu erreichen.“* (NRW-Drucksache 7/2472: 22).

Mit der Abfallgesetzgebung unternahm der Bund den Versuch einer umfassenden Regelung der Abfallbeseitigung in ihren technischen Aspekten. Im Vordergrund standen dabei die Schaffung von Rechtssicherheit für Entsorger und Genehmigungsbehörden sowie die Rechts-

---

213 Zu den Landesabfallgesetzen und deren Verhältnis zum AbfG siehe Sautter (1972).

verbindlichkeit bestimmter technischer Mindestanforderungen, deren Einhaltung im Rahmen des neu eingeführten Planfeststellungsverfahrens nachzuweisen war. Erreicht wurde dadurch, dass aus dem rein verwaltungsintern gehaltenen Planungs- und Entscheidungsprozess, in dem die Gemeinden nach Bedarf ohne ein formales Genehmigungsverfahren nur unter Berücksichtigung von Wirtschaftlichkeitsgesichtspunkten die Standortwahl betrieben, ein Verfahren wurde, das durch die Abstimmung von Plänen und Interessen verschiedener Akteure einen gewissen Anspruch an Transparenz, Demokratisierung und Rationalität erfüllte.

Eingeführt wurden zwei Planungsinstrumente: der Landesabfallplan und das Planfeststellungsverfahren. Durch die Landesabfallpläne sollte die Abstimmung mit Plänen in anderen Bereichen geleistet und auf der Grundlage von Abfallstatistiken und -prognosen Entsorgungskapazitäten gebietsweise nachgewiesen werden. Ermöglicht werden sollte ferner eine optimierte, überregionale Standortsuche und damit, angesichts hoher Anlageinvestitionen, wirtschaftlich tragbare Lösungen. Planung und Entscheidung sollten von lokalpolitischen Konflikten befreit und möglichen Legitimationsproblemen mit dem Hinweis auf die Verfahrensrationalität und gesetzliche Vorschriften begegnet werden.[214] Die Länder haben in ihren Abfallgesetzen unterschiedlichen Gebrauch von diesem Instrument gemacht. Herausgebildet hat sich bei der Erstellung der Landesabfallpläne eine Praxis, bei der durch die entsorgungspflichtigen Körperschaften im Einvernehmen mit den oberen Abfallbehörden[215] und diversen Fachdienststellen (etwa den Wasser- und Abfallwirtschaftsämtern), die Eignung bestimmter Standorte geprüft wird, die anschließend durch die Länder in ihre Pläne geschrieben werden.

---

214 Zum AbfG aus Sicht der Gemeinden siehe Denk (1972). Dort wird auch auf die Vereinfachung durch das Ausbleiben kommunalpolitischer Konflikte bei überörtlicher Planung für die Gemeinden verwiesen: „*In diesem Zusammenhang muß aber auch nochmal betont werden, daß viele Gemeinden doch eine recht erhebliche, kommunalpolitische Last damit abgenommen wird, da sie aus ihrer bisherigen Verpflichtung zur Standortfindung entlassen werden.*" (195)

215 In NRW sind als oberste Abfallwirtschaftsbehörde der Minister für Umwelt, Raumordnung und Landwirtschaft, als obere Behörde die Regierungspräsidenten und als untere Behörde die Kreise und Städte festgelegt worden vgl. NRW LAbfG § 34.

Zur Bewertung der Landesabfallpläne: Hösel/Lersner (1972) halten die Pflicht zur überörtlichen Abfallbeseitigung für den fortschrittlichsten Teil des Gesetzes von 1972, durch den eine neue Dimension des Verwaltungshandelns im Umweltbereich, nämlich des planenden und gestaltenden Schutzes, eingeführt wurde.[216] Diese Absicht wurde allerdings nur unzureichend umgesetzt: Zum einen erscheinen die Landesabfallpläne bis heute so spät, dass sie nur die vorhandene Entsorgungssituation darstellen können,[217] zum anderen waren die Landesbehörden nicht in der Lage, Standortuntersuchungen und -festlegungen selbst zu betreiben.[218] Tatsächlich hat sich diese Gesamtplanung weitgehend an die Fachplanungen angelehnt.

Damit wurde die Entlastung der Gebietskörperschaften von Legitimationsproblemen durch die Planungswirklichkeit konterkariert. Anstrengungen, auf das Müllaufkommen einzuwirken und die Umsetzung der bereits im Abfallwirtschaftsprogramm formulierten Forderungen zu erreichen, wurden nicht unternommen. Dies beklagt etwa Schenkel (1983): „*Mir war... aufgefallen, daß die vorgezeigten Abfallbeseitigungsplanungen üblicherweise ausschließlich technische Planungen waren. Fragen der Abfallvermeidung und -verminderung durch andere Instrumente wurden meist gar nicht diskutiert, geschweige denn in den Planungen dargestellt oder realisiert.*" (227) Die Landesabfallpläne konnten durch die Beschränkung auf den isoliert gesehenen Aufgabenbereich Beseitigung und ihre Anlehnung an die Fachplanung der Gebietskörperschaften ihrer Steuerungsfunktion nicht gerecht werden. Ebenso gelang die Implementation des Umweltschutzprogramms als Bestandteil des AbfG mit den Abfallplänen nur unvollkommen. Nachweisen lässt sich allerdings die Konzentrationswirkung des Gesetzes für Deponien, siehe dazu Abbildung 4.

Weitaus höher war die Wirkung des zweiten 1972 eingeführten Planungsinstruments, mit dem der Gesetzgeber eine Reihe von Erwartungen verknüpfte. Durch das formelle Planfeststellungsverfahren, das

---

216 Vgl. Hösel/Lersner (1972: Ziffer 1160: 3).

217 Vgl. Peters (1986): 21, Knauer (1978: 132).

218 Knauer (1978: 132) spricht in diesem Zusammenhang von Pionierarbeiten: Weder seien Methoden und Daten noch Recht und Technik der Planerstellung entwickelt gewesen, die die Länder nach 1972 zur Umsetzung des AbfG benötigten. Erst die Entwicklung der Nutzwertanalyse Mitte der 1970er Jahre habe diese Situation geändert.

sich auf den Bau, Betrieb und die Nachsorge konkreter Anlagen an den in den Abfallplänen festgelegten Standorten bezog, wurde - neben der Möglichkeit der Mitwirkung von beteiligten Behörden und betroffenen Personen - die Transparenz des Verfahrens gewährleistet und gleichzeitig eine hohe Bündelungswirkung erzielt.

Abb. 4: Zentralisierung der Abfallbeseitigung anhand der Anlagenzahl

Jahr / Anlagentyp	Deponien	Verbrennungsanlagen	Kompostieranlagen
1975[1]	4.526	47	21
1985[2]	450	53	40

[1] Die Zahlen basieren auf einer Erhebung, Stand 31.12.1975
[2] Die Zahlen beruhen auf einer Schätzung für den Zeitraum 1985/90

Quelle: Franzius (1980: 3)

Im Einzelnen: Durch die Anlagenplaner werden die Pläne bei der mit der Durchführung des Planfeststellungsverfahrens zuständigen Stelle zur verwaltungsinternen Prüfung eingereicht (Planaufstellung). Parallel sind Stellungnahmen von bestimmten Behörden einzuholen, deren Entscheidungen durch die Planfeststellung betroffen sind, etwa der Bau-, Wasser-, Immissionsschutz-, Naturschutz- und Straßenbaubehörde. Nach eventuell notwendigen Verbesserungen wird das Vorhaben und das Verfahren öffentlich gemacht. Innerhalb einer Frist sind schriftliche Einwendungen gegen den Plan möglich, die Gegenstand des Erörterungstermins sind. In dem folgenden Anhörungsverfahren, das nach AbfG der Ermittlung des Wohls der Allgemeinheit dient, werden die Einwendungen gegen die Genehmigungsplanung und die eingeholten behördlichen Stellungnahmen mündlich erörtert. Dabei können auch Sachverständige gehört werden. Über die Einwendungen bzw. über ihre Abhilfe durch technische oder andere Maßnahmen wird mit dem Planfeststellungsbeschluss entschieden.

Dieser hat mehrere Wirkungen: Die Feststellungswirkung besteht darin, dass das Vorhaben als das Wohl der Allgemeinheit nicht beeinträchtigend eingestuft wird. Die Konzentrations- oder Bündelungswirkung ergibt sich aus der Öffentlichkeit des Verfahrens. Durch den Planfeststellungsbeschluss werden alle öffentlich-rechtlichen Entscheidungen, die für eine Anlage von Bedeutung sind, getroffen. Verwaltungsakte, die etwa wasserwirtschaftliche Genehmigungen betreffen, sind Bestandteil des Verfahrens selbst und werden nicht mehr nachgeschoben. Hinzu kommt die Sicherungs- und Duldungswirkung des Beschlusses, die sich aus der Unschädlichkeit des Vorhabens ergibt und privatrechtliche Schritte gegen den Bau der Anlage ausschließt. Die Ausgleichswirkung des Beschlusses schließlich bezieht sich auf Vermögensnachteile einzelner, die mit Geld abgegolten werden. Gegen den Planfeststellungsbeschluss kann nur noch mithilfe eines Verwaltungsverfahrens vorgegangen werden; das Gericht kann dabei nur über Formfehler entscheiden.

Diese Planungsverfahren waren entworfen worden, um über die Partizipation Betroffener, die Durchführung umfassender Planung und die Umsetzung rechtlicher Forderungen, Planungen zu vereinfachen. Galt es auf der einen Seite als nicht länger opportun, obrigkeitsstaatlich zu planen und zu implementieren, so bestand auf der anderen Seite die Hoffnung, durch diese Verfahren konsensfähige Lösungen zu erreichen. Empirisch lässt sich allerdings nachweisen, dass sich genau diese Erwartungen nicht erfüllten. Die rechtlich gesicherte Möglichkeit zur Partizipation führte vielmehr dazu, dass über diese Planungen gewöhnlich juristisch entschieden wurde.[219] Damit wurden neue zeitliche Planungshorizonte eröffnet. Die Planung einer Deponie wurde durch die Planfeststellung und die meist folgenden Verwaltungsgerichtsverfahren um mehrere Jahre verlängert und die Abfallentsorgung zu einer schwer kalkulierbaren kommunalen Aufgabe.

Da das Wissen über das Verhalten von Deponien kaum entwickelt war, war die Gültigkeit von Sicherheitsversprechungen nur schwer zu belegen. Der Versuch, Anlagen gegen Planungswiderstände zu immunisieren, lag deshalb darin, mit neuen Anlagen über bestehende Konzepte hinauszugehen. Das in der Technik übliche Verfahren, am

---

219 Zu den Problemen der Partizipation innerhalb dieses Verfahrens siehe Bora (1999).

Ende eines Scaling-up-Prozesses Prototypen zu bauen, diese mit Variationen in Baureihen einmünden zu lassen und damit die sukzessive Entwicklung eines Stands der Technik zu ermöglichen, wurde nicht genutzt.[220] Da die von Deponien ausgehenden Umweltbelastungen in der Regel erst nach ihrer Verfüllung nachweisbar waren und Konstruktionsfehler von Anlagen deshalb erst nach einer Reihe von Jahren deutlich werden konnten, sind die Veränderungen der Deponietechnik deshalb auch zum großen Teil nicht auf technische Notwendigkeiten, sondern auf politische Entscheidungen zurückzuführen, die sich an den Chancen der Durchsetzbarkeit orientierten.

Normung wurde angesichts dieser Situation schwierig. Von technisch-wissenschaftlicher Seite waren den Versuchen, Anlagen zu vereinheitlichen, enge Grenzen gesetzt, da die Abfallwissenschaft angesichts der Wissensdefizite nur hypothetische Sicherheit liefern konnte, die sich auf sehr allgemein gehaltene Aussagen stützte.

Politisch lag es nahe, sich an erfolgreichen Planungen zu orientieren und diese durch den Einsatz neuer Technik aufzuwerten. Erst Ende der 1970er Jahre hatte sich die Abfallwissenschaft so weit entwickelt, dass sie den Versuch unternehmen konnte, die oft sprunghafte technische Entwicklung durch einen Normungsprozess zu ersetzen, mit dem die Rückfütterung wissenschaftlicher Erkenntnisse und technischer Anpassungen möglich wurde.

3.2.2 Die Entwicklung der Abfallwissenschaft

Die Phase sporadischer Nutzung wissenschaftlichen Wissens zur Lösung bestimmter Praxisprobleme endete mit dem Versuch der Normierung der Untersuchung von Abfällen zur Bestimmbarkeit von Planungsgrößen und einer ersten Annäherung an mögliche Risikopotentiale der Abfälle. Die Gründung der ZfA im Jahr 1965 dokumentierte diesen Schritt weg von einer Praxis der Abfallbeseitigung als rein lokaler Externalisierung. An die geordnete Deponie wurde die Erwartung auf umweltfreundliche Entsorgung geknüpft, vorausgesetzt, die bei Planung, Bau und Betrieb von Anlagen geforderten Mindeststandards wurden eingehalten. Diese Hoffnung ist in der Praxis nicht erfüllt wür-

---

220 Zum Verfahren der technischen Maßstabsvergrößerung siehe Hummon (1984).

den: Es wurden zwar ästhetische und hygienische Probleme gelöst, nicht aber das der Grundwasserverunreinigung. Die genutzte Technik basierte allerdings auf Hypothesen, die überprüfbar waren.

Die Phase der Verwissenschaftlichung und der erreichte Stand der Wissenschaft lässt sich mit dem Umweltprogramm der Bundesregierung dokumentieren. In dem Materialband zum Umweltprogramm (BT-Drucksache zu VI/2710) von 1971 wurde durch eine Expertenkommission die Abfallsituation zum ersten Mal ausführlich wissenschaftlich bearbeitet und dargestellt. Als Ausgangspunkt dieses Gutachtens diente die Feststellung, dass die Entwicklung von Umwelttechnik mit der des Produktionsbereiches nicht Schritt gehalten hatte, mit der Folge gefährlicher Fehlentwicklungen. Die Gutachter belegten dies mit eigens für diese Arbeit erstellten Zahlen: Nur 75 % der Haushalte wurden durch eine regelmäßige Müllabfuhr entsorgt. 70 % des anfallenden Abfalls wurde in 50.000 Deponien abgelagert, von denen nur 130 als geordnet bezeichnet werden konnten. Diese ungeordneten Ablagerungen wurden als Gefahr für Wasser, Luft, Landschaft, Landwirtschaft und Hygiene angesehen.

Abhilfe versprach man sich durch überörtliche Anlagen, die unter Berücksichtigung von Rahmenplänen der Wassergewinnung und Bebauung auf geeignetem Gelände anzulegen und überdies wirtschaftlicher als kleine Deponien zu betreiben seien. Die Müllzusammensetzung und die unterschiedliche Qualität des Endproduktes behinderten den weiteren Ausbau der Kompostierung. Die Verbrennung hatte zu diesem Zeitpunkt mit der noch unzureichenden Entwicklung der Technik zu kämpfen. Die Anlagen korrodierten zu schnell und emittierten Stoffe, deren Wirkung auf den Menschen noch weitgehend unbekannt war. Gefordert wurden deshalb Techniken zur Minimierung der Emissionen und die Aufstellung von Grenzwerten.

Ausführlich behandelt wurden im Umweltprogramm bestimmte Stoffgruppen, so Kunststoffe und besonders das PVC, deren Anteile am Abfall ständig gewachsen waren. Gefordert wurden freiwillige Produktionsbeschränkungen der Industrie und die Besteuerung schwer zu beseitigender Produkte bis hin zu deren Produktionsverbot. Produktionsabfälle, Klärschlämme, Autowracks, Altreifen, Abfälle aus der Massentierhaltung und dem medizinischen Bereich wurden mengenmäßig erfasst und auf ihre Umwelteinflüsse untersucht. Diese Situationsbeschreibung mündete in einen umfassenden Forderungskatalog.

Als Voraussetzung der als notwendig angesehenen Neuordnung des Abfallbereichs galt ein Bundesabfallgesetz sowie der Erlass gesetzlicher Bestimmungen zur unschädlichen Abfallentsorgung in Form einer Verwaltungsvorschrift und die Einführung überörtlicher Planung, umgesetzt etwa in den Landesentwicklungsplänen mit dem Teilbereich Abfallbeseitigung. Gefordert wurde ferner zum Zweck der Koordinierung der Forschung die Einrichtung eines abfallwirtschaftlichen Instituts, dem die Fortschreibung des Stands der Technik in verbindlichen Merkblättern, die Beratung der Politik auf den verschiedenen Ebenen sowie Lehre und Ausbildung übertragen werden sollte.

Bemerkenswert sind die Forderungen nach Versuchs- und Demonstrationsanlagen, die durch das Institut betrieben bzw. überprüft werden sollten, um eine überwachte Entwicklung der Technik sicherzustellen, sowie nach einer verstärkten Universitätsausbildung von Abfalltechnikern und -wissenschaftlern. Für die verschiedenen Maßnahmen wurden nicht unerhebliche Finanzmittel gefordert.

Von wissenschaftlichem Interesse war der Abfallbereich bis zu diesem Zeitpunkt nur unter dem Aspekt der Kompostierung; insbesondere die Institute in Gießen haben Arbeiten zu hygienischen Aspekten dieses Verfahrens vorgelegt. Um die Nutzung bestimmter Abfälle als Rohstoffe zu betreiben bzw. Abfälle vermeiden zu können, wurden Mittel zur Verbesserung des Endproduktes und der Verbilligung des Verfahrens gesucht. Die enge Verknüpfung mit der bereits ausdifferenzierten Wasserwissenschaft lag durch die Ähnlichkeit der Probleme der Klärschlammbehandlung und der Kompostierung nahe. Personifiziert wird dies seit 1948 durch den Inhaber des „Lehrstuhls für Siedlungswasserbau und Gesundheitstechnik" an der TU Stuttgart, Pöpel.[221] Aus der Stuttgarter Schule kam in den 1960er Jahren *„die erste Generation wissenschaftlich ausgebildeter Müllmänner"* (Schenkel 1985: 56),[222] die in die Entsorgungsunternehmen und -verwaltungen bzw. in die Zentralstelle für Abfallwirtschaft gingen und die *„deutsche Abfallwirt-*

---

221 *„Der Schwerpunkt seiner wissenschaftlichen und praxisbezogenen Arbeiten lag dabei auf biologischen Methoden zur Behandlung und Beseitigung von Siedlungsabfällen, da er lange bevor die abfallwirtschaftliche Bedeutung der Wiederverwertung offenkundig wurde, die Abfälle als Glied in einem Kreisprozeß begriffen hatte"* (Anonym 1976: 29).

222 Dies sind insbesondere Ferber, Jäger, Langer, Pierau, Schenkel, Seng und Tabasaran.

schaft mitprägten" (Schenkel 1985: 56).

Die Entwicklung der Abfallwissenschaft kann mit verschiedenen Parametern nachgewiesen werden: Quantitativ anhand der Gründung von Fachzeitschriften und wissenschaftlicher Gesellschaften sowie durchgeführter Forschungsvorhaben; andere Faktoren, wie der Anschluss von Forschung an Forschung und die Entwicklung eigener Fragestellungen sind einer qualitativen Analyse veröffentlichter Arbeiten zugänglich.

Abgrenzungsschwierigkeiten ergeben sich hier durch die sehr enge Verknüpfung von Praxis und Wissenschaft, was sich in der Semantik des Begriffs Abfallwirtschaft dokumentiert: „*Die schnelle Entwicklung der Abfallwirtschaft hat mit dazu beigetragen, daß der Begriff und sein Bedeutungsfeld heute nicht scharf abgegrenzt sind. Wir bezeichnen damit nicht nur einerseits die Disziplin ‚Abfallwirtschaft' als wissenschaftlichen Sach-, Ausbildungs- und Lehrbereich, sondern andererseits auch den Teil von Industrie und Gewerbe, der sich mit Abfall befaßt und zwar sowohl sektoral (Hersteller etwa von Müllfahrzeugen) als auch funktional (die Unternehmensteile, die für die Entsorgung bzw. Verwertung der Abfälle zuständig sind). Darüber hinaus wird der Begriff auch noch als Bezeichnung für das verwendet, was...als ‚sozioökonomisches Teilsystem Abfallwirtschaft' bezeichnet wurde.*" (Schenkel 1976: 165f.)

Die Orientierung an umsetzbaren Lösungen führte dazu, dass frühe Arbeiten zur Deponierung fast ausschließlich an bestehenden Anlagen durchgeführt worden sind: An Altanlagen mithilfe von ex post Abschätzungen und Hypothesenbildungen sowie an in Betrieb befindlichen Anlagen durch Begleitforschungen.[223] Hier ist eine Entwicklung des Maßstabs festzustellen: Neben Forschungen an bestehenden Anlagen traten Laborversuche, in denen mit chemisch reinen Substanzen verschiedene Materialien getestet bzw. Proben von außerhalb in das Labor gebracht wurden. Im nächsten Schritt kam es zur Entwicklung von Demonstrationsanlagen, deren Größe selbst wieder variierte und deren Betrieb einer zeitlichen Begrenzung unterlag. Dieser Maßstab

---

223 Ein frühes Beispiel für solche Begleitforschungen bietet die Vergabe von Drittmitteln an das Geologische Institut der Rheinisch-Westfälischen Hochschule zur Erforschung der Zusammenhänge von Grundwasserverunreinigungen durch Schwermetallsalze unterhalb von Ablagerungen industrieller Abfallstoffe.

wurde durch den Gebrauch von Testzellen oder auf Deponien angelegten Versuchsaufbauten ergänzt und erweitert. Die nächste Stufe stellten Messfelder auf Deponien dar, anhand derer Verfahren getestet wurden. Im Großmaßstab wurden schließlich Studien an bestehenden Anlagen vorgenommen.[224]

Diese Entwicklung sicherte erst die Verwissenschaftlichung normativ ab: Waren die ersten Arbeiten als ex post Untersuchungen angelegt, die keinen Einfluss auf die technische Gestaltung hatten und somit auch kein neues Risiko boten, so sind die Laboruntersuchungen, wie auch die Demonstrationsanlagen und Testfelder als Versuchsaufbauten ohne eigenes Risikopotential zu verstehen. Durch die Anwendung von Messfeldern und großtechnische Versuche wurde der Stand der Technik mit dem Ziel der Verbesserung der Beseitigungsmethoden allerdings verlassen.

Das institutionelle Wachstum der Abfallwissenschaft lässt sich durch die Entwicklung des Lehrpersonals an bundesdeutschen Universitäten nachweisen. Die Projektgruppe Abfallbeseitigung des Umweltprogramms stellte noch 1971 das Desinteresse der deutschen Universitäten an der Abfallforschung fest: *„In der Bundesrepublik Deutschland gibt es...bis jetzt weder Fachbereiche noch Lehrstühle an Hoch- und Fachschulen oder etwa Institute, die speziell diese Probleme behandeln."* (BT-Drucksache zu VI/2710: 60). Ein anderer Autor beobachtet: *„Nun zeigt sich aber, daß in den Hochschulen und an anderen Forschungsstätten das Thema ‚Abfallwirtschaft' erst in den letzten Jahren als ‚wissenschaftswürdig' befunden worden ist."* (Wasmer 1973: 66) Der Vergleich des Vademecum (1973) und (1988) nach Lehrpersonal im Bereich Abfall zeigt eine deutliche quantitative Entwicklung, wie Abbildung 5 verdeutlicht.

---

224 Vgl. diese Bildung von Maßstäben bei Mennerich (1984).

Abb. 5: Lehrpersonal im Bereich Abfall an deutschen Universitäten und Fachhochschulen

Fachgebiet / Jahr	1973	1988
Abfall	1	17
Kompost	2	1
Wasser und Abfall[1]	3	17
Ing. und Umwelttechnik[2]		14
Summe[3]	6	49

[1] Unter diese Kategorie fallende Stellen sind nicht unbedingt gleichwertig beiden Gebieten zuzurechnen. In den meisten Fällen steht „Wasser" an erster Stelle.
[2] Die hier genannten befassen sich z.T. mit ingenieurtechnischen Fragen des Anlagenbaus, so des Deponiebaus, mit Fragen der Müllverbrennung etc.
[3] Es wurden anhand des Stichwort-Registers die unter „Abfall"

Die Entstehung von Zeitschriften ist ein weiterer Indikator für die Entwicklung einer Wissenschaft. Im Abfallbereich kann eine quantitative Entwicklung seit Mitte der 1960er Jahre nachgewiesen werden.

Bevor Abfall zu einem wissenschaftlichen Gegenstand wurde, befassten sich in erster Linie Praktiker der kommunalen Politik und Verwaltung mit Fragen der Entsorgung. Die seit 1948 erscheinende Zeitschrift „Der Städtetag" veröffentlichte seit Beginn der 1950er Jahre Artikel zu verschiedenen Aspekten der Abfallbeseitigung. Im Zentrum standen dabei Fragen der Praxis der Städtereinigung, insbesondere geeigneter Verfahren der Sammlung von Abfällen. Artikel zur Geschichte der Städtereinigung wiesen Fortschritte in der Organisation kommunaler Entsorgung und im Fahrzeugbau nach; Veränderungen wurden für nötig erachtet, wo diese Entwicklungen noch nicht gegeben waren, z.B. dort, wo ein umfassender Anschluss an das kommunale Entsorgungssystem noch nicht vollzogen worden war. Die Ziele lagen in erster Linie in der Gewährleistung bestimmter hygienischer und ästhetischer Bedingungen sowie des Funktionierens städtischer Infrastrukturen.

Abb. 6: Artikel zum Thema Abfall in „Der Städtetag"
1949-1997

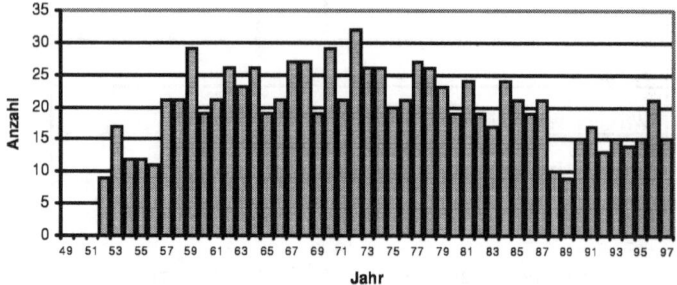

Quelle: eig. Auszählung

Erst die aus der Wahrnehmung gravierender Umweltbeeinträchtigungen heraus entstandene Gesetzgebung und die angesichts steigender Mengen stimulierte Suche nach optimierten Verfahren führte an dieser Stelle zu einer breiten Thematisierung der Beseitigungsverfahren. Die Müllverbrennung und die geordnete Deponie wurden als Möglichkeiten angesehen, mit gestiegenem technischen Aufwand das vorhandene System der Abfallentsorgung beizubehalten, das auf der Annahme basierte, einer geregelten Zufuhr müsse eine ebenso geregelte Abfuhr von Stoffen und Verbrauchsgütern entsprechen. Dieser Kreislauf galt als unproblematisch und nur durch technische Schwierigkeiten gefährdet. Abfall war somit in erster Linie ein technisches Problem, dessen Lösung dem Anlagen- und Fahrzeugbau überlassen wurde. Der Aufmerksamkeitszuwachs der Abfallbeseitigung zeigt sich in der folgenden Abbildung:

Abb. 7: Artikel zu den Abfallbeseitigungsverfahren in der Zeitschrift „Der Städtetag" 1962-1972

Jahr \ Verfahren	Ablage-rung	Kom-postie-rung	Ver-bren-nung	Sum-me
1962	1	2	3	6
1963		3	2	5
1964		1	3	4
1965	1		2	3
1966			5	5
1967	2	4	6	12
1968	3		4	7
1969	2		3	5
1970	2	1	4	7
1971	5		3	8
1972	4		4	8
Summe	20	11	39	70

Quelle: eig. Auszählung

Das vorwiegend genutzte Beseitigungsverfahren, die Deponie, stand bereits seit Beginn der 1950er Jahre in dem Verdacht, für die Wasserverunreinigungen mit verantwortlich zu sein. In der seit 1949 erscheinenden Zeitschrift „Wasser und Boden" werden zwei von der Deponierung betroffene Medien im Titel aufgeführt. Als Organ des „Bundes der Ingenieure für Wasserwirtschaft, Abfallwirtschaft und Kulturbau e.V." und des „Deutschen Verbandes für Wasserwirtschaft und Kulturbau e.V." war damit eine Publikation vorhanden, die vom Interesse ihrer Rezipienten her für die Thematisierung der Folgen der Ablagerung prädestiniert gewesen wäre. Obwohl ihr Schwerpunkt auf der Praxis der Wasserwirtschaft und damit auf dem Problem der Wasserqualität lag, sind überraschenderweise bis 1970 nur zwei Artikel zur Abfallentsorgung veröffentlicht worden. Erst zu diesem Zeitpunkt wurde die inhaltliche Ausrichtung auf Fragen der Abfalltechnik und -wissenschaft hin geändert. Die Risiken der Abfallentsorgung wurden - mit Blick auf die von Deponien ausgehenden Langzeitgefährdungen - an dieser Stelle erst durch Mitarbeiter des Umweltbundesamtes Mitte der 1970er Jahre eingeführt.

Abb. 8: Artikel zum Thema Abfall in „Wasser und Boden" 1949-97

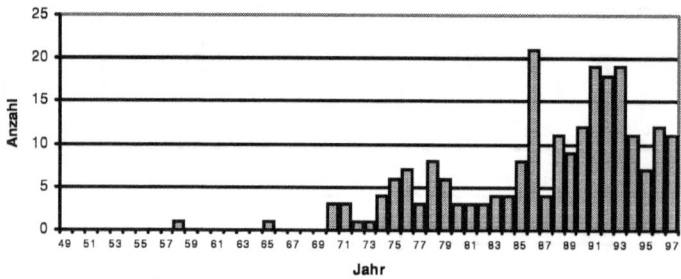

Quelle: eig. Auszählung

Festhalten lässt sich, dass Abfall bis zum Ende der 1960er Jahre als Thema kaum von wissenschaftlichem Interesse war. Die typische Einschätzung der Abfallwissenschaft an externen Kriterien zeigt sich am folgenden Zitat: *„Zu Beginn seiner Universitätskarriere bekam Abfallfachmann Tabasaran noch den milden Spott seiner Kollegen zu spüren. Was macht ein Professor schon mit dem ungeliebten Dreck, der weder spektakuläre Forschungsergebnisse noch funkelnde Fußnoten oder satte Aufträge der Industrie erwarten ließ?"* (Winter 1985: 268f.) Der Umstand, dass vorhandene Zeitschriften sich mit rein technischen und organisatorischen Fragen, kaum aber mit den ökologischen Folgen der Abfallentsorgungspraxis auseinandersetzten, ist angesichts vorhandener politischer Aktivitäten, die durch die Wahrnehmung der Folgen dieser Praxis selbst stimuliert wurden, erklärungsbedürftig. Umweltschutz und die Folgen gesellschaftlicher Abfallproduktion sind weder von den Abfallentsorgern noch, wie die Thematisierung in der Zeitschrift „Der Spiegel" beweist, von der breiten Öffentlichkeit zu einem „issue" gemacht worden. Bei der Zeitschrift „Wasser und Boden" ist das Fehlen von Abfallartikeln bis in die 1970er Jahre überraschend, da sie das Publikationsorgan der seit den 1950er Jahren auf eine Änderung der Abfallentsorgung drängenden Einflussgruppe der Wasserwirtschaft war.

Abb. 9: Artikel zum Thema Abfall in „Der Spiegel"
1949-1997

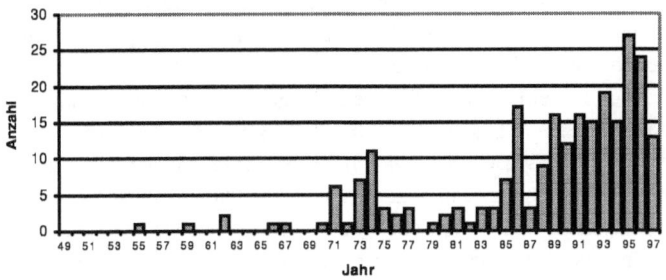

Quelle: eig. Auszählung

Das Stuttgarter Institut für Siedlungswasserwirtschaft an der TU Stuttgart griff dagegen die enge Verknüpfung einer Reihe von Fragestellungen mit dem Abfallbereich in ihren Kolloquien auf, die sich etwa der Frage nach der Behandlung von Klärschlämmen (Kompostierung) oder deren Ablagerung ergibt und veröffentlichte die Ergebnisse in der seit 1957 erscheinenden Reihe „Stuttgarter Berichte zur Siedlungswasserwirtschaft." Dabei standen allerdings ebenfalls Fragen der Organisation und technischen Durchführung der Abfallentsorgung im Vordergrund. Die „Mülltechnischen Kolloquien", später „Abfalltechnische Kolloquien", deren Beiträge z.T. veröffentlicht wurden, sind als erste Treffen der Community der Abfallwissenschaft anzusehen; hier wurden Konzepte wie die geordnete Deponie und weitere technische Lösungen vorgestellt. Diese jährlich zweimal veranstaltete Reihe hatte einen wesentlichen Einfluss auf die Entwicklung der Wissenschaft und durch die Vorstellung von Praxislösungen auf die Festlegung eines Stands der Technik.

Ähnlich hoch ist der Stellenwert der 1964 von Straub herausgegebenen Loseblattsammlung „Müll-Handbuch", das durch die Möglichkeit der Aktualisierung zum ersten Mal einen Überblick über den

Stand der Technik ermöglichte. Das Ziel, Praktiker im Abfallbereich schnell zu informieren, wurde durch den Abdruck von Merkblättern, Verfahrensstandards, VDI-Normen, Gesetzestexten und der Zusammenfassung von Forschungsergebnissen erreicht. Den hier erschienenen Arbeiten ist durch die Verbreitung und die über die Person des Herausgebers gegebene hohe Reputation ein großer Stellenwert beizumessen. Waren etwa die abgedruckten Merkblätter lange Zeit nicht durch Verwaltungsvorschriften oder sonstige juristische Möglichkeiten rechtsverbindlich, so wurde ihre Befolgung bei der Planung von Anlagen dennoch weitgehend vorausgesetzt. Ähnliches galt bis zum Erscheinen der von Hösel/Lersner (1972) herausgegeben Gesetzessammlung zum Abfallbereich in Loseblattform für die Gesetzesinterpretation.

Die Verwissenschaftlichung der Abfallentsorgung lässt sich mit den angeführten Publikationen nur unvollkommen nachweisen, da dort in erster Linie technische Fragen aufgegriffen wurden. Erst mit der Aufnahme des issues Umweltschutz Ende der 1960er Jahre wurden Fragen aufgeworfen, die die Verwissenschaftlichung des Feldes erzwangen. Bis dahin hatte es ausgereicht, die Entsorgung zu garantieren und deren Folgen weitgehend unsichtbar zu halten; bis zu diesem Zeitpunkt galt die Annahme, dass die Natur Ablagerungen reintegrieren würde, was mit den Selbstreinigungskräften des Bodens und des Wassers auf den Begriff gebracht wurde. Erst zu diesem Zeitpunkt wurde der Beweis für diese Annahme durch politische Initiativen zum Umweltschutz und die gesellschaftliche Risikowahrnehmung eingefordert.

Vor diesem Hintergrund ist die Gründung der Zeitschrift „Müll und Abfall" 1969 als „Fachzeitschrift für Behandlung und Beseitigung von Abfällen, Organ für die gesamte Entsorgung und Abfallwirtschaft" zu sehen. Deren Adressaten waren Praktiker und Wissenschaftler, was sich in der Zusammensetzung des Redaktionsbeirates spiegelt: Neben Professoren verschiedener deutschsprachiger Universitäten waren hier Vertreter staatlicher Einrichtungen und Ministerien sowie Mitarbeiter kommunaler Reinigungsbetriebe vertreten. Die Zeitschrift brachte Aufsätze und kürzere Artikel, Diskussionen, Berichte von Kongressen und Konferenzen und berichtete von Bundestags-und Länderparlamentssitzungen. Parallel zu „Müll und Abfall" erschienen die „Beihefte zu Müll und Abfall" in loser zeitlicher Folge, die abfallwissenschaftliche Themen und technische Maßnahmen enthielten.

Abbildung 10 gibt einen Überblick über die gegründeten Periodika; nicht alle dort aufgeführten Zeitschriften und Reihen können als durchweg wissenschaftlich bezeichnet werden. Der Anspruch dieser Publikationen liegt z.T. auf der Information von Praktikern über neue, von der Industrie auf den Markt gebrachte technische Verfahren, über rechtliche Normungen, Veranstaltungshinweise, Personalia etc. Ein nicht unbeträchtlicher Teil des Umfangs der Zeitschriften besteht aus Werbung. Es handelt sich hier um Publikationen, deren Einfluss in der Abfallwirtschaft hoch ist und die nicht unwesentlich zum Diskurs über den Stand der Technik und der Wissenschaft beitragen.

Abb. 10: Übersicht über die Gründung von Periodika im Abfallbereich

Titel	**erst-malig**	**Thematik**
Wasser und Boden	1949	Wasserwirtschaft, seit 1970 Aufnahme der Abfallthematik. Neben anwendungsorientierten Artikeln Aufnahme wissenschaftlicher Fragestellungen. Darstellung neuerer Forschungsergebnisse zur Deponierung
Korrespondenz Abwasser	1954	Wasserwirtschaft
Stuttgarter Berichte zur Siedlungswasserwirtschaft	1957	Wasserwirtschaft. Bis 1969 sind 11 Bände zu Müll erschienen. Arbeiten zu allen Fragen der Abfallbeseitigung
Müll-Handbuch	1964	Abfall, Loseblattsammlung. Enthält Arbeiten zu technischen Aspekten, Merkblätter, Gesetze, Übersichtsartikel, Arbeiten zum Stand der Technik
Müll, Abfall, Abwasser, Umweltschutz	1966	Abfall, Wasserwirtschaft. 1973 eingestellt
Müll und Abfall	1969	Abfall. Reine Abfallzeitschrift zu allen Aspekten der Abfallwirtschaft. Bietet Zusammenfassungen von Forschungsprojekten und Projektskizzen, Arbeiten zum Stand der Technik und der Wissenschaft
Beihefte zu Müll und Abfall	1969	Abfall. Bis 1989 36 Bände. Abdruck von Gutachten, Verfahren und Forschungsergebnissen
Müll-Abfall-Informationen	1970	Abfall. 1973 eingestellt

Titel	erst-malig	Thematik
Abfallwirtschaft in Forschung und Praxis	1976	Abfall. 31 Bände bis 1990. Thematisiert alle Aspekte der Abfallwirtschaft. Berichte von Kongressen und Tagungen, Arbeiten zum Stand der Technik und der Wissenschaft, zu Forschungen und Projekten
EntsorgaMagazin	1981	Umwelttechnik. Stark anwendungsorientiert, bringt gelegentlich wissenschaftliche Beiträge
Internationaler Recycling Kongress	1982	Vermeidung/Verwertung, erscheint jährlich. Berichte zu wissenschaftlichen Fragestellungen und allgemeinen technischen Möglichkeiten
EntsorgungsPraxis	1983	Umwelttechnik, stark anwendungsorientiert
Zeitgemäße Deponietechnik	1987	Deponie, erscheint jährlich als Teil der Stuttgarter Berichte für Abfallwirtschaft. Bildet den Stand der Technik und Wissenschaft ab. Starke Mitarbeit des Umweltbundesamtes
Deponie - Ablagerung von Abfällen	1987	Deponie. Erscheint jährlich, bringt wissenschaftliche Beiträge zu allen Facetten der Deponierung
Ökologische Abfallwirtschaft	1989	Jährlich. Umfasst alle Aspekte der Abfallwirtschaft, Kritik der Abfallpolitik mit Blick auf Kreislaufwirtschaft
MüllMagazin	1989	Abfall und Vermeidung. Kritisiert die herkömmlichen Konzepte
Abfallwirtschafts-Journal	1989	Abfallwirtschaft, bringt Arbeiten zu allen Aspekten der Abfallproblematik, veröffentlicht wissenschaftliche Ergebnisse
EntsorgungsPraxis Spezial	1990	Technischer Umweltschutz. Anwendungsorientiert, gelegentlich mit wissenschaftlichen Arbeiten. Erscheint ab 1992 als Wasser-Abwasser-Praxis

3.2.3 Deponieforschung

Die Abfallwissenschaft hat zu Beginn der 1970er Jahre eine Reihe von Aufgaben übernommen, die eng mit ihrer Ausdifferenzierung über eine reine Ingenieurwissenschaft hinaus zusammenhängen. Der Bedarf für diese Wissenschaft wurde über die Risiken von Abfällen nachgewiesen; die Ermittlung der Höhe jährlich anfallender Abfallberge ist als Ausgangspunkt dieser Wissenschaft zu verstehen. Die Abfallwissenschaft rekrutiert ihre Mitglieder aus verschiedenen Wissenschaftsbereichen;

die Zusammensetzung verweist auf Interdisziplinarität, wenn auch über die Anfangsphase hinaus von einer stark ingenieurwissenschaftlich-technischen Ausrichtung ausgegangen werden kann: Vertreten sind Bau- und Wasserbauingenieure, Geologen, Hydrogeologen, Chemiker, Physiker, Statiker, Wirtschaftswissenschaftler und Juristen.

Mit der Einführung der geordneten Deponie war eine Reihe von offenen technischen Fragen entstanden, die sich auf die Funktion und Wirtschaftlichkeit der Anlagen bezogen. So galt es zu überprüfen, ob die angenommene Unschädlichkeit mit dieser Form der Ablagerung wirklich zu erreichen war und ob verschiedene Optimierungsmöglichkeiten technisch implementierbar bzw. finanzierbar waren. Ferner galt es zu ermitteln, ob die Leistung dieser Anlagen so hoch war, dass ein Bau unabhängig von den örtlichen Verhältnissen möglich wurde. Die Entwicklung innerwissenschaftlicher Fragestellungen soll hier an den Beispielen Messtechnik und Deponiekonzeption nachvollzogen werden, wobei die Abgrenzung von den Bereichen Recht, Politik und Wirtschaft nicht immer trennscharf möglich ist.

3.2.3.1 Messtechnik

Abfall, insbesondere Hausmüll, ist eine Mixtur aus verschiedenen Stoffen, deren Risikopotential nur schwer abschätzbar ist: *„Bis heute kann man die Zone der zu erwartenden Verunreinigungen unterhalb von Mülldeponien nur abschätzen, ein Berechnungsverfahren existiert bisher nicht. Es bleibt daher auch in Fachkreisen ein gewisses Unbehagen, wenn die Rede auf mögliche Verunreinigungen von Oberflächen- und vor allem Grundwasser durch Abfalldeponien kommt."* (Hantge 1975: 1) Die regional und zeitlich oft völlig unterschiedliche Zusammensetzung des Abfalls stellt ein wesentliches Problem bei der Abschätzung und der Übertragbarkeit von Ergebnissen dar. In den 1960er Jahren waren erste Versuche unternommen worden, eine Basis für technische Planungen und die Vergleichbarkeit wissenschaftlicher Untersuchungen bereitzustellen. Daran wurde in den 1970er Jahren durch die LAGA angeknüpft, die zur Koordinierung der Landes- und Bundesgesetze und zur Sicherstellung einheitlicher Maßstäbe gegründet worden war und mit Fachleuten der jeweiligen Ministerien und dem UBA besetzt ist.

Die hier vorgenommenen Normierungen sind Manifestationen des wissenschaftlich Möglichen in Verbindung mit dem politisch Durchsetzbaren; Anlagenplaner und Abfallwissenschaftler beziehen sich in ihren Arbeiten immer wieder auf diese Richtlinien, die z.T. als Ausgangspunkt für weiterführende Arbeiten dienen.[225] Von den Ländern wurden daneben weitere Normierungen vorgenommen, so z.B. von Nordrhein-Westfalen in Form des Richtlinienentwurfes von 1978 zur Untersuchung und Beurteilung von Abfällen.[226] Bei der Entwicklung dieser Untersuchungsmethoden konnte auf die chemische Analytik zurückgegriffen werden; normiert werden sollten hier in erster Linie die Verfahren zur Gewinnung von Proben. Bei der Heterogenität von Abfällen in Abhängigkeit von Zeit und Ort suchte die Wissenschaft damit die Voraussetzung für die Übertragbarkeit ihrer Ergebnisse zu schaffen.[227]

Im Gegensatz zu anderen Wissenschaften arbeitete die Abfallwissenschaft mit Ausgangsmaterialien, die den Anspruch auf Wiederholbarkeit kaum einlösbar erscheinen ließen. In der Wissenschaft besteht ein gängiger Ausweg aus diesem Dilemma darin, Idealisierungen vorzunehmen, also Annahmen über Stoffe und Materialien zu treffen, die sich entweder in Reinheitsansprüchen der Wissenschaft an Stoffe niederschlagen oder zur Konstruktion eines als typisch erachteten Stoffes führen, der wissenschaftlich untersucht wird, womit man dann den Weg in das wissenschaftliche Labor nimmt. Im Abfallbereich ist dieser Weg nicht konsequent gegangen worden: *„Das Ziel, die Umweltbeeinträchtigungen durch die Ablagerung von Abfällen zu mindern, erfordert die Kenntnis des Maßes der Umweltbeeinträchtigungen und der Abhängigkeiten der Emissionen von Bau- und Betriebsmaßnahmen. Diese Kenntnisse sind bis heute ungenügend. Der Mangel an Kenntnissen ist darauf zurückzuführen, daß es bisher nicht gelungen ist, die Untersuchungsmethodik und die Auswertung der Ergebnisse zu stan-*

---

225 Herausgegeben wurden „Richtlinien für einheitliches Vorgehen bei physikalischen und chemischen Untersuchungen bei der Abfallbeseitigung" in Form von Merkblättern durch die LAGA ab Mitte der 1970er Jahre. Vgl. LAGA (1975a,b,c,d, 1977a,b).

226 Landesamt für Wasser und Abfall Nordrhein-Westfalen (1978).

227 Franzius (1980) nennt als Probleme der Deponieforschung die fehlende Möglichkeit der Laborsimulation, aufgrund fehlender *„Standardisierung der Untersuchungsmethoden"*, *„geeignete[r] Meßgeräte"* und *„definierte[r] Versuchsbedingungen"* (14).

dardisieren oder zumindest vergleichbar zu machen." (Stief 1979: 115) Dies liegt nicht zuletzt an der Praxisorientierung der Wissenschaft, die gerade dieses Dilemma zum Ausgangspunkt von Einzelfallentscheidungen für konkrete Entsorgungskonzepte nimmt.

Die Nutzung idealisierter Stoffe im Labor, etwa der der Analyse von Wirkungen eines „Normmülls" auf Materialien und der Abschätzung von Risiken dieser Stoffe, wurde verschiedentlich eingefordert: *„Zusammenfassend kann festgestellt werden, daß es für eine Weiterentwicklung der im Bereich der Entsorgungswirtschaft eingesetzten Anlagentechnik wesentlich ist, Versuche an Realanlagen durchzuführen. Hierzu ist es unumgänglich, ein Gut zu schaffen, mit dem es möglich ist, mit vertretbarem Aufwand reproduzierbare Versuche durchzuführen."* (Wehking/Holzbauer 1989: 248) Allerdings ließen sich die gewonnenen Ergebnisse kaum auf die Wirklichkeit übertragen. So ist z.B. die Ermittlung des Durchlässigkeitsbeiwertes, der über die Dichtigkeit von Bodenschichten Auskunft geben kann, lange Zeit im Labor mithilfe einer Formel durchgeführt worden, die sich im Feld als untauglich erwies und verändert werden musste, da das Verhalten der mineralischen Tonabdichtungen nicht den Annahmen entsprach.[228]

Der Verzicht auf Grenzwerte hängt eng mit diesem Problem zusammen: Weder ist die Messtechnik standardisiert genug, um deren Einhaltung zu überprüfen, noch sind die technischen Voraussetzungen vorhanden, um lokale Konzentrationen auf die Gesamtemission hochzurechnen.[229] Der Versuch, Entnahme, Auswertung und Parameter für wissenschaftliche Zwecke zu normieren, findet bei der Gewinnung des Untersuchungsmaterials seine Grenze: So können Proben durch Homogenisierung und Auslösung der Inhaltsstoffe gewonnen und analysiert werden, wobei die Art und Menge der zu benutzenden Flüssigkeiten selbst wieder eine problematische, d.h. den Erkenntniswert für die

---

228 Vgl. Olzem (1985) und Schmitt (1983).

229 Der Entwurf einer Richtlinie durch das Landesamt für Wasser und Boden NRW setzt Grenzwerte für die Eluate des abzulagernden Abfalls, die zur Abfallklassifizierung und zur Bestimmung des jeweilig zu nutzenden Deponietyps dienen, die in aufsteigender Gefährdungslinie Bodenablagerung, Mineralstoffdeponie, Deponie für Siedlungsabfälle, Deponie für Gewerbe- und Industrieabfälle, Deponie für Sonderabfälle und Untertagedeponie für Sonderabfälle umfasst.

Praxis tangierende Entscheidung bedeutet.[230] Ferner können größere Abfallmengen in speziellen Gefäßen gesammelt und unter Realbedingungen Sickerwässer erzeugt werden. Diese Versuche mit Lysimetern sind von kaum beherrschbaren Randbedingungen abhängig und mit unkalkulierbaren Zufällen verbunden.[231]

Daraus resultierte eine spezifische Form des experimentellen Vorgehens: Bei allen Problemen bei der Ermittlung von Randbedingungen, die eine Voraussetzung für Prognosen darstellt, wurde der Versuch unternommen, in situ, d.h. in Testzellen und später im großtechnischen Maßstab experimentelle Ergebnisse „*durch Forschungsprojekt[e] unter Betriebsbedingungen*" (Stegmann/Ringeltaube 1978: 104) zu extrapolieren. Die Problematik dieser Vorgehensweise war der Abfallwissenschaft bewusst und führte z.B. zu indirekten Beweisverfahren: Danach ist nicht mehr die Zusammensetzung der Abfälle von Bedeutung, von der erst auf ihre Wirkung geschlossen werden muss, vielmehr wird die Wirkung selbst zum Kriterium der Gefährlichkeit.[232]

Stief und Franzius vom UBA formulieren zusammenfassend die sich aus der Messtechnik ergebenden Probleme der Deponieforschung so: „*die Untersuchungsergebnisse sind nicht übertragbar, weil keine reproduzierbaren Untersuchungsergebnisse gewonnen werden können und die Übertragungsbedingungen von Laborversuchen, halbtechnischen Versuchen und Feldversuchen nicht gesichert bekannt sind...Solange die Ergebnisse aus der Simulation von Deponien nicht*

---

230 Typischerweise werden Versuche zur Ermittlung der Durchlässigkeit von Ton mit destilliertem Wasser vorgenommen, das in seinen Eigenschaften den Sickerwässern kaum entspricht.

231 Zu den Versuchen mit Lysimetern siehe die Arbeiten von Spillmann/Collins (1981a,b, 1982). Die Übertragbarkeit und Vergleichbarkeit der Ergebnisse wird dort durch die Nutzung von Müll aus einem Stadtbezirk zu sichern gesucht; zugegeben wird, dass eine Reihe von Fehlerquellen möglich sind, wobei das Problem der Abfallzusammensetzung durch diese Entscheidung als behoben angesehen wird. Der eigene Versuchsaufbau stellt nach Angaben der Autoren die erste experimentelle Arbeit in diesem Bereich dar. Ohne Ausführungen dazu zu machen, gehen die Autoren davon aus, dass ihre Ergebnisse großtechnisch übertragbar sein müssten.

232 Vgl. Müller (1976), der die Frage der Ablagerbarkeit und der Toxizität von Stoffen und deren Auslaugbarkeit durch ein bekanntes, auf den Abfallbereich übertragenes Verfahren, den TTC-Test, erheben will. „*Die irreversible Toxizität löslicher Bestandteile aus Abfallstoffen, die der TTC-Test verläßlich anzeigt, scheint...eine universelle Größe und geeignet zu sein, als Kriterium zu dienen, was im Sinne des Gesetzes als ‚Sondermüll' anzusehen ist.*" (183)

übertragen werden können, sind Emissionsmessungen an Großdeponien, z.B. Sickerwasser und Deponiegas zur Beurteilung der speziellen Situation einer Deponie unumgänglich...Insbesondere ist die Bewertung der Eluatanalyse schwierig und umstritten, weil die bisher angewendeten Eluierverfahren keine reproduzierbaren und übertragbaren Ergebnisse liefern...die Grundprobleme der Abfalluntersuchung, nämlich - Reproduzierbarkeit und Übertragbarkeit der Untersuchungsergebnisse - praxisnahe Simulation - schnelle und billige Untersuchungsverfahren sind allerdings noch nicht gelöst." (Stief/Franzius 1980: 205f.)

Die Autoren nennen damit die seit spätestens 1970 bekannten Gründe, die der Entwicklung einer einheitlichen Messmethodik im Wege stehen, nämlich die heterogene Zusammensetzung des Abfalls, die Heterogenität der Deponiekörper und die unterschiedlichen Deponie-Randbedingungen. Als Zielsetzung der Deponieforschung des Bundes und Umsetzung in die Praxis, die das UBA über die Projektträgerschaft der Deponieforschung weitgehend formuliert, werden die Verbesserung der Forschungsmethodik, die Standardisierung der Untersuchungsmethoden, die Entwicklung und Anwendung geeigneter Messgeräte bei definierten Versuchsbedingungen und die Entwicklung standardisierter Verfahren für Labor oder halbtechnische Versuche zur Bestimmung und Prognose des langfristigen Deponieverhaltens genannt.

3.2.3.2 Deponiekonzeption

Den Ausgangspunkt dieser Technikentwicklung bildete die Annahme der Befürworter der geordneten Deponie der 1960er und frühen 1970er Jahre, dass der Deponiekörper den Eintritt von Wasser verhindere. Als sich diese Hypothese als falsch erwies, wurde auf die Selbstreinigungskräfte des Bodens vertraut, deren Nachweis in verschiedenen Arbeiten geleistet werden sollte. Als Ergebnis hat sich die Auffassung durchgesetzt, dass zwar von einem solchen Vermögen ausgegangen werden kann, seine Größe allerdings nicht quantitativ abschätzbar ist. Eine zentrale Rolle spielt deshalb die Dichtigkeit von Tonen als Basisabdichtung, die in den 1970er Jahren verstärkt in Frage gestellt wurde.

In der Folge ist eine Reihe von Materialien verwandt worden, die z.T. aus dem Wasserbau bekannt waren und deren Angemessenheit für diesen Zweck unterstellt wurde; Anwender und Wissenschaftler berichten bis heute über die Verwendungsmöglichkeiten künstlicher und natürlicher Abdichtungen von Deponien. Ähnlich wie die Eigenschaften der natürlichen, sind die der künstlichen Abdichtungen erforscht worden. Die benutzten Folien gelten im Ergebnis zwar noch als mechanisch dicht, chemisch aber durchlässig. Unter Annahme bestimmter Eigenschaften, die in den Genehmigungen und den dabei angestellten Gutachten festgehalten wurden, wurden Anlagen errichtet, die nach einer gewissen Zeit unerwartetes Verhalten zeigten.[233]

Die Dynamik der Technikentwicklung wurde durch externe Bedingungen entscheidend beeinflusst. Die Ölkrisen der 1970er Jahre[234] und die Finanzprobleme der Städte führten zum Verzicht auf die Entwicklung technisch anspruchsvoller und teurer Lösungen wie der Verbrennung und der Pyrolyse. Augenfällig wird diese Entwicklung bei einem Vergleich mit den amerikanischen Entwicklungen, die allerdings einen gewissen zeitlichen Vorlauf aufwiesen.[235] In der Folge wurde eine Reihe von Verfahren zur Inertisierung der Abfälle in den Deponien selbst mit dem Ziel durchgeführt, Langzeitgefährdungen auszuschließen und nach Verfüllung und einer gewissen Wartungszeit zu einer Lösung zu gelangen, nach der die Deponien „vergessen", also sich selbst überlassen werden konnten. Eines dieser Konzepte, die Rottedeponie, bestand darin, auf der Deponie eine Art Kompostierung durchzuführen. Erreicht werden sollte damit eine Volumenreduzierung und der Abbau organischer Substanzen, die als das Hauptgefährdungspotential eingeschätzt wurden. Zu diesem Verfahren wurden in situ-Experimente

---

233 Franzius (1980): „*Die Praxis der Abdichtung ist der Forschung davongelaufen.*" (8)

234 „*Erst die Ölschocks...ließen die Blütenträume der Forschung und Entwicklung verdorren und nur die Deponie als noch bezahlbar übrig.*" (Schenkel 1985: 59f.)

235 „*Es mußte nur exotisch und teuer genug sein, dann wurde es ein von der amerikanischen Umweltbehörde EPA gefördertes Projekt...Ganze Völkerscharen reisten in die USA, um sich diesen Technologie-Zauber anzuschauen. Öl und Brennstoff aus Müll, Pyrolyse in allen Varianten und Temperaturbereichen, Wertstoffauslese und Deponietechnik wurde vorgeführt, bestaunt und teilweise auch übernommen.*" (Schenkel 1985: 59) Gegen diese Entwicklung innovativer Technik im Labor und Technikmaßstab zu Beginn der 1970er Jahre, die durch großzügige Forschungsförderung begünstigt wird, stellen Schenkel u.a. fest: „*die USA [sind] jetzt in ein Stadium eingetreten...wo nicht mehr experimentiert, sondern in großem Maßstab investiert wird.*" (Schenkel/Trum/Keller 1980: 115)

durchgeführt, die den Funktionsnachweis der Technik erbringen sollten.

Eine weitere, damit eng verknüpfte Versuchsreihe wurde mit dem Verfahren der Sickerwasserkreislaufführung (SK-Verfahren) unternommen. Dabei war das Ziel, den Hauptpfad der Deponieemissionen[236] zu kontrollieren und die kostspielige Reinigung kontaminierter Sickerwässer überflüssig zu machen, was dadurch geschehen sollte, dass die erste Abbauphase im Deponiekörper, die nach verbreiteten Schätzungen bis zu zehn Jahren dauern kann, beschleunigt werden sollte. Dieses Verfahren wurde von Beginn an von sehr unterschiedlichen Hypothesen begleitet. Die Selbstreinigungskraft und das Abbauvermögen des Deponiekörpers sowie seine Fähigkeit, Stoffe zu binden, wurden im Extremfall als so groß eingeschätzt, dass eine Inertisierung des Deponieinhalts für möglich gehalten wurde. Die mit der Rottedeponie und der Sickerwasserkreislaufführung gewonnenen Erkenntnisse führten zum Konzept des technisch nicht kontrollierbaren, ungesteuerten Reaktors.

Die sich an die Erprobung dieser Verfahren anschließende Diskussion zielte auf zwei Bereiche: Technisch ging es darum, eine Lösung für die Risiken der Deponierung bei den bekannten Randbedingungen zu finden. Dabei wurde betont, dass der ungesteuerte Reaktor einen Risikofaktor darstellte, der angesichts des gestiegenen Umweltbewusstseins der Gesellschaft nicht länger tolerierbar sei. Die verwendeten Techniken des Deponiebaus und -betriebes wurden unter dem technischen Begriff Bauwerk subsumiert.

Daran anschließend wurden Mitte der 1980er Jahre Lösungen entwickelt, die Deponien konsequent als Bauwerke konzipierten. Damit wurde versucht, die Kriterien der Reparierbarkeit und Kontrollierbarkeit zu erfüllen und die Rückholbarkeit der Inhaltsstoffe aus Gründen späterer Wiederverwendung zu ermöglichen. Dazu wurden neue Deponietypen vorgestellt, wie z.B. Deponien auf Stelzen, die den Einbau von Überwachungsschächten ermöglichen sollten. Ferner wurde die Übernahme einer Lösung für den Sondermüllbereich, Behälter aus Beton zu

---

236 Cube (1975): „*Alle Autoren, welche bislang auf dem Gebiet der Untersuchungen über das Verhalten des Sickerwassers im Untergrund gearbeitet haben, erklären mit den Praktikern übereinstimmend, daß Abfallhalden das Grundwasser erheblich verunreinigen.*" (44)

bauen, die einen weitgehenden Abschluss der Abfälle gewährleisten und den oben genannten Kriterien entsprechen sollten, in Betracht gezogen.[237]

Der zweite Aspekt der Diskussion zielte auf die Finanzierung angesichts der in den Blick geratenen Langzeitgefährdung ab. Eine reparierbare Basisabdichtung als Teil der Bauwerklösung gilt z.B. bis heute als nicht umsetzbar und, mit der Begründung, eine Undichtigkeit hier würde ohnehin erst nach frühestens 10 Jahren feststellbar sein, auch als nicht wünschenswert. Daraus folgt, dass Investitionen in Sicherheitseinrichtungen, Betriebsmaßnahmen und Nachsorge nicht nur für einen überschaubaren Zeitrahmen aufzubringen sind, sondern vielmehr, besonders pointiert durch die Vertreter des UBA mit dem Schlagwort der *„Deponie als moderne Pyramide"* (Schenkel 1986a) formuliert, dass die Notwendigkeit besteht, Bauwerke über einen kaum absehbaren Zeitraum instandzuhalten und gegebenenfalls sanieren zu müssen: *„Bei der Neuanlage von Deponien muß Abschied genommen werden von der Annahme, daß eine Mülldeponie pflegefrei für die Ewigkeit gebaut wird und - fast schlimmer - daß die Deponie sich selbst bzw. den selbstheilenden Naturkräften überlassen bleibt. Die Deponie muß als Bauwerk angesehen werden, daß ständiger Überwachung, Pflege und Nachbesserung bedarf."* (Salomo 1985: 66)[238]

Trotz der Entwicklungen in den 1960er Jahren galt zu Beginn der 1970er Jahre, dass zur Abfallbeseitigung Technik genutzt wurde, von der eigentlich wenig bekannt war. Materialien etwa wurden aus anderen Technikbereichen entliehen; ob dies zulässig war, blieb weitgehend ungeprüft: *„Die Kenntnisse über die mannigfachen Beanspruchungen solcher Dichtungen sind noch recht ungenau. Über ihre Veränderung, unter diesen Beanspruchungen im Laufe der Jahre, weiß man eigentlich noch nichts. Ob Analogieschlüsse aus dem Wasserbau zulässig sind, muß erst nachgewiesen werden."* (Schenkel 1975: o.S.) Über die Funktion genutzter Verfahren gab es Hypothesen, die noch weitgehend unbewiesen waren. Im politischen Raum setzte sich die Überzeugung durch, dass die Abfallentsorgung einen wichtigen Bestandteil des Umweltschutzes darstellte, was sich darin niederschlug, dass die Abfallbeseitigung Teil des Umweltprogrammes von 1971

---

237 Siehe als Überblick der diskutierten Lösungen Knüpfer/Meseck (1985).
238 Vgl. auch die Monographie Baccini/Ryser (1988).

wurde. In dem Beitrag der Projektgruppe Abfallbeseitigung[239] wurde die Errichtung einer „Bundesanstalt für Abfallwirtschaft" oder eines „Instituts für Abfallwirtschaft" gefordert, durch das Forschung koordiniert, Methoden und Instrumente entwickelt und technische Normen gesetzt werden sollten, *„Ganz im Geist der Zeit glaubt man noch, daß für jedes Problem auch eine Lösung besteht."* (Grassmuck/Unverzagt 1991: 36) Politische Überlegungen einer Verbesserung der finanziellen Ausstattung und einer anderen Organisation der Abfallwissenschaft[240] trafen mit Versuchen der neuen Disziplin zusammen, die Grundlagen für ihre Institutionalisierung zu legen.[241] Umgesetzt wurden diese Interessen 1974 mit der Gründung des Umweltbundesamtes (UBA), als dessen Aufgaben die Beratung der Politik, die Bestandsaufnahme der Umweltsituation und die Koordinierung von Forschung formuliert wurden.[242]

Das Umweltbundesamt wurde in drei Fachbereiche gegliedert: Der Erste umfasst allgemeine Umweltfragen, so eine Umweltdokumentation, die in Form des „Informations- und Dokumentationssystem Umwelt" als Datenbank geführt wird, die Zulassung von Chemikalien und die Entwicklung von Methoden der Umweltplanung. Die Aufgabe des zweiten Bereichs ist der Immissionsschutz, im Mittelpunkt steht dabei die Entwicklung von Grundlagen, Mess- und Überwachungsverfahren und die Durchführung von Forschungsarbeiten. Der dritte

---

239 Materialien zu BT-Drucksache (VI/2710: 37-65).

240 Vgl. Hösel (1972) in seinem Bericht zur Anfrage von Bundestagsabgeordneten nach Wirksamkeit der ZFA bei der derzeitigen Ausstattung und nach den Schwierigkeiten bei der Stellenbesetzung, bei deren Antwort von der Bundesregierung die Errichtung des UBA angekündigt wird: *„Die Bundesregierung prüft zur Zeit die Möglichkeiten zur Errichtung einer technisch-wissenschaftlichen Beratungseinrichtung, die den hohen und vielseitigen Anforderungen gerecht wird, die gegenwärtig und in nächster Zeit an die Siedlungsabfallwirtschaft gestellt werden."* (102)

241 Vertreten waren die BGA/ZfA (Langer, Pierau, Leonhardt, Niemitz, Lauer, Höffken, Wagenknecht), AkA (Straub), Wissenschaftler aus der Stuttgarter Schule (Schenkel, Jäger, Ferber, Strauch), verschiedene Praktiker, die Gießener Institute (Knoll, Farkasdi, Weber), das Battelle-Institut (Fink, Lichtwehr, Rasch), der Deutsche Städtetag (Doose, Müller) sowie Vertreter von Bundes- und Länderbehörden und kommunalen und privaten Städtereinigungsbetrieben. Die Liste der Namen repräsentiert die Abfallwissenschaft zu dem Zeitpunkt.

242 Zu den einzelnen Funktionen von Organisationen der wissenschaftlichen Politikberatung siehe Jasanoff (1990).

Bereich, Abfall- und Wasserwirtschaft, umfasst, neben der Entwicklung von Möglichkeiten der Nutzung und Verwertung von Abfällen und ihrer schadlosen Ablagerung, die Abfallklassifizierungen und die Erforschung von Verfahren.[243]

Diese Aufgaben wurden dadurch umgesetzt, dass das Amt die Aktivitäten in der Umweltforschung der verschiedenen Einrichtungen des Bundes koordinieren sowie die Trägerschaft von Drittmittelprojekten übernehmen sollte. Ferner sollte über die Evaluation von wissenschaftlichen Arbeiten und technischen Verfahren[244] durch das UBA die Voraussetzung zur technischen und rechtlichen Normung geschaffen werden.

Die Vergabe von Bundesmitteln zur Abfallforschung durch das UBA ermöglichte die thematische Steuerung der Forschung. Wesentlich beeinflusst wurden davon Fragestellungen der Deponieforschung; insbesondere galt dies für die Bereiche Langzeitsicherheit, Lernen aus Altlasten, Lernen am Objekt und Inertisierung/Vorbehandlung von Abfällen. Führende Mitarbeiter fassen ihre Wirkung auf die Abfallwissenschaft wie folgt zusammen: *„Die Umsetzung der Forschungsergebnisse in die Praxis erfolgt in der Regel durch breite Streuung der Abschlußberichte, durch Vorträge bei abfalltechnischen Seminaren und Fachveröffentlichungen sowie durch Mitarbeit der Projektbegleiter des Umweltbundesamtes in Arbeitsgruppen zur Erarbeitung von Merkblättern und Richtlinien. Wir sind sicher, daß die vom Umweltbundesamt getragenen Auffassungen, die nicht zuletzt durch die Ergebnisse oder Erfahrungen der Deponieforschung gestützt werden, die Fachmeinung zu wesentlichen Fragen der Deponiepraxis maßgeblich beeinflußt haben.*" (Stief/Franzius 1980: 207)

Durch die Mitarbeit bei der Formulierung von Gesetzen, Verwaltungsvorschriften, Merkblättern und die Mitarbeit in der LAGA, die

---

243 *„Die wissenschaftlichen Tätigkeiten des Umweltbundesamtes dienen in erster Linie der Erarbeitung der wissenschaftlichen Grundlagen für die Umweltpolitik der Bundesregierung, insbesondere für die Erarbeitung von Rechtsverordnungen und Verwaltungsvorschriften...Darüber hinaus haben sie die Fortentwicklung des Standes der Technik und die Erweiterung des Wissens- und Erkenntnisstandes zum Ziel."* (Bundesbericht Forschung 1975: 321)

244 *„Doch der Schwerpunkt seiner Arbeit [des Wissenschaftlers am UBA] wird nicht so sehr auf der eigenen Forschung als auf der Bewertung und Umsetzung von Forschungsergebnissen anderer sein, woher sie auch kommen mögen."* (Lersner 1974: 5)

Mitgliedschaft in verschiedenen Arbeitsgemeinschaften zum Thema Abfall sowie eigene Publikationsreihen und Tagungen bestand die Möglichkeit, Standards zu setzen. Hinzu kam, dass die Mitglieder des UBA die Formulierung des Stands von Technik und Wissenschaft bei Tagungen, etwa den Stuttgarter Kolloquien, intensiv nutzten. Manifest wurde die Normsetzung an dem von Stief entwickelten Modell der Multibarrierendichtung, das gegenwärtig als Stand der Technik und Voraussetzung der Genehmigungsfähigkeit einer Deponie gilt . Mit der Übernahme von Funktionen für unterschiedliche Akteure hat das Amt den Charakter einer Schnittstelle zwischen Forschung, Technik, Normung, Gesetzgebung und Wirtschaft. Konkret zeigt sich dies an dem Umstand, dass das UBA nicht nur wissenschaftliche Forschung betreibt und steuert, sondern auch über die Formulierung technischer Mindestanforderungen und über Festlegungen zumutbarer Risiken entscheidet. Weiteren Einfluss hat das Amt im Rahmen von Gutachten und Expertisen für Genehmigungsbehörden.

Der durch die zugewiesenen Funktionen begründete Einfluss des UBA wurde durch die personelle Zusammensetzung der Abfallwissenschaft noch verstärkt. Nimmt man an, dass diese durch einen kleinen Kreis akademischer Wissenschaftler und einen größeren Umkreis von Praktikern gebildet wird, so sind die Mitarbeiter des UBA durch ihren Zugriff auf deren Wissensbestände und ihren Überblick über Forschungsentwicklungen privilegiert, was sich in der Anzahl der Überblicksartikel der Mitarbeiter des Amtes widerspiegelt.[245] Da zu den Aufgaben des Amtes nicht nur die Evaluation der Forschung und die Politikberatung gehören, sondern auch die Information von sonstigen Nachfragern, also Technikern und Planern, wird hier Wissen gewissermaßen monopolisiert.

---

245 Die Überblicksartikel in verschiedenen mülltechnischen Zeitschriften und Periodika sowie sonstigen Publikationen wurden in überwiegender Zahl von Stief, Schenkel und Franzius verfasst. Insbesondere Bestandsaufnahmen der Deponietechnik und deren Entwicklung, der Zukunft der Deponie und ihren Langzeitauswirkungen sowie Richtlinien im In- und Ausland wurden thematisiert.

3.3 Technikgenese und Gesellschaft

Verwissenschaftlichung und erste Normierungen im Abfallbereich fallen zeitlich mit dem Aufkommen des Umweltschutzes als gesellschaftlichem Thema zusammen. Für den Bereich können Vorläufer in den 1950er und 1960er Jahren nachgewiesen werden, eine breite öffentliche Wahrnehmung erfolgte aber erst in den 1970er Jahren.[246] Der Umweltschutz ist in der BRD mit dem Umweltprogramm der Bundesregierung 1971 zu einem politischen Ziel erklärt worden; die geregelte, unschädliche Abfallentsorgung erhielt hier einen hohen Stellenwert, der sich in den kurz nach dem Umweltprogramm erlassenen Gesetzen dokumentiert.[247] Die Politik reagierte auf die Mülllawine und die einsetzende Wahrnehmung der Gefährlichkeit von Abfällen mit der Entwicklung der Abfallbeseitigung als technischem Umweltschutz.

Die Abfallbeseitigung als Teil der Umweltpolitik zielte lange Zeit in erster Linie auf die Bereitstellung ausreichender Entsorgungskapazitäten ab. Dieses politische Ziel wurde seit den 1960er Jahren verfolgt und durch die geordnete Deponie umgesetzt. Diese Entwicklung koinzidierte mit der politischen Planungseuphorie der späten 1960er und frühen 1970er Jahre: Die mit dem Abfallbeseitigungsgesetz 1972 eingeführten Planungsnormen und -instrumente sollten eine mittelfristig befriedigende Lösung bieten.

Waren Abfallbeseitigungsanlagen bereits vorher unbeliebt und Gegenstand juristischer Auseinandersetzungen vor dem Hintergrund partikulärer Interessen, so wurde mit der Umweltbewegung politischer Protest in Gang gesetzt, der über das bekannte Maß hinausging und eine neue Qualität aufwies: Aus der Reaktion auf unangenehme Entscheidungsfolgen wurde ein Risikodiskurs über Technik.

---

246 Dies deckt sich mit der Darstellung der Entwicklung der Umweltforschung bei Küppers/Lundgreen/Weingart (1979). Im Abfallbereich sind als populäre Schriften zu nennen: Packard (1960) und Reimer (1971). Reimer widmete sich ausdrücklich dem Thema Boden, da seiner Meinung nach hier besondere Defizite bestanden.

247 Populärwissenschaftliche Arbeiten kritisieren in der Regel die Umweltpolitik als wenig erfolgreich, sehen aber z.T. in der Abfallpolitik Fortschritte. Positive Entwicklungen im Bereich der Deponierung sieht etwa Bechmann (1984: 84).

3.3.1 Implizite Normung

Die geordnete Deponie wurde zwar von politischer und wissenschaftlich-technischer Seite zum geeigneten Instrument der unschädlichen Abfallbeseitigung erklärt, hatte aber mit den negativen Erfahrungen mit Müllkippen in der Vergangenheit und Wissensdefiziten zu kämpfen.[248] Die neu geschaffenen Instrumente des AbfG erwiesen sich angesichts der gesellschaftlichen Risikowahrnehmung bald nach ihrer Einführung als kontraproduktiv und führten zur Verlängerung der Genehmigungsverfahren und zu Durchführungsdefiziten.

Ein Versuch, diesen gesellschaftlichen Widerständen zu begegnen, lag in der Nutzung neuer Technologien, die von den negativen Erfahrungen der Vergangenheit nicht berührt waren, über die aber auch nur sehr begrenztes technisches Wissen verfügbar war: *"So wird zum Beispiel immer wieder versucht, neue Technologien zur Abfallverwertung, deren Eignung im halbtechnischen Maßstab noch nicht nachgewiesen werden konnte, als Ersatz für die Ablagerung anzupreisen, wobei natürlich nicht versäumt wird, die schrecklichsten Darstellungen über angebliche Auswirkungen von Deponien zu geben. Sogar zur Durchsetzung der Kompostierung glaubte man bis vor einiger Zeit nicht ohne die Verdammung der Ablagerung auszukommen."* (Stief 1978a: 152)

Ein Beispiel für den Versuch, durch neue technische Pfade Widerständen zu entgehen, war die Einführung der Pyrolyse in den 1970er Jahren. Mit dem Verweis auf das technisch bereits im Labormaßstab entwickelte und auf den Bau von Demonstrationsanlagen zur Bestätigung des technischen Wissens, wurden Anlagen in Aussicht gestellt, die den Müll schadlos und vollständig beseitigen sollten. Diese Entsorgungstechnologie entwickelte sich vor allem durch die publizistische Aufnahme zu einem Selbstläufer.[249] Trotz der sich schnell herausstellenden Schwächen der Technik wurden von der Öffentlichkeit große

---

[248] Reimer (1971): *"Der Abfallberg ist wie ein Eisberg: die größten Gefahren lauern unterhalb der Wasserlinie."* (12) Und: *"Die geordnete Deponie - so einfach das Verfahren ist - kann noch keineswegs als erforscht bezeichnet werden."* (157)

[249] Tatsächlich sind hier große Ähnlichkeiten mit der kalten Fusion gegeben.

Hoffnungen an die Problemlösungsfähigkeit des Verfahrens gesetzt.[250]

Die Lage der Abfallbeseitigung wurde ferner durch den Umstand verkompliziert, dass das in den 1980er Jahren gestiegene Risikobewusstsein der Gesellschaft vor allem durch die Auseinandersetzungen um die Atomenergie zu einer Verlagerung von der Wahrnehmung temporärer Umweltbedrohungen hin zu Langzeiteffekten geführt hatte. Das Thema der langfristigen Bindung von Entscheidungen wurde in den gesellschaftlichen Risikodiskurs aufgenommen. Die Folge war eine Umdefinition: Deponien wurden von temporären Beeinträchtigungen der Umwelt zu bleibenden Belastungen.[251]

Wissenschaftlich konnte das Langzeitverhalten von Ablagerungen noch immer nicht sicher bestimmt werden. Die Möglichkeit wissenschaftlicher Erforschung von Anlagen und einer auf der Basis von gewonnener Erkenntnis stimulierten Entwicklung der Technik setzte nach Ansicht vor allem der Wissenschaftler aus dem Umweltbundesamt eine Änderung der Praxis der Anlagenplanung voraus. Gefordert wurde die Abkehr von der impliziten Normung, nach der neue Anlagen möglichst wenig Ähnlichkeiten mit vorhandenen aufweisen sollten und von der an (temporär) niedrigen Kosten orientierten Abfallbeseitigung, zugunsten eines Abfallmanagements auf dem technischen Niveau der Produktion.[252] Nicht länger sollte auf Durchsetzungsprobleme mit dem Bau von Prototypen ohne Nachfolger begegnet werden, vielmehr sollten kontrollierte Variationen von Anlagentypen inkrementales Lernen ermöglichen. Die Abfallwissenschaft, die weitgehend auf Realexperimente angewiesen war, suchte nach einem gültigen Versuchsaufbau der Deponie, den es erst noch zu konstruieren galt.

Die Technikentwicklung im Deponiebereich war lange Zeit

---

250 Vgl. dazu Tietmann (1984), der anhand des „Pyrolysesyndroms" in der zweiten Hälfte der 1970er Jahre belegt, dass die Politik bei ihrem Versuch, Standortkonflikte zu umgehen, auf noch unterentwickelte, gleichwohl mit großen Versprechungen versehene Lösungen setzt. Sammet (1983) fasst deren Entwicklung so zusammen: *„Als Wunder begrüßt, kurz danach als Schrott verschenkt."* (232)

251 Versuche, durch Rekultivierungsmaßnahmen verfüllte Deponien als Freizeitanlagen oder landwirtschaftlich zu nutzen, wurden deshalb obsolet.

252 Lühr (1987): *„Die Entsorgung kann künftig nicht mehr losgelöst von der Produktion betrachtet werden. Produktion und Entsorgung bilden eine Einheit. Gleiches technisches und naturwissenschaftliches know-how ist für beide Bereiche anzusetzen."* (o.S.)

durch den Versuch geprägt, etablierte Pfade durch neue Technik zu verlassen: *„Das Geschehen um die und in der Abfallbeseitigung - Abfallwirtschaft wird zunehmend von ‚schubweisen' technischen, ökonomischen und ökologischen Denkanstößen geprägt. Über die praktische Nutzanwendung an der ‚Müllfront' ist damit noch keine Aussage getroffen. Die ‚Schubansätze' haben die verschiedenen Ausgangspunkte. Einmal können es wirklich brauchbare technische Neuanfänge sein, die einer äußerst behutsamen Einführung bedürfen; aber auch reine Wunsch- und Zukunftsvorstellungen beeinflussen das Geschehen in der Abfallwirtschaft...Anlaß sind die Probleme im Rahmen von Standortfestlegungen und Standortdurchsetzungen für Abfallanlagen. Daraus entwickelt sich das Sankt-Florians-Prinzip und führt letztlich immer zum Pokerspiel mit der Technik. Derzeit läßt sich hinter einer solchen Handlungsweise sehr oft die illusionäre Hoffnung derjenigen erkennen, die da meinen, daß dadurch der Rückgriff auf die herkömmlichen Beseitigungssysteme - die nüchterne Technik - erspart bleibt. Die Hoffnung sehen sie darin begründet, daß die Durchsetzung herkömmlicher Systeme in unserer heutigen äußerst sensiblen Umwelt auf immer größere Schwierigkeiten stößt."* (Sammet 1983: 232)

Interne Auseinandersetzungen in der Abfallwissenschaft über die Leistungsfähigkeit neuer, unerprobter Anlagen, sind überraschenderweise bis zu Beginn der 1980er Jahre kaum nachweisbar. Dieser Umstand verweist auf die enge Kopplung der Wissenschaft an die Praxis: Die Durchsetzung von Standorten und Technik in kommunalpolitischen Arenen stellte ein Ziel dar, das die Wissenschaft inkorporierte. Dies hatte für sie vor allem einen positiven Effekt, da im Wesentlichen nicht solche, in den Bereich technischer Planungsroutine übergegangene Anlagen, sondern einen hohen Aufwand an Entwicklungskosten und wissenschaftlicher Expertise erforderlich machende Konzepte eingeführt wurden.

Daraus ergab sich die Konstellation, dass Kommunen, Teile der Wissenschaft, Technikbüros und Betroffene sowie Umweltschutzgruppen die technische Aufrüstung favorisierten, die von der Industrie und Teilen der Politik, aber auch vom Umweltbundesamt kritisiert wurde. Dazu gehörte, dass wissenschaftliche Untersuchungen zwar Aussagen über bestimmte Deponiemerkmale ergeben hatten, das Problem des mittel- und langfristigen Verhaltens von Anlagen aber noch immer ungelöst blieb. Wesentlich war hier, dass die geordnete Deponie der 1960er und 1970er Jahre ein technisches Paradigma darstellte, das durch technische Änderungen der Versuchsaufbauten in Realexperimenten nur unvollkommen in ein Stadium des organisierten Erkenntnisgewinns geführt werden konnte.

Die Nutzung neuer Technik war nicht nur finanziell aufwendig: Da sie eine Reaktion auf öffentliche Forderungen nach größtmöglicher Sicherheit darstellte, wurden Planungen zu partizipativen Verfahren mit der Folge, dass politische und technische Planer von sozialen Akteuren abhängig wurden, deren Bereitschaft, Widerstände aufzugeben, nicht prognostizierbar war. Es fehlte Planungssicherheit. Aus dieser Situation heraus entstand zu Beginn der 1980er Jahre eine technisch-wissenschaftliche Auseinandersetzung, deren Ziel in der Beseitigung interpretativer Flexibilität und in einer technischen Normung lag. Damit sollten Planungssicherheit, Vergleichbarkeit der Anlagen und Kostenbegrenzungen erreicht werden. Verhandlungen, Überzeugungen und Macht wurden genutzt, um technische Festlegungen durchzusetzen und zu stabilisieren. Verkörpert wurde das Ergebnis durch die Multibarrieren-Deponie und durch ein wissenschaftliches Programm zur Langzeituntersuchung von Ablagerungen.

In diesem Schließungsprozess fungierte das Umweltbundesamt als der zentrale Akteur, der verschiedene gesellschaftliche Interessen inkorporierte: wissenschaftliche[253] durch seine Stellung in der Forschungslandschaft, wirtschaftliche durch die Orientierung an (Entsorgungs-) Preisen und der Sicherung bestehender Produktionsformen, politische[254] durch die Suche nach Kalkulierbarkeit der Entsorgung und Durchsetzbarkeit von Anlagen, technische durch den Versuch der Stan-

---

253 Stief (1978b): *„Ich komme mehr und mehr zu der Überzeugung, daß man die Auswirkungen der Ablagerungen nur dadurch abschätzen und bewerten kann, daß an einer Vielzahl von Anlagen Messungen und Untersuchungen nach gleichem Muster vorgenommen werden."* (299)

254 Stief (1978b): *„Die Schwierigkeiten, Deponien im Zuge der Planfeststellungsverfahren durchzusetzen, entstehen hauptsächlich auch dadurch, daß die Besorgnisse hinsichtlich des negativen Langzeitverhaltens der Abfallablagerungen nicht zufriedenstellend zerstreut werden können...Untersuchungen zum Langzeitverhalten von Deponien können und sollen Beweise liefern."* (297)

dardsetzung[255] und gesellschaftliche,[256] die auf die Beibehaltung von Konsum- und Produktionsverhalten sowie auf die Risikominimierung abstellten.

3.3.2 Technische Konzepte als experimentelle Aufbauten

Vor diesem Hintergrund entstand eine Auseinandersetzung um die neue Deponie zwischen den Verfechtern verschiedener Deponiekonzepte.

Die Reaktordeponie
Unter diesem Begriff wurden verschiedene technische Lösungen zusammengefasst, deren Gemeinsamkeit darin bestand, dass sie eine eigenständige Beseitigungslösung darstellten, die auf die Nutzung anderer technischer Anlagen weitgehend verzichten konnte. Unter der Annahme, dass der Reaktor nach einer gewissen Zeit inaktiv werde, und sich dieser Zeitraum durch verschiedene Möglichkeiten beeinflussen lasse, war sie das Thema einer Reihe von Forschungsprojekten. Insbesondere Rottedeponien und die mit dem Sickerwasserkreislaufverfahren betriebene Deponien wurden untersucht.

Die Ergebnisse der in situ-Experimente zur Rottedeponie wurden als ernüchternd eingestuft: *„Der große Vorteil der Einsparung an Deponievolumen...wog für die Deponiepraxis die Erschwernisse im Deponiebetrieb offenbar nicht auf, zumal die Vorteile hinsichtlich Sickerwasser und Deponiegas den hohen Erwartungen nicht entsprachen."* (Stief 1989a: 11) Auffällig an dieser Einschätzung war, dass die Nachteile des Verfahrens an den angekündigten Vorzügen gemessen wurden, nicht aber an denen vergleichbarer Verfahren. Ähnlich wurde die Ablehnung des Sickerwasserkreislaufverfahrens begründet, durch das im Wesentlichen eine künstliche Sedimentation mit geringem Gefahrenpotential erzielt werden sollte, die auf biologischen Abbauprozes-

---

255 Siehe dazu etwa Schenkel (1988).

256 Stief (1978b): *„Ich bin zuversichtlich, daß zuverlässige Untersuchungen die Stellung der Ablagerung als Abfallbeseitigungsmethode festigen werden."* (297)

sen im Müllkörper beruht. Dieses, besonders durch Spillmann/Collins[257] erforschte Verfahren, wurde mit dem Ziel einer weitgehenden Beseitigung der Sickerwässer durch Verdunstung und mithilfe von Abbauprozessen betrieben.[258] Stief vom Umweltbundesamt erklärt das Verfahren wegen der nur geringen Steuerungsmöglichkeiten des Reaktors und der Beeinträchtigung des normalen Deponiebetriebes für gescheitert: *„Die Sickerwasserkreislaufführung hat sich nicht durchgesetzt. Sie wird...mit abnehmender Tendenz...durchgeführt."* (Stief 1989a: 11) Zwar reklamierten Vertreter der Reaktordeponie weiter dringenden Forschungsbedarf zum Abbauprozess innerhalb von Deponien.[259] Der überwiegende Teil der Community hielt die Probleme aber für unlösbar und sah in der Reaktordeponie ein Verfahren, das nur aus wirtschaftlichen Gründen zu wählen sei.[260]

Die Bauwerkdeponie
Dieses Deponiekonzept wurde Mitte der 1980er Jahre aus dem Bereich der Entsorgung nuklearen Abfalls übernommen. Die Begriffe „Endlager", „Zwischenlager", „Rückholbarkeit" und „Reparierbarkeit" prägten nachhaltig die öffentliche Diskussion über Deponien.[261] Im Gegensatz zur „Reaktordeponie" sollten Anlagen den vollständigen Einschluss des Abfalls garantieren und deswegen standortunabhängig betrieben werden können. An die Qualität der Abfälle wurden verschiedene Erwartungen geknüpft: Problematische Abfälle, die als nicht deponiefähig angesehen wurden, sollten zwischengelagert werden, vorbehandelte, trockene Abfälle dagegen endgelagert.[262] Ökonomische Argumente standen gegen die Bauwerkdeponie im Vordergrund: Schenkel vom Umweltbundesamt verwies darauf, dass *„Baukonzepte als gigantische Fehl-*

---

257 Diese Autoren haben dabei einen eigenen Forschungsaufbau entwickelt. Aus den durchgeführten Feldversuchen ergaben sich Forschungsfragen, die in die Grundlagenforschung hereinreichten. Vgl. dazu Herbold/Vorwerk (1993).

258 Vgl. Cord-Landwehr (1981), der die völlige Beseitigung der Sickerwässer durch das Verfahren für möglich hält und dies im Rahmen eines Versuches nachzuweisen versucht.

259 Vgl. Stegmann (1990: 567).

260 So der Rat von Sachverständigen für Umweltfragen (1991) mit dem Argument, dass in ländlichen Gebieten der Transport zur nächsten Müllverbrennungsanlage zu teuer sein könnte.

261 Vgl. zur Übernahme dieser Konzepte Appel (1989).

262 Vgl. Baccini/Ryser (1988).

investitionen" (Schenkel 1986b: 47) anzusehen sind, wenn unbehandelte Abfälle eingelagert werden; Stief problematisierte, dass diese Form der Deponie einer „*permanenten, ewigen Nachsorge*" (Stief 1989b: 117) bedürfe, da die Bauwerke einem Alterungsprozess unterlägen.

Die Multibarrieren-Deponie
Dieses Konzept, das auf der geordneten Deponie basierte, wird durch das Umweltbundesamt seit 1986 propagiert.[263] Als Barrieren wurden der Standort, das Basisabdichtungssystem, die Oberflächenabdichtung, Nutzung, Nachsorge und der Deponiekörper selbst bezeichnet.[264] Den Ausgangspunkt stellte die Überlegung dar, dass Deponien nach einem gewissen Zeitraum undicht würden und die entstehenden Emissionen den am Standort vorkommenden natürlichen Verhältnissen entsprechen müssten. Abdichtungen nach unten hatten in diesem System den Zweck, Fehler bei der Einlagerung der Abfälle, die sich in der Zusammensetzung der Sickerwässer zeigen, durch Reinigungsmaßnahmen zu beheben und Belastungen des Standortes zu minimieren. Prinzipiell galt es zu erreichen, dass die Abfälle selbst Eigenschaften aufwiesen, die sowohl eine Auslaugung verhinderten als auch Reaktionen im Müllkörper unmöglich machten und somit als Barriere dienen konnten.[265]

Den drei Konzepten war gemeinsam, dass ihnen eine hypothetische Struktur zugrundelag: Erfahrungen mit bekannten Anlagen waren nur eingeschränkt verwendbar und Übertragungen aus anderen Technikbereichen für den Abfallbereich noch nicht hinreichend erprobt. Gerade der Umstand, dass in der Vergangenheit wegen der Messprobleme und der fehlenden Kontrolle der Randbedingungen wenig übertragbares

---

263 Vgl. Stief (1986).

264 Gefordert wurde zu diesem Zeitpunkt noch die Kontrollierbarkeit und Reparierbarkeit der Barrieren. Thomé-Kozmiensky (1987) bringt die Abfallvorbehandlung und die Rückholbarkeit von Abfällen als Teil des Konzepts ein.

265 Appel (1989) machte darauf aufmerksam, dass der Begriff „Barriere" nicht definiert sei und schlug vor, „*als Barrieren nur diejenigen natürlichen und künstlichen physischen Hindernisse eines Deponiesystems [zu bezeichnen], durch die der Zutritt von Wasser an den Abfall und die Abgabe von Schadstoffen aus dem Abfall bzw. der Deponie und deren Ausbreitung in der Umwelt verhindert bzw. behindert wird.*" (185) Nach dieser Ansicht durften die Abfälle nicht als Barriere bezeichnet werden, eine Differenz, die mit Blick auf die Vorbehandlung wichtig wurde.

Wissen erworben werden konnte, diente als ein wesentliches Kriterium bei der innerwissenschaftlich-technischen Auseinandersetzung. Die Argumente bezogen sich auf die einzulagernden Abfälle und auf das Design der Technik:

- **Die Homogenisierung der Abfälle** wurde als Option angesehen, unerwartete Stoffinteraktionen innerhalb der Deponien zu verhindern und ein beschreibbares Verhalten der Abfälle zu ermöglichen. Sowohl bei der Reaktordeponie als auch bei bestimmten Typen der Bauwerkdeponie sollte auf die Homogenisierung der Abfälle verzichtet werden. Begründet wurde der Verzicht auf Kontrolle und Sortierung vor der Ablagerung damit, dass allenfalls die getrennte Entsorgung bestimmter problematischer Abfälle als Sondermüll zur Verringerung des Risikopotentials durchführbar sei.
- **Die Inertisierung der Abfälle** wurde diskutiert, um biologische und chemische Reaktionen innerhalb der Deponien zu verhindern. Die Beschleunigung und die Steuerung von Abbauvorgängen innerhalb der Deponie wurde als eine Möglichkeit angesehen, trotz eines Verzichts auf die Vorbehandlung der Abfälle, die Inertisierung des Deponiekörpers zu erreichen. Die Forschung zur Reaktordeponie hatte allerdings nachgewiesen, dass dieses Ziel technisch noch nicht umsetzbar war. Die Vertreter dieses Anlagentypus versuchten mit dem Verweis auf die potentielle Entwicklung der Technik ihre Lösung durchzusetzen. Dabei stießen sie bis in Bereiche der Grundlagenforschung vor. Die Vermutung, dass wissenschaftlich-technische Forschung zu einer Entwicklung führen könnte, mit der das Ziel der Inertisierung von Abfällen mit diesem Anlagetypus zu erreichen sei, wurde zu einer Minderheitenmeinung, die gerade durch die in den 1980er Jahren betriebene Forschung in diesem Bereich diskreditiert wurde. Als andere Möglichkeit zur Inertisierung wurde die Müllverbrennung diskutiert. Der Vorteil dieses Verfahrens bestand vor allem darin, unabhängig von der Abfallzusammensetzung einsetzbar zu sein.
- **Die Bereitstellung von Eingriffsreserven** wurde als eine Lösung des Umgangs mit Wissensdefiziten diskutiert. Eng damit hing die kontrollierte Einlagerung von Abfällen zusammen, d.h. die Einlagerung in kleinen Parzellen, deren Lage in der Deponie und Inhaltsstoffe kartographiert werden sollten. Mit derartigen Bauwerklö-

sungen war allerdings das Eingeständnis von Risikopotentialen verknüpft. Diese Aufwertung der Risikowahrnehmung drohte in einen neuen Prozess eigendynamischer Technikentwicklung einzumünden. Der Versuch, Eingriffsmöglichkeiten für den Fall von unerwartetem Verhalten bereitzustellen, wurde von den Gegnern dieses Deponietypus zudem als eine Strategie zur Erzeugung von Altlasten bezeichnet,[266] da die Nachsorge der Bauwerke ein finanziell kaum abschätzbares Wagnis darstellte.

- Die wissenschaftliche Auseinandersetzung um den optimalen, d.h. in seinem Verhalten prognostizierbaren und für den kumulativen Wissenserwerb nutzbaren Deponietypus wurde als Notwendigkeit zu einer **umfassenden Normung** übersetzt. Damit wurden die Forderungen nichtwissenschaftlicher Akteure wissenschaftspolitisch eingesetzt. Das Problem der Durchsetzbarkeit von Anlagen schien lösbar, wenn mit dem Verweis auf den Stand der Wissenschaft und der Technik Genehmigungen als eine Konvoiplanung betrieben werden konnten.[267]

- Ferner sollte die **Wirtschaftlichkeit** der Abfallentsorgung dadurch gewährleistet werden, dass die fortschreitende Technisierung im Deponiebereich, die in erster Linie auf die Überwindung von Planungswiderständen abzielte, an ein vorläufiges Ende kam. Politische Kalkulierbarkeit wurde insofern erzeugt, als sich mit einem genehmigungsfähigen Anlagentypus die Planungsrisiken minimieren ließen.

- Das **Langzeitverhalten** von Deponien war in den Auseinandersetzungen über sichere Deponietypen ein zentraler Aspekt. Die amerikanische Umweltbehörde EPA hatte angesichts der Stoffreaktionen im Müllkörper auf die Formulierung von Hypothesen des Langzeit-

---

266 *„Ist das Bauwerk als Gefäß zur Ablagerung von Abfall die richtige Strategie...die Einhüllungsstrategie [bedeutet], daß wir...unsere Abfälle wie sie sind ohne Vorbehandlung einpacken und darauf hoffen, wir könnten die Folgekosten bezahlen, und wenn wir nicht mehr zahlen wollen oder können, würde schon nichts passieren. Die Hochsicherheitsdeponie wird das Problem der Ablagerung nicht lösen. Allenfalls verschafft sie einen fragwürdigen Aufschub"* (Schenkel 1986a: 100).

267 Schenkel (1988): *„Als Konvoiplanung verstehen wir dabei die ingenieurmäßige, detaillierte Planung einer Anlage, nach der eine Reihe ähnlicher Anlagen zugelassen, bestellt und gebaut werden könnten. Diese Planung hat einen Detaillierungsgrad, den eine Verwaltungsvorschrift nie erfüllen könnte."* (239f.)

verhaltens verzichtet und nahm an, dass die mit Basisabdichtungen und Sickerwasserreinigungsanlagen ausgerüsteten Deponien für einen Zeitraum von 30-50 Jahren sicher seien.[268] Weitergehend war die Forderung, Ablagerungen hätten in ihrer Zusammensetzung der *„natürlichen Umwelt"*[269] zu entsprechen. Mit dem Begriff der Endlagerqualität sollten Bedenken gegen die Langzeitsicherheit von Deponien ausgeräumt werden.

Für die Abfallwissenschaft versprach eine Normung den Vorteil, dass durch die Abkehr von der lokalen, durch politische Gründe verursachten Technikgestaltung zugunsten einer Baureihe, Daten vergleichbar wurden. Die bekannten Probleme der Deponieforschung sollten durch die Homogenisierung und Intertisierung der Abfallstoffe gelöst werden. Notwendig war dazu die Nutzung der Müllverbrennung. Durch ein Entsorgungssystem aus Verbrennung und Deponierung wurde allerdings der Risikodiskurs über die Abfallentsorgung nicht beendet, sondern verlagert. Die großtechnische Lösung versprach zwar für die Deponie die Beherrschbarkeit und eine bessere Prognose des Verhaltens, musste dabei aber auf die politische Durchsetzbarkeit der Müllverbrennung vertrauen.

Die Vertreter der Multibarrieren-Deponie konnten Argumente ins Feld führen, die mit den konkurrierendenAnsätzen nicht gegeben waren. Die Bauwerklösung wurde mit dem Hinweis auf die unkalkulierbare Wirtschaftlichkeit und wegen der weiter bestehenden Möglichkeit der impliziten Normung kritisiert. Die Reaktordeponie galt dagegen als wissenschaftlich noch nicht genügend untersucht bzw. als nicht kontrollierbar.

Mit dem neuen Anlagentypus ging die Festlegung auf einen gültigen experimentellen Aufbau einher. Unter der Voraussetzung, dass

---

268 *„Sie [die EPA] läßt sich nicht auf schwierige Vorhersagen über das langfristige Schicksal, den Transport und die Auswirkungen von gefährlichen Inhaltsstoffen in der Umwelt ein, da solche Prognosen oft auf unsicheren wissenschaftlichen Annahmen über das Verhalten bestimmter Stoffe im hydrologischen Kreislauf und über die Wirkungen derartiger Stoffe auf die ihnen ausgesetzte Bevölkerung basieren. Im Zulassungsverfahren für Deponien sollen solche unsicheren Kriterien keine Rolle spielen."* (Wiedemann 1985: 34)

269 Schenkel (1986b): *„Die Alternative heißt chemisch-physikalische Vorbehandlung bis zu einer Substanz mit Eigenschaften wie sie geogene Substanzen haben. Oder schlichter: Steineproduktion vor der Ablagerung."* (477). Vgl. auch den Rat von Sachverständigen für Umweltfragen (1991: 442).

auch weiterhin Untersuchungen der Abfallwissenschaft nur in Ausnahmen im Labor durchgeführt werden konnten und die großtechnische Einführung selbst das Experiment der Abfallforschung darstellte, galt die technische Normung als Ausgangspunkt zur Lösung von Problemen, die den organisierten Erkenntnisgewinn erschwerten. Die Homogenisierung als Voraussetzung der Anwendung einer allgemein akzeptierten Analytik, der weitgehende Ausschluss unkontrollierter Prozesse, der mit diesem Deponietypus verbunden wurde und die Möglichkeit, Messungen zu vergleichen, stellten die wesentlichen wissenschaftlichen Argumente dar, die zur Durchsetzung dieses technischen Aufbaus vorgebracht wurden. Die kontrollierte Variation des Versuchsaufbaus sollte zu einer inkrementalen Technik- und Wissensentwicklung führen und die Abfallwissenschaft in einen organisierten Prozess normaler Forschung überführt werden.

3.3.3 Schließung: Wissenschaftliche und politische Interessen

Die Praxis der Abfallbeseitigung ist durch den Versuch der Lösung eines gesellschaftlichen Problems in den 1950er Jahren erst zu einem politischen Problem geworden: Die Bestimmungen zur Reinhaltung der Gewässer haben wesentlichen Einfluss auf die Anlage von Abfalldeponien genommen, die zu diesem Zeitpunkt erstmals als ein Risiko wahrgenommen wurden. Dabei ist eine Interessenkonstellation nachweisbar, die zu unterschiedlichen technischen und wissenschaftlichen Annahmen geführt hat. Die Wasserwirtschaft hat mit dem Versuch, die Technik der Kompostierung auf die Abfallbeseitigung zu übertragen, einen Weg gewiesen, der aufgrund der dazu notwendigen finanziellen, organisatorischen und sozialen Anpassungen auf den Widerstand der Kommunen traf, die zu diesem Zeitpunkt an einer möglichst voraussetzungsfreien Entsorgungstechnologie interessiert waren. Die Reaktion der Abfallwirtschaft darauf bestand in einer defensiven Normung, mit der eine Entsorgungstechnik legitimiert werden sollte, für die nur geringfügige Änderungen der Praxis notwendig wurden. Mit der Einführung eines Genehmigungsverfahrens wurde die Verwissenschaftlichung der Abfallwirtschaft erzwungen, da Prognosen über die Funktion von technischen Artefakten aufgestellt werden mussten, die prinzipiell überprüfbar waren.

Problematisch war daran, dass Wissensbestände über die Auswirkungen von Abfallbeseitigungsanlagen unter der Perspektive der Wasserwirtschaft, deren Vertreter die Genehmigungen erteilen mussten, erzeugt worden waren, nicht aber unter der der Abfallwirtschaft. Es fehlten dazu nicht nur die Planungsdaten, etwa über die Menge und Zusammensetzung von Abfällen, sondern auch die Untersuchungsmethoden. Die Festlegung wissenschaftlicher Parameter und Verfahren fällt mit dem Beginn der Abfallwissenschaft zusammen.

Die Entstehung einer wissenschaftlichen Disziplin ist mithilfe verschiedener Parameter nachweisbar. Institutionelle Faktoren, wie die Errichtung von Lehrstühlen und Studienfächern, geben Aufschluss über die gesellschaftliche Bedeutung einer Wissenschaft. Die Herausbildung von spezifischen Fragestellungen in Verbindung mit spezifischen Denk- und Lösungsstilen verweist dagegen auf wissenschaftsinterne Aspekte. Zum einen wird dadurch die Abgrenzung von anderen Wissenschaftsbereichen geleistet, zum anderen dienen sie als das Vehikel, mit dem wissenschaftliche Leistungen überhaupt erst in den Kontext fachinterner Zurechnung und Bewertung aufgenommen werden können.

Die Entstehung einer Wissenschaft wird gewöhnlich über die Möglichkeit rekonstruiert, Erfahrungen mithilfe von Instrumenten und wissenschaftlichen Apparaten zu erweitern. Die Systematisierung von Beobachtungen führt zur Aufstellung empirischer Ordnungen, die zugleich Erklärung wie auch Anleitung für weitere Forschung sind und die als Modelle und Heuristiken der Erfahrungsgewinnung dienen. Aus allgemeinen, unspezifischen Fragestellungen differenzieren sich Forschungsfragen heraus, die artifiziell und von direkter gesellschaftlicher Nutzungserwartung losgelöster Natur sind und im Rahmen eines Paradigmas als „*Rätsellösen*" (Kuhn 1962) in einer Theorie oder Denkschule begriffen werden können. Die Abfallwissenschaft konnte zwar bei ihrer Entstehung bereits auf existierende paradigmatische Wissenschaften zurückgreifen, war aber dadurch gekennzeichnet, dass sie eine angewandte technische Wissenschaft darstellte.

Gilt allgemein, dass eine Wissenschaft Autonomie von spezifischen gesellschaftlichen Anforderungen und Erwartungen auf Problemlösungen dadurch erlangt, dass sie sich eigene Fragen stellt, deren Praxisrelevanz nicht jeweils das Kriterium der Fruchtbarkeit der Fragestellungen abgibt, so war für die Abfallwissenschaft charakteristisch, dass sie Forschungen an Gegenständen betrieb, die das Ergebnis einer technischen Implementation waren, also den Kontext der Anwendungsrelevanz nicht verließ. Dies zeigte sich darin, dass erfolgversprechende Experimente kaum in Labors, sondern als Experimente bzw. Messungen am Gegenstand direkt durchgeführt wurden.

In der explorativen, noch kaum theoriegeleiteten Phase dieser Disziplin stellten Deponien deshalb das Untersuchungsfeld und waren damit gewissermaßen als laboranaloge Konstruktionen anzusehen.[270] Die Systematisierung von Untersuchungen für die Bedürfnisse der Praxis hatte Konsequenzen für die Erkenntnisproduktion, da wesentlich Forschungsbemühungen an Abfallbeseitigungsanlagen betrieben wurden. Die erste Phase der Verwissenschaftlichung lag in der Entdeckung der von Ablagerungen ausgehenden Umweltbeeinträchtigungen als Reaktion auf den gesetzlichen Schutz des Mediums Wasser. In der zweiten Phase ließ sich, neben dem Ausbau institutioneller Bereiche (Zeitschriften und Lehrstühle) vor allem die Entwicklung experimenteller Verfahren beobachten.

Hier waren es vor allem Untersuchungen an Deponien mit speziellen Analysetechniken und in Versuchsfeldern, die Aufschluss über das Verhalten der Anlagen und die Richtigkeit der unterstellen Hypothesen geben sollten. Die dritte Phase der Wissenschaftsentwicklung kulminierte in der Formulierung umfassenderer Theorien, etwa der Deponie als Reaktor. Damit wurde die Ausdifferenzierung der Abfallwissenschaft ein Stück vorangetrieben; die artifizielle Fragestellung und die Standardisierungstendenzen als Reaktion auf Merkmale des Gegenstandsbereiches sind Hinweise auf eine Ablösung von reiner Praxisorientierung einerseits und von anderen Wissenschaftsbereichen andererseits, etwa dann, wenn spezifische Analysemethoden und Wirkungszusammenhänge nicht mehr übertragen wurden, sondern für die Forschung erst entwickelt werden mussten.

Dies konnte natürlich nur dann gelingen, wenn es möglich war, Aufbauten so zu konstruieren, dass sie untereinander vergleichbar wurden. Probleme für den Abfallbereich waren damit vorprogrammiert: Bereits die eingelagerten Abfälle unterschieden sich regional und auch jahreszeitlich. Wichtig ist in diesem Zusammenhang überdies, dass die

---

270 Die Differenzierung in die Phasen Exploration, Systematisierung und Modellbildung findet sich bei Böhme/Daele/Krohn (1977).

Konstruktion von Deponien nicht nach Maßgabe der Wissenschaft vorgenommen wurde. Vielmehr wurden durch gesellschaftliche Risikodiskurse, die mit den Planungen von Abfallentsorgungsanlagen seit den 1970er Jahren einhergingen und durch die politische Reaktion darauf, die in einer technischen Aufrüstungsspirale bestand, den Möglichkeiten der Normung enge Grenzen gesetzt. Die Übertragbarkeit von Ergebnissen, die als Voraussetzung experimenteller Variationen von Aufbauten verstanden werden kann, wurde damit weitgehend unmöglich.

Die Technikgenese im Abfallbereich war somit durch ein Spannungsverhältnis zwischen Risikodiskursen und den wissenschaftlichen Erkenntnisrisiken gekennzeichnet; das Ergebnis waren technische Unikate. Die empirische Analyse der Deponieforschung und Implementationspolitik zeigt, dass auf die Stabilisierung eines technischen Musters abgezielt wurde. Die Praxis einer impliziten Normung, die je nach Schärfe des Konfliktes auf die Implementation neuer und vermeintlich besser entwickelterer Technik zurückgriff, um die Implementationswiderstände zu immunisieren, wurde als störend wahrgenommen, da sie für die Politik einen Unsicherheitsfaktor darstellte, der eine kalkulierbare Planung schon aufgrund der langwierigen Genehmigungsverfahren unmöglich machte. Für die Wissenschaft galt, dass ein Anlagenbau mit starker technisch-organisatorischer Variation kaum an die wissenschaftlichen Standards anschlussfähig war, da insbesondere die Forderung nach Wiederholbarkeit von Experimenten angesichts der Erfahrungen mit jeweils neuen Prototypen kaum aufrechterhalten werden konnte. Für die Techniker galt ferner, dass neue Anlagentypen für sie finanziell interessant waren, da lange Planungszeiten und ein steigender technischer Aufwand ihre Honorare sicherten bzw. erhöhten. Dagegen stand ihr Interesse an planerischer Sicherheit: Von einem Stand der Technik aus lassen sich Anlagen einfacher und ohne umfassende konstruktive Veränderungen umsetzen.

Festgehalten werden kann, dass die Abfallwissenschaft vor dem Problem stand, nur sehr begrenzt gültige Erkenntnisse durch die Beobachtung von Abfallbeseitigungsanlagen gewinnen zu können, ein Problem, das vor dem Hintergrund ihrer starken Anwendungsbezüge als gravierend eingestuft werden kann. Die epistemischen Voraussetzungen für gültige Experimente wurden in diesem Zusammenhang nicht explizit in den Begriffen der Wissenschaftstheorie diskutiert, nachweisen lässt sich allerdings, dass mit einer Methodologie argumentiert wurde, die starke Anleihen an die „Logik der Forschung" machte:

- Die Sicherheitsversprechungen basierten auf der Annahme, dass **Hypothesen** ihre Gültigkeit besitzen bis sie falsifiziert sind, unabhängig davon wie spekulativ sie sind.
- Gefordert wurde die Normierung der Versuchsaufbauten, um die **Replikation** von Experimenten zu ermöglichen. Damit verknüpft ist aber nicht die Annahme, durch die wiederholte Durchführung eines Versuchs ließe sich Wahrheit herstellen, was einer Verifikation durch Induktion entsprechen würde, sondern vielmehr das technische Moment der Sicherheit, die auf der Basis gültigen Wissens erzeugt werden kann.
- Weitere Forderungen bezogen sich insbesondere auf die Festlegung einer einheitlichen **Mess- und Untersuchungsmethodik** sowie auf die umfassende **Kontrolle der Randbedingungen**, die nicht gewährleistet werden konnten.
- Aufgegeben wurde der Versuch, mit einer **technisch dominierten Praxis wissenschaftliches Wissen** zu erzeugen. Die Erwartung an derartige Erkenntnisgewinne waren noch mit der Sanierung von Altlasten verknüpft worden, aber, da auch hier Randbedingungen nicht konstant gehalten werden konnten und Änderungen nach den Bedürfnissen der Praxis auch während der einzelnen Maßnahmen vorgenommen wurden, aufgegeben worden. Auch für neue Deponien ergaben sich Schwierigkeiten aus dem Umstand, dass lokal vorgenommene Änderungen zwar der Durchsetzbarkeit und Sicherheit von Anlagen dienten, aber durch ihre Neuartigkeit kaum die Möglichkeit zu einem organisierten Erkenntnisprozess boten.
- Eng damit hängt zusammen, dass die technischen Aufbauten nur selten nach den **Bedürfnissen der Forschung** konzipiert wurden. Weder wurden in der Regel umfassende Aufnahmen der Situation vor der Induzierung von Störungen gemacht, noch gab es Begleitforschungen, die das Verhalten der Artefakte erhoben. Der Grund dafür liegt in dem Umstand, dass mit der Planung einer Deponie zwar ein hoher Aufwand einherging, nicht aber mit dem Betrieb und der Nachsorge, da aufgedeckte Probleme zu dem Eingeständnis hätten zwingen können, dass die Sicherheitsversprechungen nicht einzuhalten waren.

Die Auseinandersetzung über die sichere Deponierung ist somit als ein Versuch zu verstehen, epistemische Probleme einer Wissenschaft zu lösen. Die Vorbehandlung von Abfällen vor der Ablagerung durch die Müllverbrennung verweist darüber hinaus noch auf politische und technische Interessen.

Wissenschaftliche Aussagen sind dadurch gekennzeichnet, dass sie sich auf ihre eigene Unterscheidung, d.h. auf wissenschaftliche Aussagen beziehen. Dadurch erlangt die Wissenschaft ihre spezifische Stellung bei der Produktion von Erkenntnis und entlastet sich durch die reflexive Struktur von Handlungsdruck. Wissenschaftliche Auseinandersetzungen werden, wie die Wissenschaftsforschung anhand von Fallstudien gezeigt hat, nicht allein durch den Verweis auf die Natur entschieden, sondern auch auf der Grundlage von Überzeugungen, wegen Übereinstimmungen mit vorhandenen wissenschaftlichen Praktiken und unter (zumeist impliziter) Bezugnahme auf gegebene gesellschaftliche Konstellationen.[271]

Bezieht man Handlungskontexte in die Analyse der Wissenschaft mit ein, wird die Abgrenzung der Wissenschaft von anderen Bereichen schwierig. Wie die Laborstudien gezeigt haben, wird wissenschaftliches Wissen in Situationen erzeugt, die nicht als ausschließlich wissenschaftlich markiert sind. Auffällig ist, dass die Produktion von Erkenntnis weitgehend abgekoppelt verläuft von jenen Normen, die durch die Wissenschaftstheorie formuliert werden. Der Tatbestand, einerseits reflexiv angelegt zu sein, andererseits auf Handlungen bezogen keinen archimedischen Punkt zur Unterscheidung von anderen sozialen Handlungsformen anbieten zu können, wird für eine Wissenschaft mit direktem Praxisbezug zu einem Problem, wenn unterschiedliche Wissensansprüche öffentlich sichtbar werden. Die Orientierungsfunktion der Wissenschaft wird damit unterminiert, das „*Elend der Experten*" (Hartmann/Hartmann 1982) offenkundig.

Wie aber kann man erklären, dass sich eine Wissenschaft nur unvollständig von der Praxis zu lösen vermag, dass in die Produktion von Erkenntnis die Anwendung einfließt? Die Antwort darauf lautet für das hier diskutierte Beispiel der Abfallwissenschaft, dass die Zusam-

---

[271] Resümierend Pickering (1992): „*...scientific knowledge has to be seen, not as the transparent representation of nature, but rather as knowledge relative to a particular culture, with this relativity specified through a sociological concept of interest.*" (5)

mensetzung der Community dabei einen wesentlichen Einfluss darstellt. In diesem Bereich werden wissenschaftliche Ergebnisse anhand von Artefakten erzielt; die Beziehung zwischen den Experimentatoren und den Theoretikern weist eine Struktur auf, wie Popper sie fordert: Der Theoretiker formuliert die Hypothesen, die der Experimentator testet. Anders verhält es sich allerdings mit der Forderung, Experimente nach bestimmten Regeln durchzuführen, um sicherzustellen, dass nicht etwa lokale Praktiken zu spezifischen, kontextgebundenen Ergebnissen führen, sondern verallgemeinerungsfähige, an jedem beliebigen Ort wiederholbare Produkte sind. Genau dies wird zum Problem, wenn Technik mit dem Problem ihrer Durchsetzbarkeit belastet ist und deshalb, je nach Stärke des lokalen Widerstands und jeweiligen lokalpolitischen Konstellationen Variationen erzeugt werden. Der Experimentator ändert - um im Bild zu bleiben - den Versuchsaufbau dergestalt, dass häufig nicht mehr angegeben werden kann, auf welche Fragen damit Antworten gegeben werden sollen.

Zielt dies auf die Akzeptanz von Anlagen, so kommt der politischen Dimension ein besonderer Wert zu. Die politischen Legitimationsprobleme sind nicht rein technisch lösbar, wenn eine konsentierte, in Sachzwänge übersetzbare und als Legitimationsgrundlage dienende Wahrheit fehlt. Ihrer Expertenfunktion können Wissenschaftler und Experten kaum nachkommen, wenn sie sich nicht über die basalen Fragen nach Methoden, Faktenbewertung und Versuchsdesign einigen können. Nun ist dieser Sachverhalt für die Gesellschaft nicht neu: Dass Experten mit Gegenexperten konfrontiert werden, ist bereits in den Risikodiskursen um die Kernenergie deutlich geworden und betrifft mittlerweile eine ganze Reihe von Entscheidungslagen.[272] Daraus kann die Forderung erwachsen, nicht den Experten die Entscheidung über Technik und Standorte zu überlassen, sondern auf Gremien zu setzen, in denen Laien zusammen mit Wissenschaftlern und Politikern entscheiden. Dass dieser Weg im Fall der Abfallbeseitigung nicht gegangen worden ist, liegt m.E. an der Fixierung auf End-of-the-pipe-Technologien, die bis Anfang der 1990er Jahre die Diskussion bestimmten. Das Ziel war, die Abfallentsorgung bei nur geringen Verhaltensanpassungen der Abfallerzeuger in Industrie und Haushalten zu garantieren. Zwar war deutlich, dass die Kosten der Müllbeseitigung steigen mussten und

---

272 Als Überblick siehe Nowotny (1979).

höhere technische Mindestanforderungen festzulegen waren, trotzdem wurde an einer Struktur festgehalten, die technische Verfahren und Artefakte beinhaltete, soziale Akteure aber nur marginal berücksichtigte.[273] Im Vordergrund stand die Forderung nach technischer Kontrolle, die durch eine Kopplung von Vorbehandlung und Deponierung möglich werden sollte. Auf die Erzeugung eines komplexen soziotechnischen Systems wurde verzichtet.

Damit ist die wissenschaftlich-technische Dimension des Closure-Prozesses beschrieben: Das Umweltbundesamt stellte denjenigen Akteur, der wesentlich an der Produktion von Theorien und Hypothesen beteiligt war und über die Mittel zur Durchsetzung der Geltungsansprüche verfügte. Dessen Mitarbeiter Hahn (1989) stellte die Probleme der Abfallanalytik aufgrund der Stoffvielfalt als prinzipiell unlösbar dar[274] und forderte die Inertisierung; der Leiter der Abteilung Abfallwirtschaft, Schenkel, stellte neben den ökologischen vor allen Dingen die ökonomischen Risiken von Bauwerkdeponien heraus; Stief, zuständig für die Deponieforschung, bot das Konzept der Multibarrieren-Deponie an, das die Vorbehandlung ebenfalls voraussetzte. Die technische Umsetzung fungierte als experimentelle Situation, denn nennenswerte Erfahrungen lagen auch hier nicht vor. Diese Trennung in Theorie und Experiment erfüllt die Forderung der oben ausgeführten falsifikationistischen Wissenschaftstheorie.

Das Problem der Prognostizierbarkeit und der technischen Anlagenkontrolle sollte für Deponien durch die Vorbehandlung umgangen werden.[275] Hier bot sich die Müllverbrennung an, die - über die

---

273 Ein Beispiel bietet die Entwicklung der Müllsortierung: *„In den 70er Jahren gab es Ansätze der technischen Trennung des vermischt gesammelten Mülls mit dem Ziel der Wiederaufbereitung. Erst der Arbeitsgang der sortenreinen Vorsortierung erlaubte es aber, verfahrenstechnische Möglichkeiten zur Wiederaufbereitung zu entwickeln...Dieser Arbeitsgang ist nun...in die Haushalte verlegt worden."* (Schultz 1992: 43)

274 Hahn (1989): *„Aufgrund der Vielstoffproblematik ist das ökologische Risiko, das von Abfällen ausgeht, jetzt und in Zukunft prinzipiell nicht kalkulierbar."* (2) Und: *„Die stofflichen Wirkungen des Abfalls sind grundsätzlich nicht prognostizierbar"* (4).

275 *„Die Unsicherheit hinsichtlich der Prognose des Deponieverhaltens ist gering, wenn: auf einer Deponie nur eine Abfallart abgelagert wird (echte Monodeponie), wenn nur mineralische Abfälle abgelagert werden (Mineralstoffdeponie, Inertabfalldeponie), gleichartige Abfälle gemeinsam abgelagert werden (unechte Monodeponie, Quasi-Monodeponien). Die Mineralisierung organischer Abfälle kann am schnellsten und am vollkommensten durch Ver-*

Prognostizierbarkeit hinaus - die Volumenreduzierung, die Brennwertnutzung und die Homogenisierung der Abfälle ermöglichte.[276] Ein wesentlicher Nachteil, der die Durchsetzbarkeit dieser Technologie gefährdete, lag in dem Umstand, dass bei der Verbrennung neue Stoffe entstehen, die ein hohes Risikopotential darstellen[277] und ihre Emissionen bzw. die Produkte der Emissionsverhinderung mit hohen Dioxinfrachten kontaminiert sind. Festhalten lässt sich, dass wesentliche Teile der Community die Verbrennung als das einzig durchführbare Verfahren zur Beherrschung der Deponieprobleme[278] einstuften und eine technische Normung durchsetzten.[279] Die Müllverbrennung wurde durch gesetzliche Regelungen verpflichtend gemacht.[280]

Die politische Dimension der Auseinandersetzung ist durch die Dreiteilung der politischen Zuständigkeit im Abfallbereich bestimmt: Der Bund gibt im Abfallgesetz die Rahmenbedingungen der Abfallentsorgung vor. Seit 1986 gilt hier die Reihenfolge Vermeidung, Verwertung und zuletzt Beseitigung. Nach § 4 (5) dieser Novelle kann der

---

brennung erreicht werden." (Stief 1990: 2f.)

276 Semantisch schlägt sich dies in der Formulierung der „thermischen Verwertung" nieder, die mit der Novellierung des AbfG 1986 der Ablagerung vorgeschaltet werden musste, soweit dies wirtschaftlich sinnvoll möglich war.

277 Zu den Risiken und Chancen der Abfallverbrennung siehe Schiller-Dickhut/Friedrich (1989).

278 Vgl. dazu etwa Bundesminister für Umwelt, Naturschutz und Reaktorsicherheit (Hg.) (1990) und Rat von Sachverständigen für Umweltfragen (1991): „*Zur Minimierung der von Deponien ausgehenden Emissionen wird das Multibarrierenkonzept...verfolgt. Dies setzt jedoch voraus, daß die einzulagernden Abfälle durch Vorbehandlung...vor der Ablagerung weitestgehend inertisiert werden. Dieses Ziel kann bei Siedlungsabfällen in der Regel nur durch Abfallverbrennung erreicht werden.*" (498)

279 „*Zur Realisierung der Ablagerung von ausschließlich weitestgehend mineralisierten Abfällen auf Restdeponien ist nach heutiger Erkenntnis die Mineralisierung von (Rest-)Hausmüll in thermischen Abfallbehandlungsanlagen erforderlich. Andere Methoden sind nicht Stand der Technik.*" (Stief 1991: 41)

280 Die Technische Anleitung Siedlungsabfall von 1993 schreibt die Einführung der Vorbehandlung von Restabfällen spätestens im Jahr 2005 vor; definiert wird dort die Ablagerungsfähigkeit über den Glühverlust. Dieser Wert soll Aufschluss über die noch vorhandenen organischen Reste geben. Der geforderte Faktor ist nur durch die Verbrennung zu erreichen, wodurch sie praktisch verpflichtend wird. Bereits vor der Einführung der TA Siedlungsabfall haben einige Bundesländer, etwa NRW, von ihrem Recht, die Abfallbeseitigungsverfahren festzulegen, Gebrauch gemacht und die Verbrennung verpflichtend festgelegt.

Bund technische Normungen über Technische Anleitungen vornehmen, entsprechende Verwaltungsvorschriften sind als TA Sonderabfall 1990 und TA Siedlungsabfall 1993 beschlossen worden. Der Bund hat damit die Möglichkeit, weite Bereiche der Abfallpolitik zu gestalten bis hin zum Verbot bestimmter Produkte. Weitere Maßnahmen zur Vermeidung in der Industrie und den Haushalte erfolgen bisher freiwillig. Die Länder nehmen in ihren Landesgesetzen Konkretisierungen auf die spezifischen Bedingungen vor; dies umfasst etwa die Forderung nach der Erstellung von Abfallwirtschaftkonzepten, die neben der Entsorgung auch die Maßnahmen zur Vermeidung und Verwertung enthalten. Die Zuständigkeit der Kommunen bezieht sich in NRW auf die Sammlung von Abfällen; die Pflicht zur Erstellung derartiger Pläne und das Vorhalten entsprechender Kapazitäten wurde als Aufgabe der kreisfreien Städte und der Kreise festgelegt.

Aus dieser Hierarchie ergibt sich ein wesentliches Legitimationsproblem. Bei fast jeder Anlagenplanung treten lokale Widerstände auf, die darauf verweisen, dass eine andere Abfallpolitik Entsorgungsanlagen überflüssig machen würde. Die Kreise und kreisfreien Städte besitzen dazu aber keine Durchsetzungsmöglichkeiten, da dies nach der rechtlichen Regelung in die Kompetenz des Bundes fällt.[281]

Diese bereits im AbfG von 1972 festgelegte politische Zuständigkeit stand im Zeichen einer rationalen Planungsauffassung. Es sollte sichergestellt werden, dass auf lokaler Ebene ein Mindestmaß an Umweltschutz praktiziert wurde, eine Hoffnung, die durch das gestiegene Umweltbewusstsein mehr als erfüllt wurde und damit erst die Probleme erzeugte, die die politische Auseinandersetzung um die Technik der Deponierung bestimmte. Die Aufrüstungsspirale im Abfallbereich sollte gestoppt und gleichzeitig planerische und politische Sicherheit erzeugt werden. Die Risiken der Deponierung wurden verlagert in einen Bereich, der als technisch beherrschbar galt. Die Normung sollte als Ausweg aus dem Durchsetzungsproblem dienen, was allerdings nicht gelang, da der gesellschaftliche Protest gegen die Risiken der Müllver-

---

281 Vor diesem Hintergrund ist der in der Öffentlichkeit diskutierte Stellenwert des im September 1994 ergangenen Urteils des Verwaltungsgerichts in Kassel zu sehen, das die Einführung einer kommunalen Abfallsteuer auf Verpackungen für rechtmäßig erklärte. Damit ist den Kommunen ein Instrument in die Hand gegeben worden, das über die Steuerung über Entsorgungspreise hinausreicht, da es für spezifische Abfallfraktionen angewandt werden kann.

brennung den gegen die Deponierung noch übertraf.

Es sind also zwei Aspekte, die mit der Normung einhergingen: Es bestand ein wissenschaftliches Interesse an der Prognostizierbarkeit des Anlagenverhaltens und an der Vergleichbarkeit von Ergebnissen. Auf der Bundes- und Landesebene wurde darin ein Ausweg aus der Durchsetzungskrise gesehen; mit dem Verweis auf die TA Abfall und dem darin festgelegten Stand der Technik sollten Planungen vereinfacht werden. Politiker konnten Entscheidungen an die Wissenschaft und Technik verweisen. Daraus ergibt sich eine Konstellation, bei der wissenschaftliche und politische Interessen gekoppelt sind. Die Einführung von Müllverbrennungsanlagen als technische Planung auf der Grundlage von Verwaltungsvorschriften wurde durch das Investitionserleichterungsgesetz von 1993 nur noch genehmigungspflichtig. Aus der Sicht der Anlagenplaner wird damit ein wesentliches Planungshindernis, die Partizipation im Rahmen des Planfeststellungsverfahrens, beseitigt. Beobachten lässt sich allerdings ein nicht kalkulierter Effekt, nämlich eine neuartige überregional und verbandsmäßig organisierte Form des Widerstandes. Die 1989 in Bayern durch „Das bessere Müllkonzept" erzwungene Volksabstimmung war, wie bereits die Gründung dieser mittlerweile in fast jeder deutschen Stadt vertretenen Organisation, eine Reaktion auf die flächendeckende Einführung der Müllverbrennung und führte zu einer Verschärfung des Konflikts, der z.Zt. noch andauert.[282] Diese Diskussion und die Aktivitäten der Kommunen im Bereich der Abfallwirtschaft erreichen dabei eine neue Qualität: Anstelle von technisch dominierten Verfahren treten soziotechnische Systeme, die eine neue Form der Technikgenese erforderlich machen. Eine Synopse der charakteristischen Differenzen bietet die folgende Abbildung.

---

282 Siehe dazu Frühschütz (1989).

Abb. 11: Merkmale klassischer und moderner Entsorgungssysteme

Merkmale	klassische Entsorgung	moderne Entsorgung
Kopplung der Komponenten	lose Kopplung, lineare Interaktionen der Komponenten	enge Kopplung, komplexe Interaktionen mit Rückkopplungseffekten
Abfallbegriff	individueller Abfallbegriff: Abfall ist das, was man nicht mehr braucht	regulativer Abfallbegriff: Abfall ist das, was sich dem Verbleib in den Stoffzyklen entzieht bzw. ein Risiko darstellt
Recht	rechtlich wenig reguliert	stark reguliert, bei gleichzeitiger Zunahme von Gestaltungsspielräumen
Steuerungsmodus	hierarchisch	partizipativ
Abfallproblem	gesellschaftlich unbedeutend	hoher Stellenwert auf der gesellschaftlichen Agenda
Risikowahrnehmung	Risiken durch Technik und Expertenwissen ausräumbar	Risiken gelten als sozial erzeugt und sind nur in einem Verhandlungsprozess ausräumbar
gesellschaftliche Voraussetzungen	niedrig, Mülleimermanagement	hoch, Abfallkompetenz der Haushalte notwendig
Kosten	niedrig	hoch

3.4 Zusammenfassung

Die Startbedingungen bei der Entwicklung der Abfallwissenschaft lassen sich im Wesentlichen durch die folgenden Aspekte kennzeichnen:

- Die Umweltbelastung hatte in einigen Bereichen dramatische Ausmaße angenommen. Von den schätzungsweise 50.000 existierenden Deponien, heute allesamt Altlasten, gingen vielfach Schäden für das Grund- und Oberflächenwasser aus, die die Trinkwasserversorgung über Brunnen und die Versorgung der Industrie mit sauberem Wasser gefährdeten.
- Die kommunalen Lösungen orientierten sich nicht an der Bewältigung ökologischer Probleme, sondern an niedrigen Kosten; die Verfüllung von Bodensenken und Gruben war eine vielgeübte Praxis.
- Die steigenden Abfallmengen führten zu einem Kapazitätsengpass an Entsorgungsmöglichkeiten, der vor allem durch Verdichtungstechniken und durch Volumenvergrößerung der Deponiekörper gelöst wurde.
- Wissenschaftliche Erkenntnisse über die Zusammensetzung von Abfällen, ihre Interaktionen in Deponien und die Auswirkungen auf die Umwelt fehlten; technische Maßnahmen zur Abdichtung und Stabilisierung von Deponien waren unerprobt.
- Die Ende der sechziger Jahre einsetzende Umweltpolitik fand anfangs nur geringe gesellschaftliche Resonanz, das Umweltbewusstsein war wenig entwickelt.

Angesichts dieser Problemlage stellte das 1972 in Kraft getretene Abfallbeseitigungsgesetz eine Verbesserung dar. Die Beseitigung wurde dort als eine öffentliche Aufgabe definiert, die Pflicht zum Aufbau entsprechender Entsorgungsstrukturen wurde von den Ländern in der Regel auf die Kreise und kreisfreien Städte übertragen. Festgelegt wurde, dass die Abfallbeseitigung unschädlich vorzunehmen sei (§ 2 (1) AbfG) und nur in genehmigten und überwachten Anlagen vorgenommen werden durfte. Eingeführt wurde ferner eine behördliche Überprüfung, die zu Auflagen bis hin zur Schließung von Anlagen führen konnte, was vor allem für Altanlagen von Bedeutung war. Damit wurde das Ende privater und kommunaler Müllkippen eingeleitet und gleichzeitig eine Entwicklung angestoßen, die zu zentralen Abfallbeseitigungsanlagen führte, für deren Errichtung und Betrieb erhebliche Investitionen notwendig sind. Zur Genehmigung wurde das Planfeststellungsverfahren vorgeschrieben, in dessen Rahmen sowohl die Notwendigkeit von Anlagen als auch ihre Unschädlichkeit nachzuweisen waren. In Verbindung mit der Einspruchsmöglichkeit von Betroffenen (v.a. Anwohner, aber auch Wasserbehörden) und dem Anhörungsverfahren wurde darin die Voraussetzung zur sozial- und umweltverträglichen Umgestaltung des Systems der Abfallentsorgung gesehen. Die daran geknüpfte Erwartung, Betroffene würden auf der Basis von Informationen und wissenschaftlich-technischer Expertise bereit sein, ein Sonderopfer für die Gemeinschaft zu erbringen, wurde allerdings sehr schnell enttäuscht.

Die seither bei fast jeder Abfallbehandlungs- und -entsorgungsanlage beobachtbaren Planungswiderstände stellen einen Aspekt eines neuen gesellschaftlichen Umgangs mit Technik dar, ein anderer liegt in den spezifischen Schwierigkeiten der Wissenserzeugung in diesem Bereich. Die mit dem Abfallbeseitigungsgesetz entworfene Abfallwirtschaft der 1970er Jahre bestand im Wesentlichen aus der Sammlung von Abfällen und ihrer Beseitigung auf Anlagen, die als „geordnete zentralisierte Deponien" bezeichnet werden. Diese End-of-the-pipe-Lösung wurde auf der Hintergrundannahme eines stetigen Wirtschaftswachstums mit steigenden Abfallmengen als unvermeidliche Nebenfolge angestrebt. Anders als noch bei den kleineren kommunalen Anlagen war bei den Zentraldeponien ein direkter lokaler Bezug nicht mehr gegeben. Es entstand eine Kluft zwischen Nutznießern und jenen, die die negativen Auswirkungen trugen. Solange die Abfallbewirtschaftung vor allem auf die Entsorgung abstellte und keine technisch-organisatorischen Alternativen zur Verfügung standen, blieb den Anlagengegnern nicht viel mehr als der Verweis auf diese ungerechte regionale Verteilung von Risiken, der als Gegenargument den Vorwurf provoziert, nur dem St.-Florians-Prinzip zu folgen: Genau und nur den jeweils umstrittenen Standort wollen die Betroffenen aus den Entscheidungsprozessen heraushalten.

Eine solche partikuläre Interessenwahrnehmung führt, so der Vorwurf, zu suboptimalen Ergebnissen, da spezifische Standortvorteile (geogene Situation, Verkehrsanbindung, landschaftliche und ökologische Aspekte) nur unzureichend einbezogen werden können. Zur Durchbrechung dieses Protestmusters tendierte die Politik zu einem dezisionistischen Politikstil. Die staatliche Durchsetzung einiger weniger Großdeponien gegen lokalen Protest konzentrierte das Protestverhalten auf wenige Orte und entlastete die Politik in anderen potentiell betroffenen Regionen.

Dennoch war dieser Politik kein längerfristiger Erfolg beschieden. Da im Rahmen der Genehmigung der Nachweis der Notwendigkeit für neue Anlagen zu führen war, konnten Anlagengegner darauf verweisen, dass mit anderer Technik - in den 1970er Jahren wurde hier vor allem die Müllverbrennung genannt - und mit verändertem gesellschaftlichen Abfallverhalten, ein Ausbau der Deponierung in den jeweils geplanten Dimensionen überflüssig sei. Da inzwischen der Umweltschutz ein Thema mit breiter öffentlicher Resonanz geworden war,[283] schob sich die Technikbewertung der Entsorgungstechnologien in den Vordergrund. Jede Einführung einer neuen Deponietechnik wurde von Sicherheitsproblemen begleitet, zu denen führende Experten aus dem Abfallbereich jeweils ihre Unbedenklichkeitsbescheinigungen abgaben. Unter Beachtung bestimmter Regeln beim Aufbau der Deponien, bei der Homogenisierung der Stoffe und beim Abstand zu wasserwirtschaftlich bedeutsamen Gelände stünden, so die Lehrmeinung, derartige Anlagen nach ihrer Verfüllung für andere Nutzungen zur Verfügung, etwa als Park- und Sportanlage oder sogar als Baugrund für Siedlungen.

Diese Prognosen waren riskant, denn nennenswerte Erfahrungen lagen nicht vor. Tatsächlich zeigte sich über kurz oder lang, dass die trotz der Vorsichtsmaßnahmen entstehenden Sickerwässer mit einer Reihe von Stoffen kontaminiert waren und dass für dicht gehaltener Untergrund nach einer gewissen Zeit durchlässig wurde (vgl. Herbold/Vorwerk 1993). Lernerfahrungen an solchen Problemdeponien verdichteten sich in den 1980er Jahren zu der wissenschaftlichen Lehrmeinung, dass Zeiträume von mehr als dreißig Jahren notwendig sind, um einigermaßen sichere Aussagen über das Verhalten eines Deponiekörpers machen zu können. Die vermeintlich „kontrollierten Deponien" stellten sich als letztlich „unkontrollierte bio-chemische Reaktoren" heraus. Verschiedene Versuche, an Deponien unter Betriebsbedingungen die internen Prozesse zu steuern, etwa dadurch, dass man das Sickerwasser in einen ständigen Kreislauf umlenkte, der es chemisch inert machen würde, sind letztlich daran gescheitert, dass die Deponie als eine End-of-the-pipe-Technik konzipiert wurde, an deren Inhaltsstoffe nur geringe Anforderungen gestellt wurden.

Allmählich wurde in diesem kollektiven Lernprozess klar, dass Unsicherheiten nicht in allen Fällen im Vorfeld naturwissenschaftlich-

---

283 „Die Grenzen des Wachstums" hat der Club of Rome 1972 thematisiert und damit eine intensive öffentliche Diskussion über den gesellschaftlichen Stellenwert der natürlichen Umwelt stimuliert (Meadows 1972).

technischer Laborforschung ausgeräumt werden können. Die Wissenschaft ist offensichtlich zumindest in einigen Bereichen gezwungen, die Risiken der Erkenntnisproduktion in die Gesellschaft zu verlagern und die „*Gesellschaft als Labor*" (Krohn/Weyer 1989) zu nutzen. Dies bedeutet vor allem, dass derartige Technikeinführungen Quasi-Experimente darstellen, über deren Durchführung gesellschaftlich entschieden werden muss. Gleichzeitig hat dies auch Auswirkungen auf den Stellenwert von Expertisen: Gutachten und Gegengutachten, die im Rahmen eines dezisionistischen Entscheidungsmodells ein Problem darstellen, da sie wechselseitig Gegnern und Befürwortern zur Verfügung stehen, werden so zur Grundlage eines Technikgestaltungsprozesses, in dem Unsicherheiten durch den Einbezug unterschiedlicher Maßstäbe und unter Berücksichtigung verschiedener Foci bearbeitbar werden. Im Mittelpunkt steht dann nicht mehr die Sicherheit von Lösungen, sondern die Adaptionsmöglichkeit an modellierte Entwicklungen und die Nutzung von Planungskonzepten, die ihre eigenen Revisionsmöglichkeiten vorhalten.[284]

Zu Beginn der 1980er Jahre haben einige Kommunen auf die Planungswiderstände mit technischen Experimenten und der Entwicklung komplexerer Abfallbewirtschaftung reagiert. Die Sortierung eingesammelter Abfälle in Versuchsanlagen scheiterte an den Vermarktungsproblemen der Sekundärrohstoffe: Das Papier war zu stark verschmutzt, um einigermaßen kostenneutral vermarktet werden zu können, das unsortierte Glas war für die Industrie relativ uninteressant, der aus Reststoffen gewonnene Kompost war zu stark mit Plastikmaterial und Schwermetallen durchsetzt, um landwirtschaftlich genutzt werden zu können. Politisch entstand die Problemlage, ob eine andere Abfallwirtschaftskonzeption, die auf die Mitarbeit der industriellen Abfallproduzenten und der Haushalte angewiesen war, gesellschaftlich umsetzbar war. Die Frage war also, ob die Wegwerfgesellschaft in der Lage war, einen Wandel zu vollziehen, der nicht nur neue Einstellungen (Umweltbewusstsein) erforderlich machte, sondern auch die technischen, regulativen und ökonomischen Randbedingungen für ein entsprechendes Umweltverhalten einzurichten zuließ. Aus der heutigen Perspektive erscheint dies im Abfallbereich gelungen zu sein.

---

284 Der Fall der Bielefelder Abfalldeponieplanung zeigt, dass dies gelingen kann, wenn auf eine Durchsetzungsstrategie zugunsten von Partizipation verzichtet wird, vgl. Herbold/Wienken (1993).

Die Abfallproblematik ist seit Beginn der 1970er Jahre ein Kernbereich der bundesdeutschen Umweltpolitik, die Wachstumsorientierung hat zu dem Versuch der Herausbildung einer nachsorgenden großtechnischen Infrastruktur geführt. Die dafür notwendigen politischen Entscheidungen wurden aufgrund des Planfestellungsverfahrens mithilfe wissenschaftlicher Expertisen getroffen, die sich im nachhinein immer wieder als unzulänglich und fehlerhaft erwiesen. Hierdurch verstärkte sich die Kritik der Betroffenen, die zunehmend wissenschaftsgestützte Gegenexpertise mobilisieren konnten.

Eine Reaktion auf diese prekäre politische Situation, die sich zwischen prognostiziertem Abfallnotstand und demonstrativer Akzeptanzverweigung aufspannte, bestand in der Übernahme von politischer Verantwortung durch die Fachverwaltungen, die spätestens Ende der 1980er Jahre ihre Planungen um den Aspekt der Akzeptanzsicherung erweiterten.[285] Diese Planungen sahen vor, die großtechnischen Lösungen der Deponierung und Verbrennung durch die Mitarbeit von Abfallproduzenten zu ergänzen. Über Pilotprojekte mit verschiedenen Sammelsystemen, die etwa im Glasbereich durch ökonomische Interessen der Industrie unterstützt wurden, wurden lokal erste Schritte in Hinblick auf die Wiederverwendung von Abfällen gemacht. Die Erfolge mit der Trennung der Abfallfraktionen Glas und Papier, aber auch mit der Kompostierung konnten eine gewisse Sogwirkung entfalten. Deutlich wurde, dass das Umweltbewusstsein in Umweltverhalten überführt werden kann, wenn umsetzbare Angebote geschaffen werden können. Der Abfallbereich hat für den Umweltbereich insofern eine Pionierfunktion,[286] die durch die stofflichen Eigenschaften von Abfällen und Visualisierbarkeit von Erfolgen begünstigt worden ist. An dieser Stelle zeigt sich, dass die Kommunen nach flexiblerer Technik suchen, um weitere Entwicklungen in Gang zu setzen bzw. auf Veränderungen schneller reagieren zu können. Problematisch erscheint in dieser Hinsicht vor allem die mit der Technischen Anleitung Siedlungsabfall eingeführte Pflicht zur Vorbehandlung vor der Ablagerung, die die Möglichkeiten technologischer Alternativen stark einschränkt.

---

285 Siehe dazu Herbold/Kämper/Krohn/Vorwerk (1997).

286 Im Verkehrsbereich ist es dagegen bisher nicht gelungen, die Angebote so attraktiv zu machen, dass die Kombination verschiedener Verkehrsmittel zu einem Rückgang des Individualverkehrs geführt hat.

4 Zum Verhältnis von Wissenschaft und Gesellschaft in der Wissensgesellschaft

Das Ziel dieses Schlusskapitel ist es, die Bedeutung experimenteller Praktiken für die Wissenschaft und die Gesellschaft herauszuarbeiten. Zuerst werde ich die oben dargestellte Ambivalenz der modernen Gesellschaft wieder aufgreifen, auf die Orientierungsleistung der Wissenschaft angewiesen zu sein und gleichzeitig zumindest in bestimmten Bereichen, das notwendige Vertrauen nicht mehr aufbringen zu können. Besonders augenfällig wird diese Ambivalenz in Entscheidungslagen, bei denen auf gesellschaftliche Risikowahrnehmungen mit hierarchischen Planungsverfahren geantwortet wird. Derartige Entscheidungen treffen oftmals nicht mehr auf Akzeptanz als den angenommenen *„forschungsirrelevante[n] Normalfall"* (Lucke 1995: 242), sondern auf sich unterschiedlich dokumentierende Widerstände. Politische Planungen im Abfallbereich sind davon in einem besonderen Maße betroffen, da hier nicht nur ein lokaler Bezug zwischen Entscheidern und Betroffenen hergestellt werden kann, sondern auch zwischen den Begünstigten von Entsorgungsstrukturen und den potentiell Betroffenen. Der Planungsaufwand ist deshalb in der Regel sehr hoch, ohne dass damit allerdings in jedem Fall Akzeptanz erzeugt werden kann.

Den Ausgangspunkt für den zweiten Schritt stellt der lokale Bezug dar, der dazu führt, dass selten eine Situation eintritt, bei der die Nulloption ernsthaft als Lösung angeführt wird. Vielmehr werden andere, vermeintlich sicherere Techniken und Verfahren anstelle der bekannten gefordert. Partizipative Verfahren, die gerade im Abfallbereich eine gewisse Konjunktur haben,[287] stellen die Soziologie angesichts der funktionalen Differenzierung vor ein notorisches Theorieproblem, das durch Lösungen, die auf den rationalen Diskurs (Habermas 1981) abstellen oder die reflexive Modernisierung (Beck/Giddens/Lash 1995) normativ einführen, nicht befriedigend gelöst werden kann. Als Ausgangspunkt dient mir an dieser Stelle der Versuch Schimanks, Akteur- und Systemtheorien über gemeinsame Interessenkonstellationen miteinander zu verknüpfen und damit das Kontrollproblem des Staates in der modernen Gesellschaft für die Zwecke empirischer Forschung analysieren zu können.

---

287 Als Überblick siehe Zilleßen (1998).

Wie ich im Fazit herausarbeiten werde, legen es empirische Beispiele für die Lösung von Risikokontroversen nahe, die Rolle der neuen sozialen Bewegungen nicht nur in der Alarmierung der Gesellschaft zu sehen, sondern auch in einem über Planungswiderstände vermittelten Beitrag zur Technikgenese: *„Kontroversen über Technik...sind somit notwendige Begleiterscheinungen der wachsenden gesellschaftlichen, ökonomischen, politischen Bedeutung von Technik und Ausdruck eines demokratischen Umgangs."* (Hennen 1996: 235) Ein Aspekt ist dabei die Bereitschaft innerhalb der Gesellschaft neue Lösungen zu erzeugen; die technischen Experimente im Rahmen der oben analysierten impliziten Normung im Abfallbereich sind dafür ein Beispiel.[288] Dem Motto *„Keine Experimente"*, das Adenauer mit seinem Bundestagswahlkampf 1957 bekannt gemacht hat, mit seiner positiven Deutung des Bekannten wird damit die Notwendigkeit zu veränderten gesellschaftlichen Einstellungen zu ihrer eigenen Praxis gegenübergestellt. Im Abfallbereich ist dies teilweise als Verzicht auf bestimmte Güter, Produktionsverfahren und Konsumtionsgewohnheiten übersetzt worden, gleichzeitig sind damit aber auch Weichenstellungen für experimentelle Strategien vorgenommen worden, die sich im Wesentlichen in zwei Typen einteilen lassen: Erstens in einen, der dem Experiment in seiner klassischen Bedeutung nahekommt und auf die Reproduzierbarkeit experimenteller Ergebnisse abstellt. Wie ich gezeigt habe, hat die Abfallwissenschaft darin die Voraussetzung für ihre weitere Konsolidierung gesehen. Zweitens lässt sich ein Typus nachweisen, der große Ähnlichkeiten mit den oben dargestellten Experimentalsystemen aufweist. Das Artefakt Deponie als experimenteller Aufbau inkorporiert dabei sowohl die produktive, phänomenerzeugende Funktion als auch die repräsentierende, auf den Nachweis von Regelmäßigkeiten abstellende Funktion sowie in Ermangelung labormäßiger Testmöglichkeiten die konstruierende Funktion innerhalb dieser Systeme. Entsprechendes lässt sich auf die soziotechnischen Lösungen des Entsorgungsproblems übertragen. Die Vergesellschaftung der damit verbundenen Erkenntnisrisiken macht es dann notwendig, sich auf die entsprechenden Unsicherheiten im Sinne einer Risikobereitschaft einzustellen.

---

288 Siehe dazu am Beispiel einer Abfalldeponieplanung Herbold (1995) und Herbold/Krohn/Weyer (1992).

4.1 Ambivalenzen im Verhältnis von Wissenschaft und Gesellschaft

Wissenschaftliches Wissen steht, wie man nicht erst seit Popper weiß, unter dem Vorbehalt der Vorläufigkeit. Solange diese Eigenschaft nur innerwissenschaftlich wahrgenommen wurde, besaß die Wissenschaft für die Öffentlichkeit gleichwohl eine bedeutende Orientierungsfunktion. Historisch eröffnete die Wertneutralität der Wissenschaft die Möglichkeit zur Ausdifferenzierung eines gesellschaftlichen Teilsystems durch das Wahrheit erzeugt wird, die Produktion von Wahrheit in anderen gesellschaftlichen Teilsystemen wurde damit dysfunktional. Aus der Perspektive traditioneller Orientierungsinstitutionen stellte sich damit eine *„de-institutionalisierende Wirkung"* (Weingart 1983: 228) ein. Die Orientierungsleistung der Religion auf der Grundlage offenbarter Wahrheit wird zurückgedrängt und durch die Wissenschaft übernommen und ihrem Erfolgskriterium unterworfen, nach dem Fakten und Theorien nur solange als wahr gelten können, wie sie nach den eigenen Maßstäben bewiesen sind (bzw. ihre Unwahrheit prinzipiell nachweisbar, bisher aber nicht gelungen ist).

Entscheidungen werden, da Vertrauen als gesellschaftlicher Mechanismus in den Hintergrund gerückt ist, nun thematisierbar: *„Aus der Obhut der Religion entlassen, sind Gefahr- und Risikomerkmale sozusagen rezeptfrei verfügbar und können benutzt werden, um Unbehagen zu konzentrieren und Angst zu erzeugen."* (Luhmann 1987b: 59). Die Nutzung wissenschaftlichen Wissens zur Legitimierung von Entscheidungen wurde in der Folge für die Politik problematisch, da der Verlust an Vertrauen reflexiv auf die Wissenschaft selbst angewandt wird.

Während der *„Primärverwissenschaftlichung"* (Beck 1982), der Phase wechselseitiger Problemstellungen und -lösungen von Technik und Wissenschaft, konnte überzeugend die Leistungsfähigkeit des ausdifferenzierten Systems der Wissenschaft nachgewiesen und gleichzeitig das Problem der nur begrenzten Orientierung durch die Wissenschaft latent gehalten werden: *„Diese Verwandlung von Fehlern und Risiken in Expansionschancen und Entwicklungsperspektiven von Wissenschaft und Technik hat in der ersten Phase die wissenschaftliche*

Entwicklung im wesentlichen gegen die Modernisierung- und Zivilisationskritik immunisiert und sozusagen ‚ultrastabil' gemacht." (Beck 1982: 12)

Nicht die Wissenschaft war zu diesem Zeitpunkt Gegenstand von Kritik, sondern die von der Erkenntnisgewinnung abgekoppelte Anwendung. Die Folgeprobleme der Verwissenschaftlichung wurden durch die reflexive Analyse jener Entwicklungen, die durch die Wissenschaft erst möglich wurden, deutlich. Die Sekundärverwissenschaftlichung als Ergebnis der Leistungssteigerung der Wissenschaft ermöglichte die Kritik der Wissenschaft durch die Wissenschaft und führt dort, wo wissenschaftliche Erkenntnis die Grundlage für Entscheidungen darstellt, zu Diskursen, die über die Wissenschaft hinausreichen.

Für eine Gesellschaft, die sich an die Problemlösungsmöglichkeiten durch die Wissenschaft angepasst und gewöhnt hat, ergibt sich an dieser Stelle ein Dilemma, da sie kaum auf andere Bereiche der Sinnstiftung und des sicheren Wissens zurückgreifen kann: Zusammenfassend Luhmann (1987b): *„Anspruchsvolle Wahrheit ist erst wissenschaftlich gesicherte Wahrheit, und nirgendwo anders in der Gesellschaft kann sie produziert werden."* (52) Der Stellenwert wissenschaftlicher Expertise für die Legitimation politischer Entscheidungen bleibt damit hoch, da auf andere Bereiche der Reduktion von Unsicherheit kaum zurückgegriffen werden kann.

Bei Planungen ist die Nutzung von Gutachten typisch; die Politik nutzt die Möglichkeit, Entscheidungen zu legitimieren und die politischen Risiken zu externalisieren. Der Verweis darauf, dass ein Gutachten die Angemessenheit bestimmter Festlegungen nachgewiesen habe, ist öffentlichkeitswirksam und rekurriert auf die Stellung der Wissenschaft in der modernen Gesellschaft, jedenfalls solange, wie es gelingt, Kriterien und Aussagen rein sachlich zu begründen. Gelingt dies nicht, können Interessen zugerechnet werden, dann geraten die Wertmaßstäbe der Wissenschaft und der Professionen in den Blick.

Normative Modelle der Wissenschaft haben den möglichen Vertrauensverlust zu begrenzen versucht, indem - insbesondere in der von Parsons und Merton inspirierten struktur-funktionalistischen Tradition - normative Konzepte zur Selbstbeschreibung der Wissenschaft entwickelt wurden.[289] Parsons (1954) hatte die Merkmale der Professionen, der wissenschaftlich ausgebildeten und mit wissenschaftlichen Methoden arbeitenden Berufsgruppe, die nicht mit Forschung, sondern mit Anwendung befasst ist und für die sich das Problem der Politisierung in besonderem Maße stellt, in einer Mischung empirischer gesellschaftlicher Einschätzungen und interner Wertmaßstäbe klassisch mithilfe der *„Pattern variables"* zu bestimmen versucht. Kennzeichnend ist für die Professionen danach, dass sie von eigenen Zwecken unbelastet (desinterestedness) handeln, auf gesellschaftliche Werte hin orientiert (rationality) sind, spezifische Leistungen erbringen (functionally specific technical compentence) und im Urteil unabhängig vom sozialen Kontext (universalistic orientation) sind.[290]

Der Anspruch der Professionen, bestimmte Praxisprobleme mithilfe wissenschaftlichen Wissens lösen zu können, stellt die wesentliche Voraussetzung ihres hohen gesellschaftlichen Status, der gefährdet wird, wenn sie sich auf die Position zurückziehen, Fragestellungen (noch) nicht bearbeiten zu können. Die Erzeugung und Stabilisierung des gesellschaftlichen Bildes von den Professionen wird deshalb als ein Teil der Ausbildung angesehen und in die Forderung übersetzt, situative Unsicherheit im Urteil möglichst zu vermeiden.[291] Wissen muss auf Implementationsfähigkeit hin formuliert werden, seine Träger müssen eine Gruppenidentität und soziale Rolle ausbilden, die dies ermöglichen. Innerwissenschaftlich gilt es eigene Evaluations-, Reputations- und Rekrutierungsmuster herzustellen, nach Außen gilt es, die Institutionalisierung des Faches durch die Ausbildung von Expertenrollen und die Festlegung von spezifischen Anwendungsbereichen zu sichern.[292]

---

289 Weinbergs Versuch etwa, Gebiete, die sich einer klaren Zuordnung entziehen als „Trans-Science" zu kennzeichnen, diente dem Zweck, die „reine" Wissenschaft von den durch die Politiknähe erzeugten Problemen zu entlasten. Vgl. Weinberg (1972, 1985). Zur Kritik siehe Jasanoff (1987).

290 Einen Überblick über die Entwicklung der Professionstheorie am Beispiel der Berufsrolle des Ingenieurs findet sich bei Downey/Donovan/Elliot (1989).

291 Für die Medizin etwa: *„Socialization for uncertainty takes on particular significance in professional training, because the professions depend on the public believing that they know what they are doing. Their licence and their mandate rest on the claim that they have mastered esoteric knowledge and can apply effective techniques to manage other people's problems and uncertainties"* (Light 1979: 310).

292 Vgl. zu den Variablen der Ausdifferenzierung von Spezialgebieten Daele/Weingart (1975).

Die Orientierungen der Professionen stoßen gerade bei einer zunehmenden „*Verwissenschaftlichung der Praxis*" (Hartmann/Hartmann 1982: 193) an ihre Grenzen, die zu einer kritischen Einschätzung der Öffentlichkeit bis hin zu einer „*Deprofessionalisierung*" (Hartmann/Hartmann 1982: 206) der Experten führt, wie ich anhand der oben diskutierten Beispiele gezeigt habe.[293] Daraus resultiert nicht nur ein Vertrauensverlust in die Wissenschaft, sondern auch eine Perzeption der Wissenschaft als durch Interessen durchsetzte relativistische Praxis.[294]

In dem diskutierten Bereich der Abfallentsorgung ist von der Politik geraume Zeit darauf gesetzt worden, dass diese Probleme durch einen Nachweis der Notwendigkeit bestimmter Entscheidungen gelöst werden könnten. Davon hat die Wissenschaft auf den ersten Blick nur profitiert: Der Ausbau von Forschungseinrichtungen, von Universitäten und Studienfächern ist nicht allein den gestiegenen Erwartungen an die Innovationsleistungen des technisch-wissenschaftlichen Bereichs zuzurechnen, sondern auch dem Bedarf an wissenschaftlicher Beratung.

Auf den zweiten Blick hat die Instrumentalisierung der Wissenschaft durch die Politik allerdings auch seine Schattenseite, mit dem Verweis auf sicheres Wissen geht, insbesondere für den Fall, dass deren Produzenten als Gewährsleute einer bestimmten Position angegriffen werden können,[295] der dargestellte Vertrauensverlust einher, der auf Dauer zumindest in einigen Bereichen zum Verlust des gesellschaftlich zugestandenen Monopols an Wahrheit führen kann.[296] Wird die Unbestimmtheit wissenschaftlichen Wissens herausgestellt, kann dies zum Desinteresse der Politik und der Gesellschaft führen, mit der Folge

---

293 Das im Rahmen der Kernenergie öffentlichkeitswirksam betriebene Spiel von Gutachten und Gegengutachten hat zu einer „Entzauberung" der Wissenschaft beigetragen: „*Alle Beteiligten beginnen sich der politischen Qualität der scheinbar unpolitischen Experten bewusst zu werden; in Anerkennung dieser Erkenntnis zeigen sich offizielle Stellen zunehmend bereit, das von ihnen eingesetzte Expertentum durch die Beteiligung von Laien einer offenen Politisierung preiszugeben*" (Hartmann/Hartmann 1982: 209).

294 Durch den, so überspitzt Weingart (1984), die Aussagen der Wissenschaft ähnlichen Bewertungen unterliegen wie die Moden der Herrenoberbekleidung.

295 Beispiele dafür finden sich bei Bultmann/Schmithals (1994).

296 Wie Yearley (1992) am Beispiel von Greenpeace zeigt, führt auch die Behauptung, über sicheres Wissen der ökologischen Folgen bestimmter Eingriffe zu verfügen, zur Einnahme epistemisch unhaltbarer Positionen.

einer Verdrossenheit der Politik und der Gesellschaft an der Wissenschaft.

Der Versuch, Widerstände gegen Entscheidungen mit rationalen, wissenschaftlichen Begründungen auf irrationale Ängste und das St. Florians-Prinzip zurückzuführen, ist, wie sich anhand zahlreicher Verfahren belegen lässt, nicht immer erfolgreich. In der Regel werden Planungsverfahren derart in die Länge gezogen, dass endlich fertiggestellte Anlagen technisch bereits überholt sind. Oftmals machen sogar eingetretene Entsorgungsengpässe Vermeidungs- und Verwertungsanstrengungen möglich, durch die die materielle Basis von Planungen unterminiert wird.[297] Es reicht nicht mehr aus, durch Gutachten die Eignung eines Standortes oder eines technischen Verfahrens nachzuweisen, da die Betroffenen leicht auf die Begrenztheit wissenschaftlicher Aussagen verweisen können. Die Übertragung von wissenschaftlich-technischen Aussagen in politische Entscheidungshilfen macht es zudem notwendig, Übersetzungen, mit einem (Teil-)Verlust an wissenschaftlicher Präzision und Spezifik, vorzunehmen. Wird dagegen der hypothetische Charakter von Prognosen und die Revidierbarkeit wissenschaftlichen Wissens vermittelt, so erhöht dies vielleicht die Glaubwürdigkeit der Experten, vermindert aber die Orientierungsleistung bei Entscheidungen und wird von Politikern oftmals als wenig hilfreich kritisiert.[298] Im Zentrum politischer Legitimation technischer Entscheidungen steht der Anspruch auf rational erzeugte Entscheidungen, d.h. der Nachweis der Notwendigkeit, sachlicher Richtigkeit sowie der Eignung von Technik. Politische Entscheidungen wären dann das Ergebnis eines durchrationalisierten Planungsverfahrens und in der Terminologie von Habermas (1969) eher technokratisch als dezisionistisch. Dieses Charakteristikum, dass es nämlich keine bessere Entscheidung

---

297 Diese Entwicklung hat die Risikoforschung nachvollzogen, indem sie von objektiven Risiken auf kommunizierte Risiken umgestellt hat.

298 Der Mineraloge Günter Herrmann, der lange Zeit die für die atomare Endlagerung genutzten Salzstöcke im Auftrag der Bundesregierung untersucht hat, hat in einem Gespräch anlässlich seiner Emeretierung die gutachterliche Zurückhaltung aufgegeben und auf dieses Problem verwiesen: *„Im Vordergrund meiner Argumentationen standen und stehen ausschließlich die dem aktuellen Stand der Wissenschaft entsprechenden Erkenntnisse und Ergebnisse...Über viele Jahre hinweg habe ich immer wieder festgestellt, daß das, was ich sorgfältig formuliert habe, schließlich falsch dargestellt wurde. Ich will jetzt dahingestellt sein lassen, ob das bewußt oder aus Unkenntnis heraus geschehen ist"* (Die Zeit 45/1994: 50).

gibt als die getroffene, begründet ihre Legitimität und stellt für viele Entscheidungslagen noch immer das akzeptierte Modell einer hierarchischen Planungskaskade dar, nach dem in einem schrittweisen Beurteilungs- und Entscheidungsprozess die Verwaltungen wesentliche Bereiche vorstrukturieren und maßgeblich bestimmen. Dieses Verständnis wird durch die Bestimmung, dass die Verwaltungen sachgerecht vorzugehen haben, begründet.

Nur sind in vielen Fällen die Verwaltungsvorgaben einer Öffentlichkeit, die eine ausgeprägte Risikowahrnehmung besitzt und die Gültigkeit der eingeholten Gutachten bezweifelt, kaum vermittelbar. Offensichtlich entsteht durch einen Planungsprozess, der weitgehend verwaltungsintern abläuft und politisch durch die Abstimmung über Vorlagen abgesichert wird, eine Kluft zwischen der Verwaltung und den Bürgern. Beobachten lässt sich, dass kommunalpolitische Entscheidungen mit Umweltrelevanz, insbesondere die Standortfestlegungen von Abfallbeseitigungsanlagen, durch einen hohen Grad an planerischer Unsicherheit gekennzeichnet sind. Ein gestiegenes gesellschaftliches Umweltbewusstsein, zunehmende Zweifel an der Objektivität wissenschaftlicher Experten sowie die strategische Politisierung von Planungen durch die beteiligten Akteure sind Faktoren, auf die mit einem hierarchischen Planungsmodell kaum angemessen reagiert werden kann.

In dieser Situation können Entscheidungen kaum mehr auf gesellschaftliche Akzeptanz treffen. Die genutzten Verfahren sind zwar insoweit legitim, als sie rechtmäßig sind, aber kaum legitim in dem Sinn, dass sie als sachlich begründet und an gesellschaftlichen Zielen orientiert wahrgenommen werden. Durch die Wahrnehmung unterschiedlicher Verteilung von Chancen und Risiken von Entscheidungen werden Bewertungen möglich, die eng an Kontexten und Interessen orientiert sind, mit der Folge, dass anstelle von wissenschaftlich-technischer Eindeutigkeit interpretative Flexibilität entsteht.[299] Bei deren Schließung können unterschiedliche Mechanismen genutzt werden, die Wahl fällt hier häufig auf die technische Lösung politischer Probleme, bei der die technische Normung zur Grundlage für politisches und rechtliches Entscheiden wird.

---

299 *„the fact that experts disagree, more than the substance of their disputes, fires controversy."* (Nelkin 1979: 16)

Die Auseinandersetzung um die Kernkraftnutzung in den 1980er Jahren machte die Problematik juristischer Technikbewertung offenbar und führte zu einer verstärkten Nutzung unbestimmter Rechtsbegriffe. Die *„Anerkannten Regeln der Technik"* als Wissensbestände über bekannte und stabile Technik, der *„Stand der Technik"* als konstruktive Entwürfe neuer Verfahren, deren praktische Umsetzung gesichert erscheint und der *„Stand von Wissenschaft und Technik"* als jenen Bereich, für den wissenschaftliche Vermutungen, aber noch keine gesicherten Erkenntnisse oder technisch umsetzbare Lösungen vorhanden sind, wurden aus dem atomrechtlichen Bereich auf Genehmigungsverfahren technischer Anlagen im Luft-, Wasser- und Abfallbereich übertragen. Insbesondere über die Verwaltungsvorschriften wurde damit eine Verlagerung technischer Entscheidungen in die Verwaltungen zur Entlastung der Gerichte vollzogen.

Für den Abfallbereich bot sich mit der TA Sonderabfall und der TA Siedlungsabfall die Möglichkeit, bei Anlagenplanungen auf Normungen zurückzugreifen, die trotz der Dynamisierung durch die Fortschrittsklauseln im Stand der Technik und im Stand von Wissenschaft und Technik, anschlussfähige Planungsgrundlagen abgaben. Das Ziel war es, die durch partikulare Interessen und spezifische Risikowahrnehmungen gekennzeichneten lokalen Auseinandersetzungen um Technik durch rein technisch orientierte Festlegungen mit vereinfachten Implementationsmöglichkeiten zu ersetzen. Die lokalen Lösungen der Abfalltechnik als Ergebnis von Risikodiskursen sollten ersetzt werden durch eine einheitliche Technik, die auf der Schließung der Community beruhte.

Fakten sind, wie das von Knorr-Cetina (1984) ihrem Buch als Motto vorangestellte Zitat von Dorothy Sayers besagt, wie Kühe, die weglaufen, wenn man sie nur scharf genug ansieht. Anders herum ausgedrückt entstehen Fakten durch die Dekontextualisierung in Absehung von ihrem Entstehen. Dieser Prozess des *„Splitting"*[300] ist für den Bereich der Expertise besonders wichtig, da hier Übertragungen aus dem Kontext der Wissenschaft in andere Handlungsbereiche vorgenommen werden, die auf Entscheidungen abzielen. Je weiter diese Dekontextua-

---

300 Der Begriff geht auf Latour/Woolgar (1979) zurück. Collins (1987): *„Splitting is the process whereby a scientific fact, such as a new drug, is removed from the laboratory, thereby acquiring ‚facticity' through its divorce from the contingencies of its origins."* (692)

lisierung gelingt, desto stärker ist der mögliche Grad an Routinisierung, der sich in Normierungen und - bei zunehmender kognitiver Unsicherheit - in den Konzepten Regeln der Technik, Stand der Technik und Stand von Wissenschaft und Technik niederschlägt.

Eine wesentliche Rolle spielt dies in jenen Risikodiskursen, die mit wissenschaftlichen Argumenten in Expertenauseinandersetzungen münden, in denen die Grundlagen der Wissenschaft in Zweifel gezogen werden und die interpretative Flexibilität von Fakten einem größeren Publikum offenbar wird, wodurch die handlungsleitende Funktion von Expertise an sozialer Überzeugungskraft einbüßt.[301] Die als Ergebnis der Auseinandersetzungen über geeignete Technologie der Abfallbeseitigung aufgestellten Verwaltungsvorschriften zielen genau auf die Vorteile der Routinisierung, hier vor allem auf die Vereinfachung von lokalen Entscheidungen durch die Festschreibung eines als gesichert angesehenen Wissensbestandes. Weniger erstaunlich als der empirisch beobachtbare relativ geringe Erfolg dieser Strategie ist der Umstand, dass sie für viabel gehalten wurde.

Der Bereich der Abfallentsorgung ist im Vergleich mit anderen Technikfeldern dadurch gekennzeichnet, dass selbst fundamentaler Protest selten auf die Null-Option setzt. Das Management von Abfällen stellt ein Handlungsimperativ dar, das auch Vertreter ökologischer Gruppen konzedieren. Dass ein Sachzwang herrscht, wird nicht infrage gestellt, allerdings, wie hoch das Abfallaufkommen ist, welche Anstrengungen zur Vermeidung notwendig sind und welche technische Trajektorie ökonomisch und ökologisch sinnvoll ist.

Die Beantwortung dieser Fragen steht in einem engen Verhältnis zu gesellschaftlichen Werten, etwa zu der Frage, ob die abfallintensive Produktion und Konsumption ein Modell mit Zukunftscharakter ist oder ob tiefe Eingriffe in die Ökonomie als notwendig angesehen werden, um die ökologischen Bedingungen der modernen Gesellschaft nicht zu gefährden. Diese Wertfragen entziehen sich einer eindeutigen technischen Lösung und der Normung schon allein deshalb, weil in die Technik gesellschaftliche Wertvorstellungen eingeschrieben sind. Präferenzen für End-of-the-pipe-Technologien sind deshalb - wenn

---

301 Diesen Zusammenhang zusammenfassend Barnes/Edge (1982b): *„If science itself is called into question, then the scientific expert can only retire gracefully; his very premises for reasoned argument have been removed."* (234)

auch in Abstufungen - gleichbedeutend mit einer unproblematischen Einschätzung der gesellschaftlichen Abfallpraxis. Betont wird bestenfalls, dass die technische Sicherheit erhöht werden muss.

Eine derartige Sicherheitsphilosophie wird durch zwei Implementationsstrategien unterstützt. Zum einen sind es vor allem juristische Arbeiten, die darauf verweisen, dass die bestehenden Verfahren ausreichen, um sachgerechte Entscheidungen zu treffen, die es gegen Widerstände zu implementieren gelte.[302] Die Durchsetzungsstrategie hoheitsstaatlicher Entscheidungen der Politik hat verlockende Vorteile: Sie verspricht eine schnelle Durchführung der Vorhaben angesichts des steigenden Problemdrucks, ist an die traditionell hierarchisch gegliederten Entscheidungsstrukturen von Bürokratien angepasst, reduziert die Vielfalt der zu berücksichtigenden sozialen und politischen Variablen und ermöglicht die Bevorzugung von wirtschaftlichen gegenüber sozialen Gesichtspunkten, z.B. durch die Verbilligung der Vorhaben.

Derartige Durchsetzungsstrategien werden vor allem in der Rechtswissenschaft gefordert. Ihr unausgesprochener Hintergrund ist dabei oft die Angst vor Aufweichung der fixierten Rechtsordnung. Gefordert wird beispielsweise immer wieder die Einschränkung selbst des legalen Widerstandes gegen großtechnische Anlagen, auch im Abfallbereich. Ausdrücklich soll keine institutionalisierte Zusammenarbeit mit Interessenverbänden und das Wohl der Allgemeinheit über Individualinteressen gestellt werden. Die zweite Strategie besteht darin, über technische Anpassungen ein über den Stand der Technik hinausgehendes neues Maß an Sicherheit zu erreichen, von dem angenommen wird, dass auch Betroffene von der relativen Gefahrlosigkeit der Anlagen überzeugt werden können. Dieser Weg der technischen Lösung von Akzeptanzproblemen wird vor allem von Vertretern der Abfallwissenschaft gefordert und führt, wie die Vergangenheit gezeigt hat, nur zu einer technischen Aufrüstungsspirale, aber gerade nicht zu dem angestrebten Ziel, dem Ausweg aus der Akzeptanzkrise.[303] Die Gemeinsamkeit besteht darin, dass die Widerstände selbst als gegeben angesehen und deren soziale Ursachen nicht umfassend analysiert werden.

Ein instruktives Beispiel dafür, technische Sicherheit zum

---

302 Vgl. dazu vor allem Ronellenfitsch (1982).

303 Favorisiert wird diese Lösung in eher technisch dominierten Beiträgen. Siehe als ein Beispiel etwa Ley (1991).

Ausgangspunkt für ein gesellschaftliches Vertrauen in Technik zu machen, stellt der in der Abfallwirtschaft einflussreiche Versuch Haubers dar, den Ingenieur zum Vermittler zwischen Widerstand und Politik zu machen.[304] Ausgehend von der Beobachtung vorhandener Planungs- und Implementationswiderstände im Bereich der Abfallentsorgung wird dort das Problem als fehlendes Vertrauen in die technischen Planer konzeptualisiert und durch die Strategie des Nachweises professioneller Normen bei der Formulierung von Expertisen und der Konstruktion technischer Artefakte zu überwinden versucht. Der Widerstand wird, wenn kein Vertrauen herstellbar ist, auf partikulare Interessen und ideologische Konzepte reduziert,[305] deren Vertreter es dann zu marginalisieren gilt. Das Ziel dieses Vorschlages ist es, Planungen möglichst reibungslos umzusetzen, übersehen wird dabei aber, dass sich der Widerstand gerade aus der Kritik an dem Modell technokratischer Entscheidung ableitet und dass Implementationsdefizite nicht nur als das Ergebnis unvollständiger Information angesehen werden dürfen.

Übersehen wird also, dass die Auseinandersetzungen über technische Lösungen auf uneinheitlichen Situationsdefinitionen basieren, ein Aspekt der, wie Schwarz/Thompson (1990) gezeigt haben, auch in sozialwissenschaftlichen Analysen dieser Settings wenig beachtet wird. Technik wird, so lautet deren Kritik, nicht als eine kontingente Konstruktion vor dem Hintergrund sozialer Definitionen von Situationen und Lösungen begriffen, sondern als ein Bereich unproblematisch anzuwendender Mittel für vorgängige Ziele, die als Interessen der verschiedenen Akteure konzeptionalisiert werden.[306] Auseinanderset

---

304 Haubers Monographie (1989) ist im Müll-Handbuch 1989 nachgedruckt worden und hat damit eine für diesen Bereich bemerkenswert große Verbreitung gefunden.

305 *„Verschiedentlich treten Personen auf, die anscheinend erst bei der Ankündigung des Baus eines Abfallverbrennungswerkes in ihrer Nähe bemerken, dass sie in einer Industrie- und Wohlstandsgesellschaft leben, umgeben von einer herrlichen, wenn auch schon großteils zerstörten und verbauten Natur, bei der genau jetzt der Punkt der maximalen Belastbarkeit erreicht ist. Dies wird ihnen schlagartig klar. Abfälle produziert zwar fast jeder in Hülle und Fülle, nur ist ausgerechnet der ausgesuchte Ort der denkbar schlechteste, sie zu entsorgen. Mit solchen Personen ist natürlich ausgesprochen schlecht umzugehen."* (Hauber 1989: 75)

306 *„The view that all is conflicting interests has led analysists to a too simple polarization of actors into opponents and proponents. This...is one of the regrettable blind spots in the prevailing paradigm of controversy studies. It leaves the substantive core - the technology itself - unquestioned and, in*

zungen um Technik lassen sich dann aber nur auf das zurückführen, was man bereits vor der Analyse wusste, nämlich dass es Interessen der Befürworter und Gegner gibt, die als handlungsbestimmend und nicht variier- oder beeinflussbar angesehen werden.[307]

Mit diesem *„Dope model"* (Rip 1985) wird unterstellt, dass einerseits Aussagen über die Funktion von Technik, über die Bewertung von Fakten und die Festlegung von Kriterien von Interessen direkt abhängig gemacht werden können, Technik aber andererseits als eine Ressource genutzt wird, die der Gesellschaft äußerlich ist. Schwarz/Thompson (1990) setzen dagegen ein interaktives Modell von Technikgestaltung und Gesellschaft, bei dem kognitive Prozesse auf unterschiedlichen sozialen Definitionen der Wirklichkeit beruhen.

4.2 Abfallbeseitigung und Risikomanagement

In den Sozialwissenschaften ist es mittlerweile allgemeiner Forschungsstand, dass Durchsetzungsstrategien angesichts der Komplexität der modernen, funktional differenzierten Gesellschaft scheitern müssen. Aus prinzipiellen Gründen ist es in vielen Bereichen nicht mehr möglich, mit kausal-hierarchischer Vorgehensweise von Verwaltungen die gewünschten Ziele zu erreichen. Die Erfahrungen von Praktikern im Abfallbereich mit der Implementation von Entsorgungsanlagen bestätigen diese Tatsache. Die vielleicht größte Verlockung der Durchset-

---

insisting that actors either support or oppose it, denies the possibility of their ‚entering into' the technology...and modifying it" (Schwarz/Thompson 1990: 31).

307 *„In der Risikogesellschaft treffen neue Autobahnen, Müllverbrennungsanlagen, chemische, atomare und gentechnische Fabriken und Forschungsinstitute auf Widerstand der unmittelbar davon betroffenen Bevölkerungsgruppen. Das und nicht der Jubel darüber (wie in der frühen Industrialisierung) ist hier erwartbar geworden. Verwaltungen sehen sich mit der Tatsache konfrontiert, daß, was sie als Wohltat planen, als Plage empfunden und bekämpft wird. Entsprechend verstehen sie und die Experten in den Betrieben und Forschungseinrichtungen die Welt nicht mehr, denn sie sind überzeugt, diese Vorgaben nach bestem Wissen und Gewissen ‚rational' und im Sinne des ‚Gemeinwohls' erarbeitet zu haben."* (Beck 1993: 189f.)

zungsstrategie ist ihre Einfachheit, die aber damit den wirklichen Verhältnissen nicht mehr angepasst ist. Vielmehr ist zur Erreichung der staatlichen Ziele die Mitarbeit der Wirtschaft und der Bevölkerung notwendig, die nicht mehr nach dem Schema von Befehl und Gehorsam, sondern nur durch eine Akzeptanz der Ziele mit einer gewissen Freiwilligkeit erreicht werden kann. Diese Akzeptanz aber kann nicht verordnet werden, sondern es bedarf einer glaubwürdigen werbenden Überzeugungsarbeit durch den Staat (Hill 1988: 667). Zusätzlich ist zu bedenken, dass ein Zurückschrauben der Bevölkerungsbeteiligung dem demokratischen Selbstverständnis unserer Gesellschaft widerspräche. Das eigentliche Argument aber ist die prinzipielle Unmöglichkeit von einfachen, verordneten Lösungen innerhalb des komplexen Zusammenspiels von sozialen Systemen, deren Verhalten in weiten Bereichen nicht eindeutig prognostizierbar und planbar ist. Diese Tatsache wird in den Rechtswissenschaften beispielsweise durch den Begriff „Grenzen der Verrechtlichung" reflektiert. Es sind deshalb vermehrt vorrechtliche Verständigungsformen zu wählen. Diese können durchaus staatlich institutionalisiert sein, weisen aber im Gegensatz zur Anwendung standardisierter und formalisierter rechtlicher Verfahren mehr spontane, situative und offene Elemente auf, die ein flexibles Reagieren je nach Situation und Akteurkonstellation ermöglichen.

Kollektive Akteure erzeugen in einer Umwelt von anderen Akteuren und den gesellschaftlichen Teilsystemen auf der Basis von internen bewährten Strukturen, Wahrnehmungen von Problemen, eigenen Interessen und kulturellen Orientierungen Handlungsstrategien, die sich in Auseinandersetzung mit der Umwelt bewähren müssen und die in Lernprozessen verändert werden können. Kollektive Akteure sind aber auch Gegenstand von neuen, noch gänzlich unerprobten Strategien, die hier entworfen und getestet werden, wie z.B. im Falle neuer Umweltschutzgesetze (vgl. Rammert 1993: 19).

Die sozialwissenschaftlichen Akteurtheorien sehen ihren Erklärungsanspruch hauptsächlich auf dem Gebiet der Interdependenzbewältigung und ihrer Folgeprobleme. Ihr Ansatzpunkt ist das Problem der Erzeugung sozialer Strukturen durch Akteure, die intern in bestimmter Weise strukturiert sind und sich auf dieser Basis mit externen Gegebenheiten auseinander setzen. Das Handeln der Akteure erzeugt eine mehr oder weniger dynamische Akteurkonstellation, die wiederum das Handeln der Akteure prägt (vgl. Schimank 1988: 621).

Der Hauptkritikpunkt an den in dieser Weise angelegten Akteurtheorien ist, dass sie die situationsübergreifende handlungsorientierende Macht der großen Sozialsysteme vernachlässigen. Während die Systemtheorie in systemintegrativer Perspektive vor allem auf die handlungsprägenden Systeme gerichtet ist, beschäftigen sich die Akteurtheorien umgekehrt vorwiegend in sozialintegrativer Perspektive mit handlungsfähigen Sozialsystemen und leiten die Entstehung überindividueller sozialer Strukturen aus dem Handeln der Akteure ab. Dadurch kann beispielsweise die konkrete Ausprägung von Akteurinteressen nicht erklärt werden, was immer nur in Bezug auf eine schon vorhandene gesellschaftliche Situation möglich ist, in der Normen, Deutungsmuster, Bewertungskriterien und sonstige Konditionierungen von Kommunikation abrufbar sind.[308] Die rationale Verfolgung ihrer Interessen erfordert von den Akteuren Selektionen innerhalb eines vorgegebenen Rahmens, der aus der selbstreferentiellen Reproduktionsweise der großen Teilsysteme entsteht. Interdependenzbewältigung kann nur stattfinden durch Konstitution eines Sinns, der die gemeinsame Situation definiert; dieser Sinn ist nicht zu erklären aus Einzelhandlungen in einer Konstellation, sondern nur durch Rückbezug auf die situationsübergreifenden generalisierten Handlungsorientierungen.

Es sind die gesellschaftlichen Teilsysteme, so die These Schimanks, die in konkreten Situationen für die Akteure die notwendigen Orientierungen bereitstellen. Bei der Begegnung von zwei oder mehreren Akteuren leitet das jeweilige Teilsystem als simplifizierende und simplifizierte Abstraktion die Erwartungen und das Handeln an. Nur dadurch wird neben dem Interdependenz- auch das Kontingenzproblem gelöst: Es erfolgt eine strukturierte Auswahl aus den ansonsten fast unendlichen Möglichkeiten in einer sozialen Begegnung. Die Beschränkung der Optionen ist eine notwendige Lüge, eine Fiktion, die die Möglichkeiten in der Wirklichkeit so weit reduziert, dass soziale Situationen je nach Kontext nach immer gleichen erwartbaren Schemata ablaufen. Damit ist eine plausible Verbindung von akteur- und systemtheoretischer Perspektive gefunden.[309]

Teilsysteme als Akteurfiktionen erklären die innersystemische

---

308 Vgl. Schimank (1988: 621ff.).

309 *„Gesellschaftliche Teilsysteme sind als handlungsprägende Sozialsysteme...Konstitutionsbedingungen der Handlungsfähigkeit gesellschaftlicher Akteure."* (Schimank 1988: 630)

Abstimmung des Handelns. Der Bezugspunkt der systemtheoretischen Analyse aber ist die mangelnde Abstimmung zwischen den einzelnen Teilsystemen, aus der sich die Suche nach modernen Steuerungskonzepten jenseits von Planung und Inkrementalismus ergibt. Das Problem der mangelnden Integration der in Teilsysteme funktional differenzierten Gesellschaft lässt sich akteurtheoretisch reformulieren: Wie lassen sich die Interessen eines Akteurs mit denen anderer Akteure bei Zugehörigkeit zu verschiedenen Teilsystemen abstimmen? Mit anderen Worten: Wie lässt sich ein systemübergreifender spezifischer Interessenkonsens trotz generellem Orientierungsdissens finden?[310]

Der Ausdruck „genereller Orientierungsdissens" ist auf die Situation der funktional differenzierten Gesellschaft zugeschnitten, in der sich die kollektiven Akteure innerhalb der Teilsysteme leicht miteinander verständigen können, da sie sich innerhalb des gleichen Rahmens befinden, der ihre Handlungen sinnvoll selektiert und strukturiert. Hier befinden sich die Akteure in kognitiver, normativer und evaluativer Hinsicht in einem Orientierungskonsens, der eine abgestimmte Deutung der sozialen Situation gewährleistet. Wenn aber Akteure aus verschiedenen Teilsystemen sich über eine Situation oder einen Sachverhalt verständigen wollen, dann reden sie unweigerlich aneinander vorbei, denn sie befinden sich jeweils in verschiedenen Bezugsrahmen, in denen die Systemsprache unterschiedlich ist. Das Eindringen einer erfolgten Umweltverschmutzung als Thema in die gesellschaftlichen Kommunikationsstränge zum Beispiel wird der Politiker unter dem Gesichtspunkt der Machterhaltung, der Unternehmer unter dem Gesichtspunkt der Steigerung von Zahlungsfähigkeit und der Forscher unter dem Gesichtspunkt des Gewinns von Reputation ansehen.

Es besteht damit ein genereller Orientierungsdissens, der die Lösung des Problems unwahrscheinlich macht, da die Interessen unterschiedlich und die Situationsdefinitionen inkommensurabel sind. Eine aus der Sicht der Politik vielleicht im Sinne der Machterhaltung lebenswichtige Lösung eines Umweltproblems mag von der Wirtschaft bekämpft werden, da es die Profitchancen schmälert, obwohl beide mit dem gleichen Sachverhalt beschäftigt sind.[311]

Dennoch sind aber innerhalb des generellen Orientierungs-

---

310 Dazu Schimank (1992).
311 Vgl. Schimank (1992).

dissenses intersystemische Abstimmungsvorgänge möglich, wenn sich die Akteure in einer sozialen Situation der gegenseitigen Beeinflussung und Abhängigkeit ihrer Interessen über das Ausmaß der jeweiligen Interessensbefriedigung einigen können. Dabei ist es nicht notwendig, zu einer gemeinsamen Situationsauslegung durch Herstellung eines generellen Konsenses zu gelangen; es ist lediglich ein spezifischer Konsens vonnöten, der die Abstimmung der, in der Regel unterschiedlichen einzelnen Interessen gewährleistet. Voraussetzung solcher Abstimmungsvorgänge ist ein gewisses Verstehen der anderen Akteure, die an der Interaktion teilhaben, ein wenigstens partielles Nachvollziehen der Rationalitätsstrukturen der fremden Teilsysteme und damit ein Verständnis der Handlungslogiken der zugehörigen Akteure. Nur so lassen sich eigene und fremde Interessen und die Mittel zu ihrer Befriedigung vergleichen, und nur so kann ein Weg gefunden werden, der eigene und fremde Interessen vereinbart. Mit diesem Wissen kann ein Akteur seine Ziele so in die Handlungsketten anderer Akteure einschleusen, dass sie diesen als Mittel oder Bedingung zur Erreichung ihrer eigenen Ziele erscheinen. Wenn dies wechselseitig geschieht, kann trotz der grundsätzlichen Getrenntheit ein intersystemischer Konsens entstehen, in dem die Interessen von anderen zwar nicht übernommen, aber immerhin mit den eigenen kompatibel gemacht werden. Trotz des generellen Orientierungsdissenses wird so ein spezieller Interessenkonsens möglich, der fehlende Integration auf der Teilsystemebene wenigstens teilweise auf der Akteursebene ausgleicht.

Erleichtert werden solche Abstimmungsvorgänge durch die gegenseitige Unterstellung reflexiver Interessen. Sie beziehen sich nicht auf die Durchsetzung konkreter Interessen, sondern auf die Bedingungen der Möglichkeit ihrer Durchsetzung. Ihre Existenz erhöht die Wahrscheinlichkeit der Realisierung durch Reduktion des zur Abstimmung notwendigen Wissens über die Innenstruktur fremder Akteure. Man braucht nicht mehr herauszufinden, welche die spezifischen Interessen des Gegenübers sind, sondern versucht erst einmal, über die reflexiven Interessen einen Konsens zu erreichen.

In allen ausdifferenzierten Teilsystemen gibt es Instanzen (Personen oder Organisationen), die über ein Wissen von anderen Akteuren und ihrer Handlungsrationalitäten verfügen und die auf die Herstellung von spezifischem Konsens spezialisiert sind. Sie funktionieren als „Diplomaten" und vermitteln zwischen den Systemen, immer unter der Prämisse der Interessendurchsetzung des eigenen Systems. Sie sind keineswegs dazu da, einen Orientierungskonsens herbeizuführen, sondern vertreten die Interessen ihres „Auftraggebers". Eben hierin besteht die (aus sytemtheoretischer Sicht) bemerkenswerte Fähigkeit kollektiver Akteure, ohne Bezugnahme auf einen intersystemischen Rahmen Systemintegration zu schaffen.

Durch Verhandlungssysteme kann auch die Auswirkung des *„blinden Flecks"* der Beobachtung,[312] der insbesondere für die systemtheoretische Analyse der Beziehung der Gesellschaft zu ihrer natürlichen Umwelt ein Problem darstellt, abgemildert werden.[313] Die von den funktional-differenzierten Systemen ausgeblendeten Perspektiven können in Interaktionssystemen als *„gesellschaftliche Selbstbeobachtung durch soziale Bewegungen"* (Ahlemeyer 1989: 181) kommuniziert werden und werden damit auch für Vertreter der funktional differenzierten Systeme beobachtbar. Der Nachteil von Interaktionssystemen, der in Diffusität, Unschärfe und Unzuverlässigkeit liegt, wird vor dem Hintergrund der Betroffenheit teilnehmender Akteure von Entscheidungen und Nicht-Entscheidungen für einen spezifischen Technikeinsatz bzw. für eine Verkopplung von Technik mit sozialem Handeln zum Ausgangspunkt wechselseitiger Perspektivenverschränkung. Derartige Konstellationen ermöglichen einen Einbezug des Widerstandes in Planungen bei temporärer Aufgabe sowohl des Primats der Steuerung durch den Staat als auch ökonomischer Rationalität der Wirtschaft wie auch der rationalen Mittelwahl durch die Wissenschaft.[314]

Das Problem des modernen Staates resultiert aus einem Kontrolldebakel, dass den Staat an der Spitze der Gesellschaft verortet, ihm

---

312 *„Alles Beobachten ist Benutzen einer Unterscheidung zur Bezeichnung der einen (und nicht der anderen) Seite. Die Unterscheidung selbst fungiert dabei unbeobachtet; denn sonst müßte sie, um bezeichnet werden zu können, ihrerseits Komponente einer Unterscheidung sein, die dann ihrerseits unbeobachtet eingesetzt werden müßte."* (Luhmann 1990: 91)

313 Siehe dazu ausführlich Japp/Krohn (1994).

314 *„In dem Maße, wie solche Beschreibungen sich wechselseitig als nicht valide identifizieren, können sie auch die jeweiligen blinden Flecken der jeweiligen Mythen aufdecken. Hieraus ergeben sich wechselseitige Korrekturpotentiale im Kontext eines sozialökologisch verstandenen Wandels der Gesellschaft, der maßgeblich durch genau diese Korrekturpotentiale angetrieben wird."* (Japp/Krohn 1994: 11)

aber gleichzeitig die Mittel dazu streitig macht.[315] Derartig widersprüchliche Anforderungen an den Staat und ihre Folgen lassen sich besonders gut am Beispiel der Abfallentsorgung beobachten. Einerseits wird kaum bezweifelt, dass Regelungen notwendig sind. Andererseits sehen sich getroffene Entscheidungen großen Widerständen gegenüber, die nicht allein aus partikularen Interessen heraus erklärt werden können.[316] Staatliches Handeln sieht sich hier überfordert. Im Folgenden soll eine Möglichkeit, auf diese Überforderung des Staates durch die Gesellschaft zu reagieren, vorgestellt werden, die die Problematik kontextuellen Wissens, der begrenzten Geltung von Expertise und des politischen Planens angesichts einer gestiegenen gesellschaftlichen Risikowahrnehmung umfasst.

Willke (1986) hat auf die Überforderung des Staates in der modernen Gesellschaft hingewiesen. Danach ist das Steuerungsprimat des Staates in dem Maße gefährdet als die verschiedenen gesellschaftlichen Teilsysteme Eigenlogiken entwickelt haben, die es unmöglich machen, mit den traditionellen Konzepten erfolgreiche Politik zu machen. Die Lösung des Dilemmas, einerseits zur Steuerung nicht fähig zu sein, andererseits angesichts gravierender Probleme - etwa im Umweltschutz - einer Steuerung zu bedürfen, ist seiner Meinung nach nur durch Kontextsteuerung aufzulösen. Kontextsteuerung im Bereich der Abfallwirtschaft hieße, nicht nur die Politik und Wissenschaft an einen Tisch zu bringen, was durch die gängigen Verfahren bereits geleistet wird, sondern darüber hinaus auch das Rechtssystem, die Wirtschaft und die Gesellschaft. Bürgerinitiativen, Betroffene und abfallproduzierende Bürger mit den anderen Akteuren zu verkoppeln, erscheint aufgrund bestehender Interessenunterschiede kaum möglich.

Dies stellt die Chance für partizipative Verfahren dar, mit denen im Bereich der Abfallentsorgung bereits gewisse Erfahrungen vorliegen. Die Partizipation der Öffentlichkeit an Planungen von tech-

---

315 *„Er soll einerseits die hierarchische Spitze und das Zentrum einer Gesellschaft repräsentieren, welche der staatlichen Aufsicht und Kontrolle bedarf...Er soll andererseits genau diese autoritative und hierarchische Kontroll- und Entscheidungsbefugnis aufgeben, um die Autonomie...einer machtvollen und selbstbewußten Gesellschaft nicht zu stören. Und er kann drittens sich beiden Verpflichtungen nicht entziehen"* (Willke 1992: 22).

316 Überregionale Initiativen wie „Das bessere Müllkonzept" lassen sich nicht mehr als Verhinderer analysieren, sondern entwickeln eigene Problemlösungsvorschläge.

nischen Anlagen kann verschiedene Formen annehmen: Bei der Information werden nur mehr oder weniger gefilterte Informationen über das Vorhaben der Öffentlichkeit zugänglich gemacht, die Konsultation umfasst zusätzlich die Anhörung der Betroffenen, die aber folgenlos bleiben kann. Die Mitwirkung bedeutet darüber hinaus, dass die Äußerungen von Betroffenen in die Planung einbezogen werden, die sich dadurch verändert. Die Gestaltung schließlich gibt den Betroffenen zusätzlich das Recht, an den wesentlichen Entscheidungen beteiligt zu werden. Bei der Beteiligungsstrategie versuchen die staatlichen Organe, Verhandlungssysteme zu etablieren, um höherstufige Formen der Partizipation von Bürgern zu erreichen.

Die Voraussetzung für erfolgreiches Handeln stellt hier eine Informationspolitik, die die Probleme und die Risiken von Planungen nicht verschweigt und Lösungen in der Öffentlichkeit verhandelt. Bestandteile einer solchen Planung sind etwa eine auf umfassenden Vermeidungs- und Verwertungsmöglichkeiten beruhende Bedarfsfeststellung, eine Darstellung der rechtlichen Situation, aus der deutlich wird, dass ein Anspruch der Allgemeinheit auf eine geordnete Abfallbeseitigung besteht (auch wenn damit einer Bevölkerungsgruppe ein Opfer abverlangt wird), die Ausschöpfung technischer und organisatorischer Möglichkeiten zur Reduzierung von Risiken in Abhängigkeit den Interessen der Müllproduzenten (Bürger, Industrie) und öffentliche Veranstaltungen und Medienberichte, in denen die verschiedenen Interessengruppen zu Wort kommen. Dabei wird deutlich gemacht, dass unterschiedliche Risikowahrnehmungen existieren. Die vorhandenen Konflikte werden öffentlich ausgetragen, die Zielkonflikte transparent gehalten und es wird auf den Versuch verzichtet, formulierte Ängste als irrational darzustellen.

Es sind im besonderen zwei Einsichten, die partizipative Planungen auszeichnen: Zum einen, dass Akzeptanz nicht durch hoheitliches Planen zu erreichen ist[317] und zum anderen, dass es eine Hierarchie akzeptabler Argumente in einem öffentlichen Prozess zu erzeugen gilt.[318] Mit der Teilnahme an derartigen Planungen versuchen die Ak

---

317 *„Akzeptanz stellt damit ein knappes Gut dar, das eigene ‚Beschaffungsstrategien' erfordert."* (Zieschank 1991: 43)

318 Dass dies gewöhnlich nicht beachtet wird, zeigt sich an der vorschnellen Zurechnung, Betroffene verfolgten nur ihre eigenen partikularen Interessen: *„At best, the notion of ‚NIMBY groups' belittles legitimate public concerns by*

teure, ihre spezifischen Risiken zu minimieren, die z.b. auf der Seite der Planer darin liegen, dass die Mobilisierung öffentlich-politischen Widerstandes und die Nutzung rechtlicher Schritte, Verfahren in zeitlicher und sachlicher Dimension gefährden. Für die Gegner bestehen sie darin, dass eine Durchsetzungsstrategie am Ende doch erfolgreich sein kann. Durch die Partizipation relevanter Gruppen werden psychologische Faktoren der Risikowahrnehmung Bestandteil des Risikodiskurses. Die Frage nach der Vereinbarkeit von Entscheidungen etwa wird behandelt, indem Bedarfsfeststellungen nicht gesetzt, sondern verhandelt werden. Risiken werden diskursiv ermittelt und das Problem der Risikoaversion bei Nichtbeteiligung an Entscheidungen umgangen.[319]

Weitere Faktoren psychischer Risikoeinschätzung können durch technische Detailplanungen beeinflusst werden. Die Forderung nach Reversibilität technischer Entscheidungen etwa, wie auch nach der Verminderung von Unfallrisiken sowie der Kontrollierbarkeit und Beobachtbarkeit von Anlagen sind Komplexe, die durch Begleitforschungen und eine offene Informationspolitik während des Betriebes erfüllt werden können.[320] Ferner werden Aspekte sozialer Verbindlichkeit, durch die sich diese Verfahren auszeichnen, in den Diskurs integriert. Die Herstellung von Öffentlichkeit etwa leistet die Reduktion legitimer Verfahrensschritte und Argumente durch die zeitliche Sequenzierung; die Bindungswirkung der Beteiligten an gemeinsam erarbeitete Ergebnisse verortet z.B. fundamentalistische Opposition außerhalb der gegenseitigen Rollenerwartungen.

Angestoßen werden diese Verfahren in der Regel durch Planungen der öffentlichen Verwaltung, die auf der Suche nach Standorten für Anlagen ist und Widerstände antizipiert. Und dies auch meist mit Erfolg: Bürgerinitiativen bilden sich sehr schnell. Mediationsverfahren sind ein Beispiel für solche Versuche, über Kooperation eine Akzeptanz für technische Anlagen zu erzielen, nachdem traditionelle Steuerungs-

---

labelling their actions as narrow, self-interested, and localised political protest. At worst, the concept disguises the real controlling forces of environmental policymaking which set the boundaries and rule of ‚acceptable' political debate around what has current political and technical consensus and to the exclusion of more radical alternative solutions." (Kemp 1990: 1247)

319 Zu diesen Akteurkonstellationen siehe Herbold/Opladen (1993).

320 Vgl. dazu das Beispiel der Bielefelder Abfalldeponie in Herbold/Wienken (1993).

modelle, die ein akzeptiertes hoheitliches Machtgefälle zwischen Steuerungsinstanz und -adressat voraussetzen, regelmäßig gescheitert sind. Der Abfallbereich blieb dabei in der Vergangenheit nicht ausgespart: Es mangelt nicht an Fällen, in denen geplante Projekte trotz eindeutiger Rechtslage bei Anwendung der Durchsetzungsstrategie jahrelang verzögert wurden oder sogar ganz scheiterten.

Das größte Problem der Beteiligungsstrategie ist die unterschiedliche Wertorientierung der beteiligten Akteure. Der Staat ist daran interessiert, die Entsorgung zu sichern, die betroffene Bevölkerung ist daran interessiert, die dazu nötigen technischen Anlagen zu verhindern oder zumindest zu verlagern, in welchem Fall sich das Problem erneut stellt, nur an einem anderen Ort. Dieser Konflikt, darüber muss man sich im klaren sein, ist nicht aus der Welt zu schaffen. In den meisten Fällen wird er auf der in Auseinandersetzungen legitimen Ebene des (vermeintlich) rationalen Diskurses ausgetragen; d.h. man diskutiert mit sachlichen Argumenten etwa über die Risiken verschiedener Deponiekonzepte oder der Müllverbrennung und präsentiert Experten, die jeweils die eigene Position bestätigen. Da es in Wirklichkeit um die Konfrontation verschiedener Werte geht, ist es kein Wunder, dass Einigungen schwierig sind.

Dennoch ist es auch bei grundsätzlicher Verschiedenheit der Positionen möglich, ein gegenseitiges Vertrauensverhältnis aufzubauen, auf dessen Grundlage es zumindest eine Zusammenarbeit in Sachfragen geben kann. Entscheidend für den Erfolg einer solchen Strategie ist, dass nicht nur die Legitimität der Planung selbst, sondern auch die des Widerstandes der Öffentlichkeit nachgewiesen werden muss. Mit einer offenen Informations- und Partizipationspolitik wird so einerseits Einblick in die zu erwartenden Risiken gegeben, andererseits reicht es dann nicht mehr aus, wenn Betroffene allein darauf verweisen, dass ihnen ein Sonderopfer für die Gesellschaft nicht zugemutet werden kann. An die Stelle des St. Florians-Prinzips treten substantielle Szenarien von Risiken, die zumindest in Teilen ausgeräumt werden können. Bürgerinitiativen sehen sich hier angesichts eigener knapper Ressourcen an politischer Unterstützung gezwungen, in einen Diskurs über Technik und Risiken einzutreten. Politischer Einfluss und öffentlicher Druck werden auf diese Weise an Argumente gekoppelt, deren Stichhaltigkeit diskursiv erzeugt wird und darüber entscheidet, ob der Widerstand gegen Planungen öffentlich unterstützt und für legitim gehalten wird. Es liegen dann aber andere Definitionen des Problems vor als bei den Planern einer singulären Anlagen.

Eine der genutzten Strategien des Wandels politischen Umgangs mit gesellschaftlichen Risikowahrnehmungen ist der Versuch, über eine frühzeitig einsetzende Partizipation an den abfallwirtschaftlichen Planungen einen gesellschaftlichen Diskurs zu stimulieren. Gegenwärtig hat diese Entwicklung eine neue Qualität erreicht: Die einzelnen Abfallbeseitigungstechniken werden zunehmend zusammen mit den dazugehörigen sozialen Einheiten zu intern vernetzten soziotechnischen Systemen, in denen die einzelnen Komponenten eng gekoppelt sind und die sich auf alle Bereiche der Müllbeseitigung erstrecken. Da das Müllproblem als Mengenproblem nur durch Verwendung einer hochentwickelten Technik bei einer gleichzeitig engen Vernetzung der Komponenten zu lösen ist und die Durchsetzungsproblematik ebenfalls zu einer engen Verflechtung und zur Verwendung einer hochentwickelten Technik zwingt.[321]

Die Bezeichnung von Entsorgungsnetzen als soziotechnische Systeme verweist darauf, dass sie keinesfalls nur aus den Artefakten der Entsorgungstechnologien bestehen. Sie sind vielmehr untrennbar mit den sozialen Gegebenheiten in der jeweiligen raum-zeitlichen Konstellation verbunden, die sie gestalten und von denen sie gestaltet werden. Deshalb sind soziale Akteure wie Politik, Verwaltung und Öffentlichkeit Gestalter und Komponenten von Entsorgungsnetzen. Da abfallwirtschaftliche Konzepte, deren Lösungen allein auf technischen Mitteln beruhen, nicht länger auf einen gesellschaftlichen Konsens treffen, treten anstelle einer Entsorgungshierarchie von Sammeln, Verbrennen und Ablagern Entsorgungsnetze, die Anpassungsleistungen voraussetzen, die sich in die Bereiche der Produktion, des Konsums, des Erkennens und Trennens von Abfallfraktionen usw. erstrecken. Solche Netzwerke stellen enge Kopplungen technischer und sozialer Komponenten dar und setzen für ihre Funktion ein systemkonformes Verhalten der Beteiligten voraus.

---

321 Der Bau von Müllverbrennungsanlagen beispielsweise, die den knappen Deponieraum besser ausnutzen, ist oft nur bei paralleler Einführung der Biotonne und Bau eines Kompostwerkes möglich. Damit wird eine in den Augen der Öffentlichkeit kaum annehmbare Anlage durch den Einsatz einer akzeptablen Technik in ihrer Größe verkleinert und kompensiert, und damit durchsetzungsfähiger. Vgl. dazu die Fallstudien in Herbold/Kämper/Krohn/Timmermeister/Vorwerk (1999).

Entsorgungsnetze zeichnen sich gegenüber anderen soziotechnischen Netzen dadurch aus, dass sie in besonderem Maß auf Kooperationsbereitschaft angewiesen sind. Diese gilt es zu erzeugen und zu stabilisieren. Der erste Schritt in diesem Prozess stellt die Aufstellung von kommunalen Abfallwirtschaftskonzepten dar, die als Planungsgrundlage eine hypothetische Struktur aufweisen. In ihnen gehen nicht nur die technischen und organisatorischen Möglichkeiten des Abfallmanagements ein, sondern darüber hinaus auch Aspekte, die auf die Vermeidung und Verwertung von Abfällen abzielen. Kommunale Strategien zielen in diesem Fall nicht mehr allein auf eine technische Infrastruktur der Abfallbeseitigung durch Deponierung und Verbrennung, sondern auch auf Anpassungen der Industrie und der Bevölkerung, die durch eine Reihe von Maßnahmen unterstützt werden können, aber weitgehend freiwillig erfolgen. Derartige Strukturen werden zunehmend partizipativ erzeugt, die genutzten Verfahren sind allerdings voraussetzungsreich: Politisch gilt es eine Atmosphäre zu schaffen, in der die Ergebnisse der Verfahren politisch umgesetzt werden. Für die öffentliche Verwaltung bedeutet dies, ihre Planungshoheit zumindest teilweise durch diese neben den vorhandenen, rechtlich vorgeschriebenen Verfahren parallel laufenden Verfahren aufzugeben. Für den Widerstand wiederum ist ein derartiges Verfahren riskant, weil zwar Ergebnisse erzeugt werden können, die besser als die von der Verwaltung erstellten sind, aber gleichzeitig durch die Teilnahme eine Verhinderungsstrategie unmöglich wird.

Ein wesentlicher Vorzug dieser Verfahren liegt darin, dass mit ihnen eine neue gesellschaftliche Position zur Sicherheit technischer Anlagen erarbeitet wird. Im Vordergrund steht nicht mehr die Zusicherung technischer Sicherheit, sondern die gesellschaftliche Erzeugung von akzeptablen Risikoschwellen. Damit werden Entscheidungen *„under contradictory certainties"* (Schwarz/Thompson 1990: 140) sozial erzeugbar und die mit ihnen verbundenen technischen Risiken zu Bestandteilen von Sozialexperimenten, die durch die Akteure selbst erzeugt werden.

Die *„Erprobung durch Gebrauch"* (Weingart 1989b: 193) ist in mehreren Perspektiven voraussetzungsreich: Zum einen wird damit eine Abkehr von Praktiken verlangt, die zwar nicht durchgängig posititv bewertet werden, aber ihre stabile Funktion bewiesen haben. Riskant ist sie insbesondere deshalb, weil ihr Erfolg auf Freiwilligkeit beruht und kaum durch Zwang gesichert werden kann. Dazu bedarf es aber einer Akzeptanz der beteiligten Akteure, die über das bis dahin bekannte Maß hinausgeht. Die Wirtschaft tauscht Entsorgungssicherheit gegen noch nicht sicher kalkulierbare Kosten, die Politik Entscheidungsmacht gegen Durchsetzungsfähigkeit, die sozialen Bewegungen Umweltschutz gegen spezifischen Technikeinsatz und Aufgabe fundamentalistischer Positionen. Für die Wissenschaft bedeutet ein derartiges Modell das Aufgeben einer Position, nach der Experimente mit Unikaten kaum auswertbar sind und dass ihre Übersetzungsleistung in Expertise nicht die alleinige Handlungsorientierung stellen kann.

In Anlehnung an Kern/Schumann (1990) könnten die unterschiedlichen Einstellungen zur Lösung der Abfallwirtschaft erstens als technologisch-borniertes Abfallbeseitigungskonzept, zweitens als ideologisches Nicht-Entsorgungskonzept und drittens als empirisch-unideologisches Abfallkonzept bezeichnet werden. Ähnlich wie in dem Produktionsbereich gehen damit Veränderungen der Akteurkonstellation einher; sind es im ersten Fall die Ingenieure, die eine tayloristische Rationalisierung durchführen und die Bediener zu Werkzeugen marginalisieren, werden im empirisch-unideologischen Produktionsprozess Facharbeiter einbezogen, die wesentliche Aufgaben übernehmen, wodurch deren Motivation eine wesentliche Rolle zukommt. Genau dieses Moment der aktiven Teilnahme ist es, auf das moderne Abfallwirtschaftskonzepte aufbauen. Im Gegensatz zu den durch technischen Einsatz gekennzeichneten End-of-the-pipe-Technologien des technologisch-borniertes Beseitigungskonzeptes ist hier ein anderer Grad an Unsicherheit und deren Reduktion möglich.

Eine ideologische Position des Nicht-Managements ist, wie oben bereits ausgeführt wurde, im Abfallbereich wenig erfolgsversprechend. Genau dieser Umstand legt die Annahme nahe, dass Lernprozesse in diesem Bereich eine Vorbildfunktion für andere haben können. Legitime Verfahren, deren Erzeugung unter Mitwirkung verschiedener Akteure selbst mit Unsicherheiten verknüpft sind, ermöglichen hier die Übertragung auf andere Bereiche. Das Ziel darf dabei allerdings nicht im Konsens gesehen werden, sondern in einer neuen Schaffung von Akzeptanz.

4.3 Fazit

Bei Experimenten, die sich auf die Implementation soziotechnischer Systeme beziehen, treten neben die technischen Artefakte und Verfahren soziale Akteure, deren Verhalten und Anpassung an die technischen Erfordernisse die Erfolgsbedingungen der Einführung und Stabilisierung wesentlich mitbestimmen und die nur schwer modellierbar sind. Die Inkorporation gesellschaftlicher Bewertungen und Reaktionen kann den Planern nur ansatzweise gelingen; Überraschungen sind deshalb vorprogrammiert. Damit ist eine wesentliche Randbedingung dieser Realexperimente angesprochen, die weniger auf den Erkenntniserwerb hin angelegt sind als auf die Lösung eines sozialen Problems. Wie gezeigt wurde, ist die Ausdifferenzierung des Labors als Ort wissenschaftlicher Erkenntnisproduktion selbst ein Ergebnis sozialer Herstellung. Es sind weniger die Wände und Sicherheitsvorkehrungen, die die Möglichkeit eröffnen, von gesellschaftlichen Einflüssen unbelastet zu arbeiten, sondern die Trennung in Entwicklung und Anwendung von neuem Wissen, durch die diese Praxis erst normativ abgesichert wurde.

Diese gesellschaftliche Legitimation des Probehandelns wird brüchig, wenn Entdeckung und Anwendung verkoppelt werden. Dass sich die Gesellschaft dabei kaum für das Labor interessiert, hat seine Ursachen in dem Erfolg der funktionalen Differenzierung und in der Fortschrittsorientierung der modernen Gesellschaft. Nur in Ausnahmen wird die Frage gestellt, ob von der Gesellschaft auf das, was innerhalb des Labors geschieht, Einfluss genommen werden soll. Aufgeworfen werden hier vor allem moralische Fragen, etwa ob Tiere oder Embryonen als Forschungsmaterial dienen dürfen. Freisetzungsversuche hingegen werden wegen ihrer Unkontrollierbarkeit kritisiert und auch mit Blick auf die Verknüpfung von Forschung und Anwendung. Damit wird allerdings die Autonomie der Wissenschaft über ihre Forschungsfragen konzediert, solange die genannte Trennung aufrechterhalten bleibt.

Realexperimente werden nur in seltenen Fällen für die Zwecke der Wissenschaft konzipiert und durchgeführt. Eine Ausnahme stellen insbesondere Menschenversuche dar, etwa in den Konzentrationslagern des „Dritten Reichs", in den USA Mitte dieses Jahrhunderts zu Syphilis an Slumbewohnern und zu den Folgen radioaktiver Bestrahlung an Soldaten. Diese *„Under cover-Experimente"* (Herbold/Krohn/Weyer

1991) werden als systematische Verletzung der Ethik geächtet. Gefordert wird, dass Forschungen auf andere Methoden ausweichen. Allerdings sind Menschenversuche im Bereich der Medikamentenerprobung ein durchaus typischer Schritt, der durch die Begrenzung der Folgen legitimiert wird, etwa durch den Verweis, dass moribunde Patienten damit ohnehin kein hohes Risiko eingingen.

Der Normalfall für Realexperimente besteht allerdings in einer strukturellen Kopplung von Handlungsprogrammen. Einführungen werden mit dem Hinweis auf ihre Vorzüge (höhere Umweltverträglichkeit, geringes Risikopotential, bessere Ressourcenausnutzung, gesteigerte Effizienz) begründet, wodurch Implementation und Forschung zumindest rhetorisch entkoppelt werden. Eine solche Art der Forschung auf Anwendung sind Medikamentenerprobungen, die moralischen und regulativen Einschränkungen unterliegen, die bis hin zum Verbot von Selbstversuchen reichen, deren Umsetzung allerdings schwierig ist. Ein Beispiel dafür stellt die Einführung von neuen AIDS-Mitteln in den USA dar, die erst nach Umgehung der noch fehlenden Medikamentenfreigabe durch massive Einkäufe im Ausland durch Betroffene möglich wurde, ein anderes, die durch den Bundesgesundheitsminister 1993 auf Druck von Patienten und betroffenen Medizinern erlaubte Erprobung einer Therapie der Multiplen Sklerose an einer kleinen Reihe von Patienten in der Universitätsklinik München.

Einen hohen Stellenwert hat in einem solchen Prozess die Expertise, die einem strukturellen Problem unterworfen ist: Einerseits ist es für die Wissenschaft wichtig, neue Erkenntnisse durch die Prüfung von Hypothesen zu gewinnen, andererseits ist es für die Implementation notwendig, auf sicheres Wissen verweisen zu können. Sicheres Wissen erlangt man aber nur durch eine inkrementale Strategie der kleinschrittigen Veränderung des Bekannten. Hier stehen phänomenologische Gesetzmäßigkeiten (Cartwright 1984) im Vordergrund, die für die Technik typisch sind. Die Fortsetzung von Forschung dagegen orientiert sich eher daran, welche Kriterien für eine Übertragung aufgestellt werden können, ein Verfahren, das eng von den Maßstäben einer Community abhängig ist.

Expertise kann in beiden Fällen die Form technokratischer Entscheidung annehmen, die sich durch die wissenschaftliche Problemstellung und -lösung legitimiert oder aber von der Politik instrumentalisiert wird, die ihre vorgängigen eigenen Interessen durch geeignete

Mittel umzusetzen sucht, ohne dabei die prinzipielle Unsicherheit wissenschaftlicher Erkenntnis einzurechnen. Für die Technik, deren Funktion in der Herstellung stabiler Lösungen für Probleme besteht, bedeutet dies, dass sie in den Expertisen der Gesellschaft äußerlich bleibt. Es wird keine Flexibilisierung des Verhältnisses von Technik und Gesellschaft im Sinne einer wechselseitig aufeinander bezogenen Anpassung, sondern ein Stellenwert von Technik als Naturgesetzlichkeit unterstellt. Dabei werden interpretative Flexibilität und die Lösung des *„Experimenters' regress"* durch soziale Herstellung von Kriterien überdeckt; die Stabilisierung technischer Lösungen folgt dem Muster des „Splitting" von Fakten und Theorie in der Wissenschaft. Ausgeblendet wird die Zielgerichtetheit von Technik, die ein Ergebnis rekursiven Beziehens technischer Möglichkeiten auf soziale Ziele und Praktiken, die sich wechselseitig Ursache und Wirkung sind, darstellt.

Die Einführung von Technik als Experiment zu beobachten, begründet sich nicht allein aus der damit einhergehenden Unsicherheitsdimension. Dies könnte auch mit den Begriffen „Risiko" und „Entscheidung" geleistet werden. Vielmehr ist es der Umstand, dass die Wissenslücken zum Dreh- und Angelpunkt von Risikodiskursen werden, der ein derartiges Vorgehen nahelegt. Typisch ist dies in Fällen von Sicherheitsversprechungen als Ergebnis von Implementationsritualen (Wynne 1982 und 1992). In einer Arena von Politik und Experten, die der rhetorischen Reduktion von Unsicherheit dienen, machen wissenschaftliche Aussagen eine Metamorphose durch, die wesentlich in ihrer Dekontextualisierung begründet ist. Gerade auf dieses Phänomen wurde mit der Entwicklung der Technikfolgenabschätzung als Mittel der Politikberatung reagiert, das wesentlich auf die Quantifizierung möglicher Risiken abstellte. Durch die wissenschaftlich-technische Rationalität wurde eine Beobachtungsebene eingezogen, von der aus prüfbare Hypothesen ausformuliert, aber auch „harte" Fakten bereitgestellt werden konnten, die Sicherheit suggerierten. Dass dieser Weg nicht erfolgreich war, zeigt bereits ein kurzer Blick auf aktuelle Auseinandersetzungen.

Wichtiger als die Entwicklung der Technikfolgenabschätzung ist im Zusammenhang dieser Arbeit aber die prinzipielle Möglichkeit der Generierung von Hypothesen durch Expertisen. Im Sinne der „Logik der Forschung" bieten diese den zentralen Ansatzpunkt für Wissenschaft und Technik, da ihr Test Aufschluss darüber gibt, welchen Stellenwert die zugrundeliegenden Theorien haben. Das Falsifikationsprinzip stellt deshalb nicht nur für die Wissenschaft einen Motor zur Generierung neuer Erkenntnis dar, sondern auch neuer Technik. Man muss dabei allerdings die Einschränkung vornehmen, dass mit der Technik keine allgemeinen Aussagen gemacht werden, sondern nur solche über das Funktionieren von Artefakten bzw. die Angemessenheit bestimmter Verfahren. Technik ist mit einer derartigen Forschungslogik deshalb zu erfassen, weil ein allgemeinerer Anspruch auf Gültigkeit fehlt und stattdessen auf die Funktion abgestellt wird. Es gilt dann eine deduktive Logik, die mit Überraschungen umzugehen hat, die als Unfälle und andere unvorhergesehene Ereignisse eintreten können. Bis dahin gilt aber, dass die Funktionshypothesen gültig sind. Diesen Bereich decken insbesondere technische Normen und die unbestimmten Rechtsbegriffe juristischer Technikbewertung ab. Das Implementationsrisiko wird damit aber nicht zu einem Risiko für die Wissenschaft, sondern für die Politik, die allerdings darauf verweisen kann, hinterher immer mehr zu wissen als vorher. Die Beobachtung von Implementationen als Experimente ermöglicht in diesem Sinne die Steigerung von Möglichkeiten. Die Basis stellt die Annahme, die Funktion und die Sicherheit von Technik sei quasi aus sich heraus bewertbar.

Eine solche Annahme lag dem, die Technikforschung lange Zeit dominierenden, technischen Determinismus zugrunde. Bei dem Versuch einer sich an der Wissenschaftsforschung orientierenden konstruktivistischen Analyse der Technik wird hingegen unterstellt, dass Technik nicht aus sich heraus interpretiert werden kann, sondern dass Entscheidungen über die Funktion und die Lösung des *„Experimenters' regress"* nur durch soziale Vermittlungsprozesse möglich sind. Genau an dieser Stelle greift die These von der *„Gesellschaft als Labor"* (Krohn/Weyer 1989, Herbold/Krohn/Weyer 1991) zu kurz, indem sie die Formulierung und Überprüfung von Hypothesen der Wissenschaft überlässt und damit andere soziale Bereiche marginalisiert. Unterstellt wird dabei, dass die Praxis der Theorie untergeordnet wird und der mögliche Erkenntnisgewinn in den Vordergrund rückt. Das oben diskutierte Beispiel der Abfallbeseitigung zeigt dagegen, dass die Handlungsbezogenheit einer Strategie des organisierten Erkenntnisgewinns in Realexperimenten mit einem erheblichen Legitimationsverlust der Wissenschaft verknüpft sein kann. Der soziale Charakter von Technik und Risiken muss in den Vordergrund rücken, will man eine angemessene Interpretation experimenteller Technikeinführungen gewinnen. Dazu gehört es, Kommunikationen zum Ausgangspunkt von Entscheidungen zu machen und Strategien der Minimierung technischer Risiken durch Normung aufzugeben, da durch sie die soziale Bewertung von Technik nicht determiniert werden kann. Die enge Kopplung wissenschaftlicher und politischer Interessen bei der Erhärtung von Technik ohne eine breitere gesellschaftliche Technikbewertung erweist sich als eine fragile Lösung.

Was bedeutet dies für Technikeinführungen? Zuerst einmal, dass es gilt, Ziele partizipativ zu ermitteln. Anstelle der Technikeinführung in großem Maßstab werden kleinere, regionale Lösungen notwendig. Hier sind es die Diskurse über die Rahmenbedingungen, technische Möglichkeiten und andere Bewertungen, die bei der Suche nach einem partiellen Interessenkonsens einfließen müssen, um neue Möglichkeiten der gesellschaftlichen Risikobewertung zu ermöglichen.

Zweitens ist damit der Verzicht auf eine Technikbewertung allein auf der Basis wissenschaftlicher Analyse verbunden. Die normativen Forderungen an das Experiment gilt es deshalb im Rahmen der Einführung soziotechnischer Systeme zu variieren und die Kritik der Unikatproduktion durch die Analyse gesellschaftlicher Lernprozesse zu ersetzen. Dabei wird deutlich, dass Risiken durch Beobachtungen entstehen und auf Entscheidungen basieren, aber auch, dass es gilt, die Politik zu entlasten. Der Abfallbereich stellt dabei möglicherweise den paradigmatischen Fall, da hier eine spezifische Konstellation vorzufinden ist: Zum einen sind die Probleme bereits vorhanden und Entscheidungen nach Meinung aller Akteure notwendig, zum anderen sind lokale Begrenzungen sowie die Identifizierung von Betroffenen möglich.

Insbesondere geht es darum, Chancen und Risiken bei der Zielsetzung und Problemformulierung offenzulegen, um Entscheidungen über Technik in der Gesellschaft treffen zu können.

Literatur

Aaron, H. J. (1978): Politics and the professors: The great society in perspective, Washington

Abelshauser, W. (Hg.) (1994): Umweltgeschichte: umweltverträgliches Wirtschaften in historischer Perspektive, Göttingen

Acham, K. (1996): Die „kulturelle" Krise der Gesellschaft um 1900 und die Genese der Sozialwissenschaften, in: Drehsen/Sparn (Hg.) (1996): 39-67

Ackerman, R. J. (1985): Data, instruments, and theory. A dialectic approach to understanding science, Princeton

Ackerman, R. J. (1989): The new experimentalism, in: British Journal for the Philosophy of Science 40: 185-190

Adorno, T.W./Albert, H./Darendorf, R./Habermas, J./Pilot, H./Popper, K.R. (1969): Der Positivismusstreit in der deutschen Soziologie, Neuwied

Agassi, J. (1985): Technology. Philosophical and social aspects, Dordrecht

Ahlemeyer, H. (1989): Was ist eine soziale Bewegung? Zur Distinktion und Einheit eines sozialen Phänomens, in: Kölner Zeitschrift für Soziologie und Sozialpsychologie 18: 175-191

Akin, W.F. (1977): Technocracy and the American dream. The technocrat movement, 1900-1941, Berkeley

Alexander, J. (1992): General theory in the postpositivist mode: The „epistemological dilemma" and the search for present reason, in: Seidman, S./Wagner, D.G. (eds.) (1992): Postmodernism and social theory: The debate over general theory, Cambridge: 1-16

Allan, D.G.C./Abbott, John L. (eds.) (1992): The virtuoso tribe of arts and sciences, Athens

Alsop, S. (1966): Diesen Job hält man nur fünf Jahre aus. Ein Portrait des US-Verteidigungsministers Robert S. McNamara, in: Der Spiegel 26/1966: 62-72

Amann, K. (1994): Menschen, Mäuse und Fliegen. Eine wissenssoziologische Analyse der Transformation von Organismen in epistemische Objekte, in: Zeitschrift für Soziologie 23: 22-40

Anders, G. (1980): Die Antiquiertheit des Menschen. Bd. I: Über die Seele im Zeitalter der zweiten industriellen Revolution, München

Andersen, A. (1994): Historische Technikfolgenabschätzung. Das Beispiel des Metallhüttenwesens und der Chemieindustrie, in: Abelshauser (Hg.) (1994): 76-105

Andersen, A. (1997): Der Traum vom guten Leben. Alltags und Konsumgeschichte vom Wirtschaftswunder bis heute, Frankfurt/M.

Anonym (1976): Bundesverdienstkreuz für Professor Wilhelm Langer, in: Müll und Abfall 8: 217

Apfelstedt, H. (1960): Was erwarten die Städte von der AKA? In: Der Städtetag 13: 656-659
Appel, D. (1989): Multibarrieren - Qualität durch Quantität? Das Multibarrierenkonzept bei oberflächenlichennahen Sonderabfalldeponien, in: Müll und Abfall 21: 182-196
Arbeitsgemeinschaft für kommunale Abfallwirtschaft (1962): 10 Jahre Arbeitsgemeinschaft für kommunale Abfallwirtschaft. Rückblick und Vorschau, Baden-Baden (Eigenverlag)
Ashmore, M. (1989): The reflexive thesis: Writing sociology of scientific knowledge, Chicago
Baccini, P./Ryser, W. (1988): Reaktordeponie und Endlager, Münsingen
Baigrie, B. S. (1995): Scientific practice: The view from the tabletop, in: Buchwald (ed.) (1995): 87-122
Barnes, B. (1974): Scientific knowledge and sociological theory, London
Barnes, B. (1977): Interests and the growth of knowledge, London
Barnes, B. (1981): On the conventional character of knowledge and cognition, in: Philosophy of the Social Sciences 11: 303-333
Barnes, B./Bloor, D. (1982): Relativism, rationalism and the sociology of knowledge, in: Hollis/Lukes. (eds.) (1982): Rationality and relativism, Oxford: 21-47
Barnes, B./Bloor, D./Henry, J. (1996): Scientific knowledge. A sociological analysis, London
Barnes, B./Edge, D. (eds.) (1982): Science in context, Milton Keynes
Barnes, B./Edge, D. (1982a): General introduction, in: Barnes/Edge (eds.) (1982): Science in context, Milton Keynes: 1-12
Barnes, B./Edge, D. (1982b): Science as expertise, in: Barnes/Edge (eds.) (1982): 233-249
Barnes, B./Shapin, S. (eds.) (1979): Natural order: Historical studies of scientific culture, Beverly Hills
Barnes, S.B./Dolby, R.G.A. (1970): The scientific ethos: A deviant viewpoint, in: Archives Européennes de Sociologie 11: 3-25
Baron, W. (1995): Technikfolgenabschätzung: Ansätze zur Institutionalisierung und Chancen der Partizipation, Opladen
Bartels, E. (1987): Abfallrecht. Eine systematische Darstellung unter besonderer Berücksichtigung der Rechtslage in Nordrhein-Westfalen, Köln
Barton, R. (1998): Just before „nature": The purposes of science and the purposes of popularization in some English popular science journals of the 1860s, in: Annals of Science 55: 1-33
Baumann, H. (1961): Die Städtereinigung in der Bundesrepublik Deutschland, in: Der Städtetag 14: 486-490
Bayertz, K. (1990): Wissenschaft, Technik und Verantwortung, Ms., Bielefeld

Bechmann, A. (1984): Leben wollen. Anleitung für eine neue Umweltpolitik, Köln
Beck, S. (1997): Umgang mit Technik. Kulturelle Praxen und kulturwissenschaftliche Forschungskonzepte, Berlin
Beck, U. (1982): Folgeprobleme der Modernisierung und die Stellung der Soziologie in der Praxis, in: Beck, U. (Hg.) (1982): Soziologie und Praxis - Erfahrungen, Konflikte, Perspektiven. Sonderband 1 der Sozialen Welt, Göttingen: 3-23
Beck, U. (1986): Risikogesellschaft. Auf dem Weg in eine andere Moderne, Frankfurt/M.
Beck, U. (1993): Die Erfindung des Politischen, Frankfurt/M.
Beck, U./Giddens, A./Lash, S. (1995): Reflexive modernization. Politics, tradition and aesthetics in the modern social order, Cambridge
Behrens, H./Paucke, H. (Hg.) (1994): Umweltgeschichte: Wissenschaft und Praxis. Umweltgeschichte und Umweltzukunft II, Marburg
Bell, D. (1960): The end of ideology, Glencoe/Ill.
Beller, K. (1949): Viren und Miasmen, Stuttgart
Bernal, J.D. (1970): Wissenschaft, 2 Bd., Reinbek
Blair, A. (1992): Humanist method in natural philosophy: The commonplace book, in: Journal of the History of Ideas 53: 541-560
Bloor, D. (1976): Knowledge and social imagery, London
Bloor, D. (1983): Wittgenstein. A social theory of knowledge, London
Blumenberg, H. (1984): Der Prozeß der theoretischen Neugierde, Frankfurt/M.
Böhme, G. (1974): Ein handlungstheoretisches Konzept der Scientific community. Skizze zu weiteren theoretischen Arbeiten. Antwort auf Rolf Klima, in: Zeitschrift für Soziologie 3: 106-109
Böhme, G. (1992): Am Ende des Baconschen Zeitalters, in: Chemie in unserer Zeit 26: 129-137
Böhme, G./Daele, W. van den/Krohn, W. (1977): Experimentelle Philosophie, Frankfurt/M.
Böhme, G./Daele, W. van den/Krohn, W. (1978): Die Verwissenschaftlichung von Technologie, in: Starnberger Studien 1: Die gesellschaftliche Orientierung des wissenschaftlichen Fortschritts, Max-Planck-Institut zur Erforschung der Lebensbedingungen der wissenschaftlich-technischen Welt (Hg.), Frankfurt/M. : 339-375
Bondi, H. (1992): The philosopher for science, in: Nature 358: 363
Bora, A. (1999): Differenzierung und Inklusion. Partizipative Öffentlichkeit im Rechtssystem moderner Gesellschaften, Baden-Baden

Borkin, J. (1981): Die unheilige Allianz der I.G. Farben, Frankfurt/M.
Bowler, P. J. (1989): The invention of progress. The victorians and the past, London
Brint, S. (1994): In an age of experts. The changin role of professionals in politics and public life, Princeton
Brooke, J. H. (1990): Science and religion, in: Olby/Cantor/Christie/Hodge (eds.) (1990): 763-782
Brüggemeier, F.-J./Rommelspacher, T. (Hg.) (1987): Besiegte Natur. Geschichte der Umwelt im 19. und 20 Jh., München
Brunner, O./Conze, W./Koselleck, R. (Hg.) (1975): Geschichtliche Grundbegriffe. Historisches Lexikon zur politisch-sozialen Sprache in Deutschland, Bd. 2, Stuttgart
BT-Drucksache II/2072 (1955): Entwurf des Wasserhaushaltsgesetzes, Bonn
BT-Drucksache IV/587 (1962): Beseitigung von Abfallstoffen, Bonn
BT-Drucksache IV/945 (1963): Erster Bericht der Bundesregierung zum Problem der Beseitigung von Abfallstoffen, Bonn
BT-Drucksache zu VI/2710 (1971): Materialien zum Umweltprogramm der Bundesregierung, Bonn
Buchwald, J. Z. (1993): Design for experimenting, in: Horwich, P. (ed.) (1993): World changes. Thomas Kuhn and the nature of science, Cambridge/Mass.: 169-206
Buchwald, J. Z. (1998): Issues for the history of experimentation, in: Heidelberger/Steinle (Hg.) (1998): 374-391
Buchwald, J. Z. (ed.) (1995): Scientific practice. Theories and stories of doing physics, Chicago
Bultmann, A./Schmithals, F. (Hg.) (1994): Käufliche Wissenschaft. Experten im Dienst von Industrie und Politik, München
Bundesbericht Forschung (1975): Forschungsbericht der Bundesregierung 5, Bundesministerium für Bildung, Wissenschaft, Forschung und Technologie (Hg.) (1975), Bonn
Bundesminister f. Umwelt, Naturschutz und Reaktorsicherheit (Hg.) (1990): Stellenwert der Hausmüllverbrennung in der Abfallentsorung. Bericht des Umweltbundesamtes, Bonn
Bunge, M. (1967a): Scientific research I: The search for system, Berlin
Bunge, M. (1967b): Scientific research II: The search for truth, Berlin
Bunge, M. (1974): The weight of simplicity in the construction and assaying of scientific theories, in: Michalos, A.C. (ed.) (1974): Philosophical problems of science and technology, Boston: 408-443
Bunge, M. (1991): A critical examination of the new sociology of science: Part 1, in: Philosophy of the Social Sciences 21: 524-560
Bunge, M. (1992): A critical examination of the new sociology of science: Part 2, in: Philosophy of the Social Sciences 22: 46-76

Burghartz, F.-J. (1974): Wasserhaushaltsgesetz und Wassergesetz für das Land Nordrhein-Westfalen, München

Bush, V. (1945): Science. The endless frontier, Washington D.C. (U.S. Government Printing Office)

Campbell, D. (1969): Reforms as experiment, in: American Psychologist 24: 409-429

Carson, R. (1941): Under the sea wind, New York

Carson, R. (1951): The sea around us, New York

Carson, R. (1955): The edge of the sea, Boston

Carson, R. (1962): Silent spring, Boston

Cartwright, N. (1984): How the laws of physics lie, Oxford

Casti, J. L. (1996): Lighter than air. Book review of John Horgan: The end of science, in: Nature 382: 769

Chadarevian, S. de (1996): Die Konstruktion des Amateurs in der Botanik des 19. Jahrhunderts. Julius Sachs versus Charles Darwin, in: Strauß (Hg.) (1996): 95-122

Chapin, S.F. (1938): Design for social experiments, in: American Sociological Review 3: 786-800

Chapin, S.F. (1947): Experimental design in sociological research, New York

Chaves, M. (1994): Secularization as decling religious authority, in: Social Forces 72: 749-74

Chomsky, N. (1969): American power and the new mandarins, New York

Close, F.E. (1992): Das heiße Rennen um die kalte Fusion, Basel

Cohen, B.I. (1985): Revolution in science, Cambridge/Mass.

Collins, H.M. (1974): The TEA set: Tacit knowledge and scientific networks, in: Social Studies of Science 4: 165-186

Collins, H.M. (1975): The seven sexes: A study in the sociology of phenomenon, or the replication of experiments in physics, in: Sociology 9: 205-224

Collins, H.M. (1981): Son of seven sexes: The social destruction of a physical phenomenon, in: Social Studies of Science 11: 33-62

Collins, H.M. (1984): When do scientists prefer to vary their experiments? In: Studies in History and Philosophy of Science 15: 169-174

Collins, H.M. (1985): Changing order: Replication and induction in scientific practice, London

Collins, H.M. (1987): Certainty and the public understanding of science: Science on television, in: Social Studies of Science 17: 689-713

Collins, H.M./Yearly, S. (1992): Epistemological chicken, in: Pickering (ed.) (1992): 301-326

Cord-Landwehr, K. (1981): Sickerwasserreinigung durch Rückführung, in: Müll und Abfall 13: 337-341

Coser, L.A. (1975): Two methods in search of a substance, in: American Sociological Review 40: 691-700
Crombie, A.C. (1994): Styles of scientific thinking in the European tradition. The history of argument and explanation especially in the mathematical and biomedical sciences and arts, London
Cube, S. von (1975): Widersprüche bei der Forschung über Abfallbeseitigung in Mülldeponien, in: Müll und Abfall 7: 43-47
Cuff, R. (1973): The war industries board, Baltimore
Daele, W. van den/Weingart, P. (1975): Resistenz und Rezeptivität der Wissenschaft - Zu den Entstehungsbedingungen neuer Disziplinen durch wissenschaftspolitische Steuerung, in: Zeitschrift für Soziologie 4: 146-164
Daele, W. van den/Neidhardt, F. (Hg.) (1996): Kommunikation und Entscheidung. Politische Funktionen öffentlicher Meinungsbildung und diskursiver Verfahren, Berlin
Dahme, H.-J. (1988): Der Verlust des Fortschrittsglaubens und die Verwissenschaftlichung der Soziologie. Ein Vergleich von Georg Simmel, Ferdinand Tönnies und Max Weber, in: Rammstadt, O. (Hg.) (1988): Simmel und die frühen Soziologien: Nähe und Distanz zu Durkheim, Tönnies und Max Weber, Frankfurt/M.: 222-274
Darwin, C. (1839): Journal and remarks 1832-1836, in: Fitzroy, R. (ed.) (1839): Narrative of the surveying voyages of His Majesty's ships Adventure and Beagle between the years, 1826-1836, Vol. III, London
Darwin, C. (1859): On the origin of species by means of natural selection, or the preservation of favoured races in the struggle for life, London
Daston, L. (1998): Die Kultur der wissenschaftlichen Objektivität, in: Oexle, O.G. (Hg.) (1998): Naturwissenschaft, Geisteswissenschaft, Kulturwissenschaft: Einheit - Gegensatz - Komplementarität? Göttingen: 11-39
Datta, L. (1979): Another spring and other hopes: Some findings from national evaluation of project head start, in: Zigler, E./Valentine, J. (eds.) (1979): Projekt head start: A legacy of the war of poverty, New York: 405-421
Daum, A. (1996): Das versöhnende Element in der neuen Weltanschauung, in: Drehsen/Sparn (Hg.) (1996): 203-215
Deason, G.B. (1986): Reformation theology and the mechanistic conception of nature, in: Lindberg/Numbers (eds.) (1986): 167-217
Denk, K. (1972): Folgerungen aus der neuen Abfallgesetzgebung für Gemeinden, Gemeindeverbände, Industriebetriebe, in: Müll und Abfall 4: 192-197
Deutscher, I./Ostrander, S.A. (1985): Sociology and evaluation research: Some past and future links, in: History of Sociology 6: 11-32

Deutscher Städtetag (Hg.) (1955): Müllstatistik 1954, in: Statistisches Jahrbuch deutscher Gemeinden 43, Braunschweig: 394-405

Deutscher Städtetag (Hg.) (1958): Müllstatistik 1957, in: Statistisches Jahrbuch deutscher Gemeinden. 46, Braunschweig: 497-515

Deutscher Städtetag (Hg.) (1962): Müllstatistik 1961, in: Statistisches Jahrbuch deutscher Gemeinden, 50, Braunschweig: 349-366

Di Trocchio, F. (1994): Der große Schwindel. Betrug und Fälschung in der Wissenschaft, Frankfurt/M.

Dienel, H.-L. (1996): Der Triumph der Technik und die Genese der Ingenieurwissenschaften, in: Drehsen/Sparn (Hg.) (1996): 191-202

Dierkes, M. (1989): Was ist und wazu betreibt man Technikfolgen-Abschätzung, Berlin (WZB FS II 89-103)

Dingler, H. (1928): Das Experiment - Sein Wesen und seine Geschichte, München

Dirlmeier, U. (1986): Zu den Lebensbedingungen in der mittelalterlichen Stadt: Trinkwasserversorgung und Abfallbeseitigung, in: Herrmann, B. (Hg.) (1986): Mensch und Umwelt im Mittelalter, Stuttgart: 150-159

Dirlmeier, U. (1991): Umweltprobleme im Mittelalter. Abwasser und Müll: Wohin damit? In: Damals 8: 16-21

Dolby, R.G.A. (1975): What can we usefully learn from the Velikovsky affair? In: Social Studies of Science 5: 165-175

Downey, G.L./Donovan, A. /Elliot, T.J. (1989): The invisible engineer: How engineering ceased to be a problem in science and technology studies, in: Knowledge and Society 8: 189-216

Drehsen, V./Sparn, W. (Hg.) (1996): Vom Weltbildwandel zur Weltanschauungsanalyse: Krisenwahrnehmung und Krisenbewältigung im 1900, Berlin

Drehsen, V./Zander, H. (1996): Rationale Weltveränderung durch „naturwissenschaftliche" Weltinterpretation? In: Drehsen/Sparn (Hg.) (1996): 217-238

Dröge, F./Wilkens, A. (1991): Populärer Fortschritt. 150 Jahre Technikberichterstattung in deutschen illustrierten Zeitschriften, Münster

Duhem, P. (1981): The aim and structure of physical theory, New York

Duhme, W. (1960): Müllbeseitigung als volkswirtschaftliche Chance, in: Der Städtetag 13: 204-206

Dumont, L. (1991): Individualismus: Zur Ideologie der Moderne, Frankfurt/M.

Eckel, K. (1978): Das Sozialexperiment. Finales Recht als Bindeglied zwischen Politik und Sozialwissenschaft, in: Zeitschrift für Soziologie 7: 39-55

Elsaesser, K. (1954): Arbeitsgemeinschaft für kommunale Abfallwirtschaft, in: Der Städtetag 7: 534-535

Elsner, H. (1967): The technocrats. Prophets of automation, Syracuse
Elster, J. (1979): Risk, uncertainty and nuclear power, in: Social Science Information 18: 371-400
Engelhardt, H.T./Caplan, A.L. (Eds.) (1987): Scientific controversies. Case studies in the resolution and closure of disputes in science and technology, Cambridge
Emerson, R.L. (1990): The organisation of science and its pursuit in early modern Europe, in: Olby/Cantor/Christie/Hodge (eds.) (1990): 960-979
Erhard, H. (1951): Müllverwertung, Rückblick und Ausblick, in: Der Städtetag 4: 55-67
Erhard, H. (1953): Aus der Geschichte der Städtereinigung, in: Der Städtetag 6: 184, 324-325, 383-385, 431-432
Erhard, H. (1954a): Aus der Geschichte der Städtereinigung, in: Der Städtetag 7: 91-92, 188-190, 401-402
Erhard, H. (1954b): Aus der Geschichte der Städtereinigung, Stuttgart
Erhard, H. (1962): Die Entwicklung der staubfreien Müllabfuhr, in: Der Städtetag 15: 549-554
Erhard, H. (1964): Aus der Geschichte der Städtereinigung, in: Müll-Handbuch, Ordnungsziffer 0110: 1-13
Erhard, H. (1968): Die kommunale Müllbeseitigung seit der Jahrhundertwende, in: Der Städtetag 21: 391-395, 441-444
Fasching, G. (1989): Die empirisch-wissenschaftliche Sicht, Wien
Faul, E. (1984): Ursprünge, Ausprägungen und Krise der Fortschrittsidee, in: Zeitschrift für Politik 31: 241-290
Feick, J. (1980): Wirkungsforschung in den USA. Das „New Jersey Income Maintenance Experiment", in: Soziale Welt 31: 396-412
Fischer, F. (1990): Technocracy and the politics of expertise, Newbury Park
Fischoff, B. (1995): Risk perception and communication unplugged: Twenty years of process, in: Risk Analysis 15: 137-145
Fleck, L. (1980): Entstehung und Entwicklung einer wissenschaftlichen Tatsache. Einführung in die Lehre von Denkstil und Denkkollektiv. Mit einer Einleitung von L. Schäfer und T. Schnelle, Frankfurt/M.
Forman, P. (1971): Weimar culture, causality and quantum theory 1918-1927, in: Historical Studies in the Physical Sciences 3: 1-115
Franklin, A. (1990): Experiment, right or wrong?, Cambridge
Franzius, V. (1980): Materialien zu Stand und Entwicklungstendenzen in der Abfallwirtschaft und -beseitigung in der Bundesrepublik Deutschland, Umweltbundesamt Berlin (Hg.) (1980) Berlin, Teil 8,
Friese, H./Wagner, P. (1993): Der Raum des Gelehrten, Berlin

Frühschütz, L. (Hg.) (1989): Bürgeraktion „Das bessere Müllkonzept Bayern e.V.", Ulm
Fukuyama, F. (1992): Das Ende der Geschichte, München
Funkenstein, A. (1987): Scholasticism, scepticism and secular theology, in: Popkin, R.H./Schmitt, C.B. (eds.) (1987): Sceptisicm from the Renaissance to the Enlightment, Wiesbaden: 45-54
Fürmaier, B./Lohr, M. (1969): Abfallbeseitigung und Grundwasserschutz, in: Müll und Abfall 1: 33-34
Galbraith, J.K. (1981): A life in our times, Boston
Galison, P. (1987): How experiments end, Chicago
Galison, P. (1997): Die Ontologie des Feindes. Norbert Wiener und die Kybernetik, in: Rheinberger, H.J./Hagner, M./Wahring-Schmidt, B. (Hg.) (1997): Räume des Wissens. Repräsentation, Codierung, Spur, Berlin: 281-325
Galison, P./Hevly, B. (eds.) (1992): Big science. The growth of large-scale research, Stanford
Galison, P.L. (1995): Context and constraints, in: Buchwald (ed.) (1995): 13-41
Gibbons, M./Limoges, C./Nowotny, H./Schwartman, S./Scott, P./Trow, M. (1994): The new production of knowledge: The dynamics of science and research in contemporary societies, London
Giddens, A. (1995): Die Konstitution der Gesellschaft, Frankfurt/M.
Gieryn, T.F. (1983): Boundary-work and the demarcation of science from non-science: Strains and interests in professional ideologies of scientists, in: American Sociological Review 48: 781-795
Gieryn, T.F. (1992): The ballad of Pons and Fleischmann: Experiment and narrative in the (un)making of cold fusion, in: McMullin, E. (ed.) (1992): The social dimensions of science, Notre Dame: 217-243
Gingras, Y. (1995): Following scientists through society? Yes, but at arm's length! In: Buchwald (ed.) (1995): 123-148
Glass, B. (1979): Milestones and rates of growth in the development of biology, in: The Quarterly Review of Biology 54: 31-53
Glockner, K. (1967): Müllkompostierung in Zahlen, in: Der Städtetag 20: 691-695
Gooding, D./Pinch, T./Schaffer, S. (eds.) (1989): The uses of experiment. Studies in the natural sciences, Cambridge
Goodman, R. (1971): After the planners, New York
Goodstein, D.L. (1996): The irony age. Book review of John Horgan: The end of science, in: Science 272: 1594
Graham, O.L. (1976): Toward a planned society. From Roosevelt to Nixon, New York
Grant, E. (1986): Science and theology in the middle ages, in: Lindberg/Numbers (eds.) (1986): 49-75

Grassmuck, V./Unverzagt, C. (1991): Das Müll-System. Eine metarealisitsche Bestandsaufnahme, Frankfurt/M.
Habermas, J. (1969): Verwissenschaftlichte Politik und öffentliche Meinung, in: Habermas, J. (1969): Technik und Wissenschaft als „Ideologie", Frankfurt/M.: 120-145
Habermas, J. (1981): Theorie des kommunikativen Handelns, 2 Bd., Frankfurt/M.
Hacking, I. (1988): On the stability of the laboratory sciences, in: Journal of Philosophy 10: 507-514
Hacking, I. (1992): The self-vindication of the laboratory sciences, in: Pickering (ed.) (1992): 29-64
Hacking, I. (1996): Einführung in die Philosophie der Naturwissenschaften, Stuttgart
Häfele, W. (1975): Hypothezität und die neuen Herausforderungen - Kernenergie als Wegbereiter, in: Zeitschrift für die gesamte Versicherungswirtschaft 1975: 541-564
Hagner, M./Rheinberger, H.-J. (1998): Experimental systems, objects of investigation, and spaces of representation, in: Heidelberger/Steinle (Hg.) (1998): 355-373
Hagner, M./Rheinberger, H.-J./Wahrig-Schmidt, B. (Hg.) (1994): Experimentalsysteme im historischen Kontext, Berlin
Hahn, J. (1989): Konzept einer umweltfreundlichen Entsorgung, in: Müll-Handbuch Lfg. 5/89
Hakfoort, C. (1995): The historiography of scientism: A critical review, in: History of Science 33: 375-395
Hantge, E. (1975): Mülldeponie und Schutz des Grund- und Oberflächenwassers, in: Müll und Abfall 7: 1-4
Hartmann, H./Bonß, W. (Hg.) (1985): Entzauberte Wissenschaft: zur Relativität und Geltung soziologischer Forschung, Göttingen
Hartmann, H./Hartmann, M. (1982): Vom Elend der Experten: Zwischen Akademisierung und Deprofessionalisierung, in: Kölner Zeitschrift für Soziologie und Sozialpsychologie 34: 193-223
Hasse, R./Krücken, G. (1999): Der soziologische neue Institutionalismus, Ms., Bielefeld
Hauber, G. (1989): Abfall-Ingenieur-Bürger. Gemeinsam das Müllproblem lösen, Karlsruhe
Hauskeller, M./Rehmann-Sutter, C./Schiemann, G. (Hg.) (1998): Naturerkenntnis und Natursein, Frankfurt/M.
Haveman, R.H. (1986): Social experimentation „and social experimentation", in: Journal of Human Resources 21: 586-605
Hedström, P./Swedberg, R./Udéhn, L. (1998): Popper's situational analysis and contemporary sociology, in: Philosophy of the Social Sciences 28: 339-364
Heidelberger, M. (1998): Die Erweiterung der Wirklichkeit im Experiment, in: Heidelberger/Steinle (Hg.) (1998): 71-92

Heintz, B. (1993): Wissenschaft im Kontext. Neue Entwicklungen der Wissenschaftssoziologie, in: Kölner Zeitschrift für Soziologie und Sozialpsychologie 45: 528-552

Heintz, B. (1998): Die soziale Welt der Wissenschaft. Entwicklungen, Ansätze und Ergebnisse der Wissenschaftsforschung, in: Heintz, B./Nievergelt, B. (Hg.) (1998): Wissenschafts- und Technikforschung in der Schweiz: Sondierungen einer neuen Disziplin, Zürich: 55-94

Hellstern, G.-M./Wollmann, H. (1984): Evaluierung und Evaluierungsforschung - ein Entwicklungsbericht, in: Hellstern, G.-M./Wollmann, H. (Hg.) (1984): Handbuch zur Evaluierungsforschung, Bd. 1, Opladen: 17-93

Hennen, L. (1996): Wissenschaft und Technik in der öffentlichen Diskussion: Über die Vermeidbarkeit von Technikkontroversen in modernen Gesellschaften, in: Kerner, M. (Hg.) (1996): Aufstand der Laien. Expertentum und Demokratie in der technisierten Welt, Aachen: 227-269

Hentschel, K. (1998): Feinstruktur und Dynamik von Experimentalsystemen, in: Heidelberger/Steinle (Hg.) (1998): 325-354

Herbold, R. (1995): Technologies as social experiments. The construction and implementation of a high-tech waste disposal site, in: Rip, A./Misa, T.J./Schot, J.(eds.) (1995): Managing technology in society. The approach of constructive technology assessment, London: 185-198

Herbold, R./Kämper, E./Krohn, W./Timmermeister, M./Vorwerk, V. (Hg.) (1999): Entsorgungsnetze. Die Erzeugung integrierter soziotechnischer Systeme als Option des Umgangs mit technischer und sozialer Komplexität, Ms.

Herbold, R./Kämper, E./Krohn, W./Vorwerk, V. (1997): Innovation in partizipativen Akteurkonfigurationen. Abfallwirtschaft im Spannungsfeld von Technik, Normung und Akzeptanz, in: Birke, M./Burschel, C./Schwarz, M. (Hg.) (1997): Handbuch Umweltschutz und Organisation. Ökologisierung-Organisationswandel-Mikropolitik, München: 434-464

Herbold, R./Krohn, W./Weyer, J. (1991): Technikentwicklung als soziales Experiment, in: Joerges, B. (Hg.) (1991): Wissenschaft, Technik, Modernisierung. Verhandlungen der Sektion Wissenschaftsforschung der Deutschen Gesellschaft für Soziologie beim 25. Deutschen Soziologentag in Frankfurt, Oktober 1990, WZB-papers FS II 91-503: 76-95

Herbold, R./Krohn, W./Weyer, J. (Hg.) (1992): Technisches Risiko und offene Planung. Strategien zur sozialen Bewältigung von Unsicherheit am Beispiel der Abfallbeseitigung, Fakultät für Soziologie, Bielefeld

Herbold, R./Obladen, P. (1993): Bürger besser beteiligen. Neue Wege bei der Planung von Entsorgungsanlagen, in: Der Städtetag 7/93: 508-515

Herbold, R./Vorwerk, V. (1993): Die Entwicklung der Abfallwissenschaft: Deponiesickerwasser als Risiko und die Entstehung einer neuen Disziplin, in: Müll und Abfall 25: 355-363

Herbold, R./Wienken, R. (1993): Politische Strategien zur Überwindung des Durchsetzungsproblems von Abfallbeseitigungsanlagen. Der Fall der Bielefelder Abfalldeponie, in: Müll und Abfall 25: 317-325

Herrmann, B. (1986): Parasitologische Untersuchung mittelalterliche Kloaken, in: Herrmann, B. (Hg.) (1986): Mensch und Umwelt im Mittelalter, Stuttgart: 160-169

Hesse, M. (1970): Is there an independent observation language? In: Colodny, R.G. (ed.) (1970): The nature and function of scientific theories, Pittsburgh: 35-77

Hill, C. (1965): Intellectual origins of the English revolution, Oxford

Hill, H. (1988): Das Verhältnis des Bürgers zum Gesetz, in: Die Öffentliche Verwaltung 41: 666-670

Hill, S. (1988): The tragedy of technology. Human liberation versus domination in the late twentieth century, London

Hobbes, T. (1992): Leviathan oder Stoff, Form und Gewalt eines kirchlichen und bürgerlichen Staats. Herausgegeben und eingeleitet von I. Fetscher, Frankfurt/M.

Hösel, G. (1972): Thema Abfallbeseitigung im Bundestag, in: Müll und Abfall 4: 102-103

Hösel, G. (1987): Unser Abfall aller Zeiten. Eine Kulturgeschichte der Städtereinigung, München

Hösel, G./Lersner, H. von (1972): Recht der Abfallbeseitigung des Bundes und der Länder. Kommentar zum Abfallbeseitigungsgesetz, Nebengesetze und sonstige Vorschriften (Loseblattsammlung, 1. Lieferung), Berlin

Hollis, Martin/Lukes, Steven (eds.) (1982): Rationality and relativism, Oxford

Homburg, E./Vlieger, J.D. (1996): The victory of practice over science: The successful modernisation of the Dutch white lead industry, in: History and Technology 13: 33-52

Horgan, J. (1997): An den Grenzen des Wissens. Siegeszug und Dilemma der Naturwissenschaften, München

Hüttenberger, P. (1992): Umweltschutz vor dem Ersten Weltkrieg: ein sozialer und bürokratischer Konflikt, in: Hoebing, H. (Hg.) (1992): Staat und Wirtschaft an Rhein und Ruhr 1816-1991. 175 Jahre Regierungsbezirk Düsseldorf, Essen: 263-284

Hughes, T.P. (1983): Networks of power: Electrification in Western society 1880-1930, Baltimore

Huizinga, J.R. (1993): Cold fusion. The scientific fiasco of the century, Oxford

Hummon, N. (1984): Organizationals aspects of technological change, in: Laudan (ed.) (1984): 67-82

IUGR (Institut für Umweltbewegungs- und Umweltforschungsgeschichte) (Hg.) (1993): Umweltgeschichte und Umweltzukunft. Schwerpunkt: Umweltbewegungs- und Umweltforschungsgeschichte, Marburg

Jäger, B. (1969): Geordnete Deponie von festen Siedlungs- und geeigneten Industrieabfällen, in: Müll und Abfall 1: 42-46

James, F. (ed.) (1989): The development of the laboratory, London

Jamison, A. (1989): Technology's theorists: Conceptions of innovation in relation to science and technology policy, in: Technology and Culture 30: 505-533

Janich, P. (1998): Was macht experimentelle Resultate empiriehaltig? Die methodisch-kulturalistische Theorie des Experiments, in: Heidelberger/Steinle (Hg.) (1998): 93-114

Japp, K. P./Krohn, W. (1994): Soziale Systeme und Ökosysteme, Bielefeld (iwt paper 7)

Japp, K.P. (1998): Die Technik der Gesellschaft. Ein systemtheoretischer Beitrag, in: Rammert, W. (Hg.) (1998): Technik und Sozialtheorie, Frankfurt/M.: 225-244

Jardine, N. (1988): Epistemology of the sciences, in: Schmitt (ed.) (1988): 685-712

Jasanoff, S.S. (1987): Contested boundaries in policy-relevant science, in: Social Studies of Science 17: 195-230

Jasanoff, S. (1990): The fifth branch: Science advisors as policymakers, Cambridge/Mass.

Jung, G. (1988): Die Planung in der Abfallwirtschaft, Abfallwirtschaft in Forschung und Praxis Bd. 20, Berlin

Jungk, R. (1964): Heller als tausend Sonnen, Reinbek

Kant, H. (1985): J. Robert Oppenheimer, Leipzig

Kaplan, F. (1991): The wizards of armageddon, New York

Kaplan, M./Cuciti, P. (eds.) (1986): The Great society and its legacy. Twenty years of U.S. social policy, Durham

Kaufmann, F.-X. (1986): Religion und Modernität, in: Berger, J. (Hg.) (1986): Die Moderne - Kontinuitäten und Zäsuren, Göttingen: 283-307

Keller, R. (1998): Müll - Die gesellschaftliche Konstruktion des Wertvollen, Opladen

Kemp, R. (1990): Why not in my backyard? A radical interpretation of public opposition to the deep disposal of radioactive waste in the United Kingdom, in: Environment and Planning 22: 1239-1258

Kerker, M. (1975): Die Naturwissenschaften und die Dampfmaschine, in: Hausen, K./Rürup, R. (Hg.) (1975): Moderne Technikgeschichte, Köln: 96-105

Kern, H./Schumann, M. (1990): Das Ende der Arbeitsteilung? Rationalisierung in der industriellen Produktion, München

Keßler, E. (1994): Naturverständnisse im 15. und 16. Jahrhundert, in: Schäfer, L./Ströker, E. (Hg.) (1994): Naturauffassungen in Philosophie, Wissenschaft, Technik, Band 2: Renaissance und frühe Neuzeit, Freiburg: 13-57
Kitcher, P. (1993): The advancement of science, Oxford
Klee, R. (1997): Introduction to the philosophy of science. Cutting nature at its seams, Oxford
Klotter, H.E./Hantge, E. (1969): Abfallbeseitigung und Gewässerschutz, in: Müll und Abfall 1: 1-8
Klotter, H.E. (1965): Die geordnete und kontrollierte Ablagerung von industriellen und gewerblichen Abfällen, in: Wasser und Boden 17: 366-369
Klotter, H.-E. (1972): Umweltschutz - ein modernes Thema?, in: Müll und Abfall 4: 73-81
Knauer, P. (1978): Die Abfallbeseitigungspläne der Länder, in: Müll und Abfall 10: 1-8
Knoll, H. (1967): Die Müllverbrennungsanlage der Stadt Nürnberg, in: Der Städtetag 20: 695-697
Knoll, K. (1969): Hygienische Bedeutung natürlicher Selbstreinigungsvorgänge für die Grundwasserbeschaffenheit im Bereich von Abfalldeponien, in: Müll und Abfall 1: 35-41
Knorr, K.D. (1985): Zur Produktion und Reproduktion von Wissen: Ein deskriptiver oder ein konstruktiver Vorgang? In: Hartmann/Bonß (Hg.) (1985): 151-178
Knorr Cetina, K. (1988): Das naturwissenschaftliche Labor als Ort der „Verdichtung" von Gesellschaft, in: Zeitschrift für Soziologie 17: 85-101
Knorr Cetina, K. (1995): Laboratory studies: The cultural approach to the study of science, in: Jasanoff, S./Markle, G.E./Peterson, J.C./Pinch, T. (eds.) (1995): Handbook of science and technology studies, Thousand Oaks: 140-166
Knorr-Cetina, K. (1984): Die Fabrikation von Erkenntnis. Zur Anthropologie der Naturwissenschaft, Frankfurt/M.
Knorr-Cetina, K. (1989): Spielarten des Konstruktivismus. Einige Notizen und Anmerkungen, in: Soziale Welt 40: 86-95
Knorr-Cetina, K./Mulkay, M. (eds.) (1983): Science observed. Perspectives on the social study of sciences, London
Knorr-Cetina, K./Mulkay, M. (1983): Introduction: Emerging principles on social studies of science, in: Knorr-Cetina/Mulkay (eds.) (1983): 1-18
Knüpfer, J./Meseck, H. (1985): Gegenwärtiger Erkenntnisstand über die mögliche Anwendung von Behälterdeponien für Sonderabfälle, in: Müll und Abfall 17: 378-384
Koch, C./Senghaas, D. (1970): Vorwort, in: Koch, C./Senghaas, D. (Hg.) (1970): Texte zur Technokratiediskussion, Frankfurt/M.: 5-12

Kohl, O. (1953): Die Entwicklung des Wasserrechts, in: Der Städtetag 6: 519-520
Kolb, F. (1958): Das Gesetz zur Ordnung des Wasserhaushaltes, Kommentar, Köln
Koselleck, R. (1975): Fortschritt, in: Brunner/Conze/Koselleck (Hg.) (1975): 363-423
Koselleck, R. (1987): Das achtzehnte Jahrhundert als Beginn der Neuzeit, in: Herzog, R./Koselleck, R. (Hg.) (1987): Epochenschwelle und Epochenbewußtsein, München: 269-282
Kreibich, R. (1986): Die Wissenschaftgesellschaft. Von Galilei zur High-Tech-Revolution, Frankfurt/M.
Krohn, W. (1989): Die Verschiedenheit der Technik und die Einheit der Techniksoziologie, in: Weingart (Hg.) (1989): 15-43
Krohn, W. (1991): Experiment und Gesellschaft, Ms., Bielefeld
Krohn, W. (1998): Wissenschaftsentwicklung zwischen Dezentrierung und Dekonstruktion. Eine epistemologische Analyse der Angriffe auf die Objektivität von Erkenntnis, in: Hauskeller/Rehmann-Sutter/Schiemann (Hg.) (1998): 23-52
Krohn, W./Krücken, G. (1993): Riskante Technologien: Reflexion und Regulation, Frankfurt/M.
Krohn, W./Weyer, J. (1989): Gesellschaft als Labor. Die Erzeugung sozialer Risiken durch experimentelle Forschung, in: Soziale Welt 40: 349-373
Krücken, G./Weingart, P. (1998): Neue Formen der Wissensproduktion - Welche Rolle bleibt den Universitäten? Vortrag 7.05.1998, Universität Bielefeld
Kuchenbuch, L. (1988): Abfall. Eine Stichwortgeschichte, in: Soeffner, H.-G. (Hg.) (1988): Kultur und Alltag, Sonderband Soziale Welt 6, Göttingen: 155-170
Kuhn, T.S. (1962): The structure of scientific revolutions, Chicago
Küppers, G. (1978): On the relation between technology and science - Goals of knowledge and dynamics of theories. The example of combustion technology, thermodynamics and fluidmechanics, in: Krohn, W./Layton, E./Weingart, P. (eds.) (1978): The dynamics of science and technology. Sociology of the sciences II, Dordrecht: 113-133
Küppers, G./Lundgreen, P./Weingart, P. (1979): Umweltprogramm und Umweltforschung. Zum Versuch der politischen Integration eines Forschungsfeldes, in: Daele, W. van den/Krohn, W./Weingart, P. (Hg.) (1979): Geplante Forschung. Vergleichende Studien über den Einfluß politischer Programme auf die Wissenschaftentwicklung, Frankfurt/M.: 239-286
LAGA (Hg.) (1975a): Merkblatt CN 1/75: Bestimmung des Cyanids in Wasserproben, in: Müll-Handbuch, Stand 1990, Kennziffer 1852

LAGA (Hg.) (1975b): Merkblatt PN 1/75: Entnahme von Wasserproben, in: Müll-Handbuch, Stand 1990, Kennzahl 1851
LAGA (Hg.) (1975c): Merkblatt RA 1/75: Durchführung von Ringanalysen, in: Müll-Handbuch, Stand 1990, Kennzahl 1853
LAGA (Hg.) (1975d): Merkblatt UP 1/75: Darstellung von Untersuchungsergebnissen aus der Untersuchung von Wasserproben und Eluaten, in: Müll-Handbuch, Stand 1990, Kennzahl 1854
LAGA (Hg.) (1977a): Merkblatt EW/77: Bestimmung der Eluierbarkeit von festen und schlammigen Abfällen mit Wasser, in: Müll-Handbuch, Stand 1990, Kennzahl 1855
LAGA (Hg.) (1977b): Merkblatt WÜ/77: Umfang der Überwachung von Grund-, Oberflächen- und Sickerwasser im Bereich von Abfallbeseitigungsanlagen, Richtlinie für das Vorgehen bei physikalischen und chemischen Untersuchungen im Zusammenhang mit der Beseitigung von Abfällen, in: Müll-Handbuch, Stand 1990, Kennzahl 1856
Laird, P. (1996): Progress in separate sheres: Selling nineteenth-century technologies, in: Knowledge and Society 10: 19-49
Lakatos, I. (1982): Die Methodologie der wissenschaftlichen Forschungsprogramme. Philosophische Schriften, Band I, Braunschweig
Landesamt für Wasser und Abfall Nordrhein-Westfalen (1978): Untersuchung und Beurteilung von Abfällen (Richtlinienentwurf, Juni 1978), Düsseldorf
Lane, R.E. (1966): The decline of politics and ideology in a knowledgeable society, in: American Sociological Review 31: 649-662
Langer, W. (1965): Geordnete Müllablagerung, in: Der Städtetag 18: 41-48
Langer, W. (1969): Die ungeordnete und die geordnete Ablagerung, in: Stuttgarter Berichte zur Siedlungswasserwirtschaft, Bd. 25 (1969): 5-31
Lapp, R. (1965): The new priesthood, New York
Lash, C. (1991): The true and only heaven. Progress and its critics, New York
Latour, B. (1990): The force and reason of experiment, in: Le Grand (ed.) (1990): 49-80
Latour, B./Woolgar, S. (1979): Laboratory life. The social construction of scientific facts, Beverly Hills
Laube, R. (1969): Die Mülldeponie der Stadt Regensburg, in: Müll und Abfall 1: 68-71
Laudan, R. (1993): Histories of the sciences and their uses: A review to 1913, in: History of Science 31: 1-34
Lear, L. J. (1993): Rachel Carson's silent spring, in: Environmental History Review 17: 23-48

LeGrand, H.E. (ed.) (1990): Experimental inquiries. Historical, philosophical and social studies of experimentation in science, Dordrecht
Lekachman, R. (1966): John Maynard Keynes: Revolutionär des Kapitalismus. Wie ein Mann unserer Welt zum Wohlstand verhalf, München
Lenk, H. (1982): Zur Sozialphilosophie der Technik, Frankfurt/M.
Lersner, H. Frhr. von (1974): Das Umweltbundesamt - Aufbau und Aufgaben, in: Müll und Abfall 6: 1-5
Ley, K. (1991): Auswirkungen der TA Abfall auf die Entsorgung der Kommunen, in: Müll und Abfall 23: 193-196
Light, D. (1979): Uncertainty and control in professional training, in: Journal of Health and Social Behavior 20 (1979): 310-322
Lindberg, D.C./Numbers, R.L. (eds.) (1986): God and nature. Historical essays on the encounter between christianity and science, Berkeley
Lindblom, C.E. (1959): The science of „muddling through", in: Public Administration Review 19: 79-88
Lindblom, C.E. (1979): Still muddling, not yet through, in: Public Administration Review 39: 517-526
Lindemann, C. (1992): Die Anfänge der Müllverbrennung, in: Wechselwirkung 54: 18-21
Lipset, S.M. (1968): The end of ideology? In: Waxman (ed.) (1968): 69-86
Lohr, C.H. (1988): Metaphysics, in: Schmitt (ed.) (1988): 537-638
Long, P.O. (1985): The contribution of architectual writers to a „scientific" outlook in the fifteenth and sixteenth centuries, in: Journal of Medieval and Renaissance Studies 15: 266-298
Lucke, D. (1995): Akzeptanz. Legitimität in der ‚Abstimmungsgesellschaft', Opladen
Luckmann, T. (1986): Grundformen der gesellschaftlichen Vermittlung von Wissen: Kommunikative Gattungen, in: Neidhardt/Lepsius/Weiß (Hg.) (1986): 191-211
Lühr, H.-P. (1986): Kontaminierte Standorte, ein Hinweis zur notwendigen Wende in der Abfallentsorgung? In: Wasser und Boden 38: 164-169
Lühr, H.-P./Staupe, J. (1986): Der Besorgnisgrundsatz beim Grundwasserschutz, in: Wasser und Boden 38: 600-603
Lühr, H.P. (1987): Vorwort, Trägerverin des Instituts für wassergefährdende Stoffe e.V. an der TU Berlin (Hg.), o.S.
Luhmann, N. (1987a): Diskussionsbeitrag: „Technik" und „Ethik" aus soziologischer Sicht zum 2. Akademie-Forum der Rheinisch-Westfälischen Akademie der Wissenschaften, in: Rheinisch-Westfälische Akademie (Hg.) (1987): Technik und Ethik. Vorträge, Opladen 1987: 31-34

Luhmann, N. (1987b): Gesellschaftsstrukturelle Bedingungen und Folgeprobleme des naturwissenschaftlich-technischen Fortschritts, in: Luhmann, N. (1987): Soziologische Aufklärung 4, Opladen: 49-63

Luhmann, N. (1990): Die Wirtschaft der Gesellschaft, Frankfurt/M.

Luhmann, N. (1991): Soziologie des Risikos, Berlin

Luhmann, N. (1994): Systemtheorie und Protestbewegungen. Ein Interview, in: Neue Soziale Bewegungen 7: 53-69

Luhmann, N. (1997): Die Gesellschaft der Gesellschaft, Frankfurt/M.

Lundgreen, P. (1994): Das Bild des Ingenieurs im 19. Jahrhundert, in: Salewski, M./Stölken-Fitschen, I. (Hg.) (1994): Moderne Zeiten. Technik und Zeitgeist im 19. und 20. Jahrhundert, Stuttgart: 17-24

Lyotard, F. (1982): Das postmoderne Wissen. Ein Bericht, Bremen

MacKenzie, D./Wajcman, J. (eds.) (1985): The social shaping of technology. How the refrigerator got it hum, Philadelphia

Mahlke, H./Horstmann, O./Kaupert, W. (1965): Stand der Abfallbeseitigung, in: Der Städtetag 18: 573-578

Mandelbrote, S. (1996): Scientific lecturing and the industrial revolution, in: History and Technology 13: 73-81

Mannheim, K. (1929): Ideologie und Utopie, Bonn

Marris, P./Rein, M. (1967): Dilemmas of social reform, London

Maxeiner, D./Miersch, M. (1996): Ökooptimismus, Düsseldorf

Mayntz, R. (1980): Die Entwicklung des analytischen Paradigmas der Implementationsforschung, in: Mayntz, R. (Hg.) (1980): Implementation politischer Programme, Königstein/Ts.: 1-17

Mayr, O. (1987): Uhrwerk und Waage: Autorität, Freiheit und technische Systeme in der frühen Neuzeit, München

McCrone, John (1993): Roll up for the telepathy test, in: New Scientist 1873: 29-33

McLaughlin, P. (1993): Der neue Experimentalismus in der Wissenschaftstheorie, in: Rheinberger/Hagner (Hg.) (1993): 207-218

McMullin, E. (1993): Cosmology and religion, in: Hetherington, N.S. (ed.) (1993): Cosmology. Historical, literary, philosophical, religious, and scientific, New York: 581-606

Meadows, D.L. (1972): Die Grenzen des Wachstums, Stuttgart

Medawar, P. (1963): Is the scientific paper a fraud? In: Listener 12.09.1963: 377-378

Meier, C. (1975): Fortschritt, in: Brunner/Conze/Koselleck (Hg.) (1975): 353-363

Melosi, M.V. (1972): "Out of sight, out of mind". The environment and the disposal of municipal refuse, 1860-1920, in: The Historian 35, 621-640

Mennerich, A. (1984): Gemeinsame Ablagerung von Hausmüll und Gewerbeabfällen. Bewertung von Versuchen im Labormaßstab, in: Müll und Abfall 16: 225-231

Merkblatt 1 (1963): Ermittlung des Müllgewichts, VKF/AkA (Hg.), in: Müll-Handbuch, Kennziffer 1710

Merkblatt 2 (1963): Ermittlung des Volumens und des Raumgewichts des Mülls, VKF/AkA (Hg.), in: Müll-Handbuch, Kennziffer 1710

Merkblatt 3 (1963): Bestimmung der Zusammensetzung fester Abfälle, VKF/AkA (Hg.), in: Müll-Handbuch, Kennziffer 1728

Merkblatt M 7 (1965): Geordnete und kontrollierte Ablagerung fester Siedlungsabfälle, in: Klotter, H.E. (1965): Die geordnete und kontrollierte Ablagerung von industriellen und gewerblichen Abfällen, in: Wasser und Boden 17: 366-369

Merton, R.K. (1938): Science, technology and society in seventeen-century England, New York

Merton, R.K. (1957): Social theory and social structure, New York

Merton, R.K. (1985): Entwicklung und Wandel von Forschungsinteressen. Aufsätze zur Wissenschaftssoziologie, Frankfurt/M.

Milton, R. (1996): Verbotene Wissenschaften, Frankfurt/M.

Mohler, A. (1968): Der Weg der „Technokratie" von Amerika nach Frankreich, in: Barion, H./Böckenförde, E.-W./Forsthoff, E./Weber, W. (Hg.) (1968): Epirrhosis. Festschrift für Carl Schmitt, Band 2, Berlin: 579-596

Mohler, A. (1974): Howard Scott und die „Technocracy". Zur Geschichte der technokratischen Bewegung, II, in: Forsthoff, E./Hörstel, R. (Hg.) (1974): Standorte im Zeitstrom. Festschrift für Arnold Gehlen zum 70. Geburtstag, Frankfurt/M.: 249-297

Mommsen, T.. (1951): St. Augustine and the christian idea of progress. The background of the city of god, in: Journal of the History of Ideas 12: 346-374

Moore, J.R. (1986): Geologists and interpreters of genesis in the 19th century, in: Lindberg/Numbers (eds.) (1986): 322-350

Morton, A.Q./Wess, J.A. (1993): Public and private science: The King George III collection, Oxford

Moser, S. (1971): Technologie und Technokratie. Zur Wissenschaftstheorie der Technik, in: Lenk, H. (Hg.) (1971): Neue Aspekte der Wissenschaftstheorie, Braunschweig: 169-177

Moynihan, D.P. (1965): The professionalization of reform, in: Public Interest 1: 6-16

Moynihan, D.P. (1969): Maximum feasible misunderstanding, New York

Müll-Handbuch (1964): Handbuch über die Sammlung, Beseitigung und Verwertung von Abfällen aus Haushaltungen, Gemeinden und Wirtschaft, Loseblattsammlung, erste Lieferung 1964, Berlin

Müller, H.-J. (1973): Zwanzig Jahre Verbände AkA-AfA, in: Der Städtetag 26: 43-47

Müller, K.R. (1976): Zur Prüfung der Deponierbarkeit von Abfällen, in: Müll und Abfall 8: 179-183
Nathan, R.P. (1986): Social science and great society, in: Kaplan/Cuciti (eds.) (1986): 163-178
Naumann, E. (1933): 50 Jahre Müllbeseitigung und Straßenreinigung, in: Zeitschrift für Gesundheitstechnik und Städtehygiene 25: 265-280
Neidhardt, F./Lepsius, M.R./Weiss, J.(Hg.) (1986): Kultur und Gesellschaft, Opladen
Nelkin, D. (1979): Science, technology, and political conflict: Analyzing the issues, in: Nelkin, D. (ed.) (1979): Controversy. Politics of technical decisions, Beverly Hills: 9-22
Nickles, T. (1985): Beyond divorce: Current status of the discovery debate, in: Philosophy of Science 52: 177-206
Nisbet, E.G./Fowler, M.C. (1995): Is metal disposal toxic to deep oceans? In: Nature 375: 715
Nisbet, R. (1980): The history of the idea of progress, New York
Nöhring, F./Farkasdi, G./Golwer, A./Knoll, K.-H./Mathess, G./Schneider, W. (1968): Über Abbauvorgänge von Grundwasserverunreinigungen im Unterstrom von Abfalldeponien, in: Gas-Wasser-Fach 109: 137-142
Nowotny, H. (1979): Kernenergie: Gefahr oder Notwendigkeit, Frankfurt/M.
NRW-Drucksache 7/2472 (1973): Entwurf eines Abfallgesetzes für das Land Nordrhein-Westfalen (mit Begründung), Düsseldorf
Offe, C. (1975): Berufsbildungsreform. Eine Fallstudie über Reformpolitik, Frankfurt/M.
Ogburn, W.F. (1922): The hypothesis of cultural lag, New York
Olby, R.C./Cantor, G.N./Christie, J.R/Hodge, M.J. (eds.) (1990): Companion of the history of modern science, London
Olzem, R. (1985): Anforderungen an die Dichtigkeit von Deponiebasisabdichtungen, in: Fortschritte der Deponietechnik, Berlin
Orshansky, M. (1965): Counting the poor: Another look at the poverty profile, in: Social Security Bulletin 28: 3-29
Outram, D. (1990): Science and political ideology, 1790-1848, in: Olby/Cantor/Christie/Hodge (eds.) (1990): 1008-1023
Packard, V. (1960): The waste makers, New York
Page, C.H. (1985): The decline of sociology's constituency, in: History of Sociology 6: 1-10
Parsons, T. (1954): The professions and social structure, in: Parsons, T. (1954): Essays in sociological theory, Glencoe/Ill.: 34-49
Parthey, H./Wahl, D. (1966): Die experimentelle Methode in Natur- und Geisteswissenschaften, Berlin
Peirce, C.S. (1876): Note on the theory of the economy of research, in: Coast Survey Report 1876: 197-201

Peters, A. (1986): Die Abfallbeseitigungsplanung der Länder, in: Müll und Abfall 18: 20-23
Pickering, A. (1992): From science as knowledge to science as practice, in: Pickering (ed.) (1992): 1-28
Pickering, A. (ed.) (1992): Science as practice and culture, Chicago
Pierau, H. (1967): Vortrag Müll-Kolloquium Stuttgart 1967. Kritische Bemerkungen zum ‚Schichttorten-Modell' der geordneten Ablagerung, in: Der Städtetag 20: 582-584
Pilisuk, M./Pilisuk, P. (eds.) (1973): How we lost the war on powerty, New Brunswick
Pinch, T. (1992): Opening black boxes: Science, technology and society, in: Social Studies of Science 22: 487-510
Pollard, S. (1971): The idea of progress: History and society, Harmondsworth
Popkin, R.H. (1988): Theories of knowledge, in: Schmitt (ed.) (1988): 641-667
Popp, L. (1970): Die göttliche Macht, in: Jahresbericht des Vereins zu Reinhaltung der Gewässer e.V., Braunschweig
Popper, K.R. (1976): Logik der Forschung, 6. verbesserte Auflage, Tübingen
Poppi, A. (1988): Fate, fortune, providence and human freedom, in: Schmitt (ed.) (1988): 641-667
Porter, R. (1977): The making of geology: Earth science in Britain 1660-1815, Cambridge
President's Science Advisory Committee (1963): Report 23: The uses of pesticids, Washington
Pressman, J.L./Wildavsky, A. (1973): Implementation, Berkeley
Price, D.J. de Solla (1963): Little science, big science, New York
Radkau, J. (1986): Vorsorge und Entsorgung. Geschichte und historischer Augenblick in der Mensch-Umwelt-Beziehung, in: Geschichtsdidaktik 11: 209-222
Rammert, W. (1993): Akteure und Technikentwicklung, in: Rammert, W. (1993): Technik aus soziologischer Perspektive, Opladen: 93-106
Rat von Sachverständigen für Umweltfragen (1991): Abfallwirtschaft. Sondergutachten September 1990, Stuttgart
Ravetz, J.R. (1973): Die Krise der Wissenschaft. Probleme der industrialisierten Forschung, Neuwied
Rehberg, K.-S. (1986): Kultur versus Gesellschaft? Anmerkungen zu einer Streifrage in der deutschen Soziologie, in: Neidhardt/Lepsius/Weiß (Hg.) (1986): 92-115
Reimer, H. (1971): Müllplanet Erde, Hamburg
Rheinberger, H.-J. (1997): Experimentalsysteme, in: Information Philosophie 3/1997: 36-39
Rheinberger, H.-J./Hagner, M. (1993): Experimentalsysteme, in: Rheinberger/Hagner (Hg.) (1993): 7-27

Rheinberger, H.-J./Hagner, M. (Hg.) (1993): Die Experimentalisierung des Lebens. Experimentalsysteme in den biologischen Wissenschaften 1850/1950, Berlin

Rieß, F. (1998): Erkenntnis durch Wiederholung - eine Methode zur Geschichtsschreibung des Experiments, in: Heidelberger/Steinle (Hg.) (1998): 157-172

Rip, A. (1985): Experts in public arenas, in: Otway, H./Peltu, M. (eds.) (1985): Science, hazards, and public protection, London: 94-110

Ronellenfitsch, M. (1982): Die Durchsetzung staatlicher Entscheidungen als Verfassungsproblem, in: Börner, B. (Hg.) (1982): 13-35 Umwelt, Verfassung, Verwaltung

Roosevelt, F.D. (1938): The public papers and addresses of Franklin D. Roosevelt, Vol. 1, New York

Ropohl, G. (1996): Ethik und Technikbewertung, Frankfurt/M.

Rosen, E.A. (1977): Hoover, Roosevelt and the brains trust: From depression to New Deal, New York

Rosenberg, N./Nelson, R.R. (1994): American universities and technical advance in industry, in: Research Policy 23: 323-348

Rossi, Peter H. (1972): Testing for success and failure in social action, in: Rossi/Williams (eds.): 11-49

Rossi, P.H. (1978): Issues in the evaluation of human services delivery, in: Evaluation Quarterly 2: 573-599

Rossi, Peter H./Williams, Walter (eds.) (1972): Evaluation social programs, New York

Rößler, B. (1951): Beeinflussung des Grundwassers durch Müll- und Schuttablagerungen, in: Vom Wasser 18: 43-60

Rudall Blachard Associates Ltd. (1994a): Brent Spar abandonment best principle environmental option (BPEO), Prepared for Shell U.K., 15.12.94

Rudall Blachard Associates Ltd. (1994b): Brent Spar abandonment impact hypothesis, Prepared for Shell U.K., 15.12.94

Rudwick, M.J. (1985): The great denovian controversy, Chicago/Ill.

Rudwick, M.J. (1986): The shape and meaning of earth history, in: Lindberg/Numbers (eds.) (1986): 296-321

Salomo, K.-P. (1985): Technische Möglichkeiten zur Sanierung gefährlicher Altlasten (bauliche Maßnahmen, Materialien), in: Müll und Abfall 17: 61-70

Sammet, D. (1976): Planung einer geordneten Deponie, in: Institut für Siedlungswasserbau und Wassergütewirtschaft der Universität Stuttgart (Hg.) (1976): Internationaler Erfahrungsaustausch über Grundlagen, Errichtung und Betrieb von Geordneten Deponien, Stuttgart: 85-158

Sammet, D. (1983): Technische Wunder oder nüchterne Technik - was ist mehr gefragt? In: Müll und Abfall 15: 232-233

Sauer, E./Lais, R./Quirll, F. (1958): Gesetz zur Ordnung des Wasserhaushalts, Stollhamm
Sautter, B. (1972): Die Ausführungsgesetze der Länder zum AbfG des Bundes, in: Müll und Abfall 4: 186-191
Schäfer, W. (1985): Die unvertraute Moderne. Historische Umrisse einer anderen Natur- und Sozialgeschichte, Frankfurt/M.
Schaffer, S. (1990): Newtonianism, in: Olby/Cantor/Christie/Hodge (eds.) (1990): 610-626
Schaffer, S. (1995): Where experiments end: Tabletop trials on victorian astronomy, in: Buchwald (ed.) (1995): 257-299
Schelsky, H. (1979): Auf der Suche nach Wirklichkeit. Gesammelte Aufsätze zur Soziologie der Bundesrepublik, München
Schenkel, W. (1975): Einführung in die Problematik der geordneten Deponie von Abfällen, in: Stuttgarter Berichte 1: o.S.
Schenkel, W. (1976): Abfallwirtschaft. Stand und Entwicklungstendenzen, in: Müll und Abfall 8: 165-170
Schenkel, W. (1983): Sind Abfallbeseitigungspläne noch zeitgemäß? In: Müll und Abfall 15: 227-232
Schenkel, W. (1985): Abfallwirtschaft. Gestern, Heute, Morgen. Persönliche Begegnung mit einer Branche, in: Bundesverband der Deutschen Entsorgungswirtschaft (Hg.) (1985): Von der Städtereinigung zur Entsorgungswirtschaft, Bd. II, Köln: 53-65
Schenkel, W. (1986a): Entwickelt sich die Deponie zur Pyramide des Konsumzeitalters? In: Symposium: Die Deponie-ein Bauwerk 1986, Aachen: 95-102
Schenkel, W. (1986b): Abfallwirtschaft in der Bundesrepublik Deutschland. Bilanz und Perspektiven, in: Müll und Abfall 18: 465-478
Schenkel, W. (1988): Bundesweite technische Mindestanforderungen (TA-Abfall), in: Müll und Abfall 20: 237-245
Schenkel, W./Trum, R./Keller, E. (1980): USA-Reise 1979. Eindrücke und Vergleiche einiger Entwicklungseinrichtungen mit denjenigen in der BRD, in: Müll und Abfall 12: 115-119
Schiller-Dickhut, R./Friedrich, H. (Hg.) (1989): Müllverbrennung. Ein Spiel mit dem Feuer, Bielefeld
Schimank, U. (1988): Gesellschaftliche Teilsysteme als Akteurfiktionen, in: Kölner Zeitschrift für Soziologie und Sozialpsychologie 40: 619-639
Schimank, U. (1992): Spezifische Interessenskonsense trotz generellem Orientierungsdissens. Ein Integrationsmechanismus polyzentrischer Gesellschaften, in: Giegel, H.-J. (Hg.) (1992): Kommunikation und Konsens in modernen Gesellschaften, Frankfurt/M.: 236-275
Schmidt, H. (1912): Die Gründung des deutschen Monistenbundes, in: Das Monistische Jahrhundert 1: 740-749

Schmitt, C.B. (ed.) (1988): The Cambridge history of Renaissance philosophy, Cambridge
Schmitt, G.-P. (1983): Mineralische Abdichtungen durch Betonit-Ton-Gemische mit natürlichen Böden, in: Fortschritte der Deponietechnik
Schofield, R.E. (1963): The lunar society of Birmingham, Oxford
Schülein, J.A. (1987): Theorie der Institution, Opladen
Schultz, I. (1992): Arbeitsteilung in der Mülltonne. Frauen und kommunale Abfallwirtschaft, in: Alternative Kommunalpolitik 3/92: 41-43
Schwarz, M./Thompson, M. (1990): Divided we stand. Redefining politics, technology and social choice, New York
Schweber, S.S. (1993): Physics, community and the crisis in physical theory, in: Physics Today 11/93: 34-40
Sebestik, J. (1983): The rise of the technological science, in: History and Technology 1: 25-40
Secord, J.A. (1986): Controversy in Victorian geology. The cambrian-silurian dispute, Princeton
Secord, J.A. (1989): Extraordinary experiment: Electricity and the creation of life in victorian England, in: Gooding/Pinch/Schaffer (eds.) (1989): 337-383
Sennett, R. (1990): The conscience of the eye, New York
Shapin, S. (1991): „A scholar and a gentleman": The problematic identity of the scientific practioner in early modern England, in: History of Science 29: 279-327
Shapin, S./Schaffer, S. (1985): Leviathan and the air-pump. Hobbes, Boyle, and the experimental Life, Princeton
Shapiro, B. (1991): Early modern intellectual life: Humanism, religion and science in the seventeenth century England, in: History of Science 29: 45-71
Sieder, F./Zeitler, H. (1977): WHG. Loseblattsammlung. Erste Lieferung 1977, München
Sieferle, R.P. (1984): Fortschrittsfeinde? Opposition gegen Technik und Industrie von der Romantik bis zur Gegenwart, München
Simon, B. (1999): Undead science: Making sense of cold fusion after the (arti)fact, in: Social Studies of Science 29: 61-85
Simon, H.A. (1979): Rational decision making in business organizations, in: The American Economic Review 69: 493-513
Simson, J. von (1983): Kanalisation und Städtehygiene im 19. Jahrhundert, Düsseldorf (VDI-Verlag)
Smith, A. (1776): Wealth of nations, London
Smith, B.L.R. (1992): The advisers. Scientists in the policy process, Washington
Smith, J. (1991): The idea brokers: Think tanks and the rise of the new policy elite, New York

Smyth, W.H. (1919): Technocracy, in: Industrial Management 57: 89-91
Sokal, A./Bricmont, J. (1999): Eleganter Unsinn. Wie die Denker der Postmoderne die Wissenschaften mißbrauchen, München
Sombart, W. (1931): Kapitalismus, in: Vierkandt, A. (Hg.) (1931): Handwörterbuch der Soziologie, Stuttgart: 258-277
Spengler, O. (1918): Der Untergang des Abendlandes: Umrisse einer Morphologie der Weltgeschichte, München
Spillmann, P./Collins, H.-J. (1981a): Erhöhung der Nutzungsdauer von Hausmülldeponien durch betriebliche Maßnahmen. Teil 2: Einfluß der Betriebsweise des Kompaktors auf die erzeilbare Dichte im dünnschichten Einbau, in: Müll und Abfall 13: 4-13
Spillmann, P./Collins, H.-J. (1981b): Erhöhung der Nutzungsdauer von Hausmülldeponien durch betriebliche Maßnahmen. Teil 3: Erhöhung der Dichte durch Mischung der Abfälle unter Zusatz behandelter Sickerwässer vor der hochdichteten Ablagerung, in: Müll und Abfall 13: 62-68
Spillmann, P./Collins, H.-J. (1982): Die Verdopplung der Nutzungsdauer kommunaler Abfalldeponien durch einfach Vorbehandlung der Abfälle, in: Müll und Abfall 14: 1-5
Starr, C. (1969): Social benefit versus technological risk: What is our society willing to pay for safety? In: Science 165: 1232-1238
Stegmann, R. (1990): Die Deponie als Reaktor, in: Entsorgungspraxis 7: 567-571
Stegmann, R./Ringeltaube, J. (1978): Verregnen von biologisch gereinigtem Sickerwasser auf der Deponieoberfläche. Versuch im technischen Maßstab auf der Deponie Venneberg/Ligen, in: Müll und Abfall 10: 103-109
Stehr, N. (1994): Arbeit, Eigentum und Wissen. Zur Theorie von Wissensgesellschaften, Frankfurt/M.
Stent, G.S. (1969): The coming of the golden age. A view of the end of progress, New York
Stern, F. (1988): Der Traum vom Frieden und die Versuchung der Macht: Deutsche Geschichte im 20. Jahrhundert, Berlin
Stewart, L. (1992): The rise of public science: Rhetoric, technology, and natural philosophy in Newtonian Britain, 1660-1750, Cambridge
Stewart, L. (1996): Seeing through the scholium: Religion and reading Newton in the 18th century, in: History of Science 34: 123-165
Stichweh, R. (1994a): Wissenschaft, Universität, Professionen, Frankfurt/M.
Stichweh, R. (1994b): Zur Analyse von Experimentalsystemen, in: Hagner/Rheinberger/Wahrig-Schmidt (Hg.) (1994): 291-296
Stief, K. (1978a): Zum Stand der Ablagerung von Abfällen, in: Müll und Abfall 10: 152-155

Stief, K. (1978b): Untersuchungen zum Langzeitverhalten von Deponien, in: Aktuelle Probleme der Deponietechnik 3: 297-324

Stief, K. (1979): Bestandsaufnahme der geordneten Deponie und Aufgaben von Praxis und Wissenschaft. Vortrag beim 36. abfalltechnischen Kolloquim der Universität Stuttgart am 23. Februar 1979, in: Müll und Abfall 11: 114-120

Stief, K. (1986): Das Multibarrierenkonzept als Grundlage von Planung, Bau, Betrieb und Nachsorge von Deponien, in: Müll und Abfall 18: 15-20

Stief, K. (1989a): Deponietechnik im Umbruch - Nachbesserung bestehender Deponien, in: Zeitgemäße Deponietechnik III: 7-31

Stief, K. (1989b): Ablagern von Abfällen, in: Walprecht, D. (Hg.) (1989): Abfall und Abfallentsorgung, Köln: 103-125

Stief, K. (1990): Langzeitverhalten und Umweltauswirkungen von Deponien, Ms.

Stief, K. (1991): Haben Deponien für unbehandelte Sonderabfälle eine Zukunft? In: Stief, Klaus/Fehlau, K.-P. (Hg.) (1991): Fortschritte der Deponietechnik 1990. Neue Anforderungen an die Abfallablagerung, Berlin: 27-52

Stief, K./Franzius, V. (1980): Zielsetzung der Deponienforschung des Bundes und Umsetzung in die Praxis, in: Müll und Abfall 12: 205-210

Stolzenberg, D. (1994): Fritz Haber: Chemiker, Nobelpreisträger, Deutscher, Jude. Eine Biograhie, Weinheim

Stone, D. (1996): Capturing the political imagination. Think tanks and the policy process, London

Strate, J./Weingart, P. (1993): Zwischenbericht zum DFG-Projekt „Konkurrenz und Kommunikation in der Wissenschaft - Untersuchung der Veränderung wissenschaftlicher Kommunikationsmuster unter Bedingungen hoher externer Erwartung und interner Konkurrrenz", Bielefeld

Straub, H. (1962): Gutachten über die Beseitigung der festen Abfallstoffe von Gemeinden und der Industrie, erstattet im Auftrag des Bundesministers für Gesundheitswesen, in: Schriftenreihe GWF. Wasser-Abwasser, Heft 11,

Straub, H. (1969): Arbeitsgemeinschaft für Abfallbeseitigung (AFA), in: Müll und Abfall 1: 24-27

Strauß, E. (1996): Zwischen Originalität und Trivialität. Die Rolle der Virtuosi für das Wissenschaftsprogramm der Royal Society, in: Strauß (Hg.) (1996): 69-82

Strauß, E. (Hg.) (1996): Dilettanten und Wissenschaft. Zur Geschichte und Aktualität eines wechselvollen Verhältnisses, Amsterdam

Ströker, E. (1982): Philosophie der Technik: Schwierigkeiten einer philosophischen Disziplin, in: Rapp, F./Durbin, P. (Hg.) (1982): Technikphilosophie in der Diskussion, Wiesbaden: 297-315

Tetens, H. (1987): Experimentelle Erfahrung. Eine wissenschaftstheoretische Studie über die Rolle des Experiments in der Begriffs- und Theoriebildung der Physik, Hamburg
Thomé-Kozmiensky, K.J. (1987): Multibarriere für die Deponie, in: EntsorgungsPraxis 5: 468-469
Tietmann, K. (1984): Die Abfallwirtschaft in den Medien, in: Müll-Handbuch Lfg. 3/84
Toulmin, S. (1982): The return of cosmology, Berkeley
Toulmin, S./Goodfield, J. (1985): Entdeckung der Zeit, Frankfurt/M.
Trinkaus, C. (1990): Renaissance ideas and the idea of the renaissance, in: Journal of the History of Ideas 51: 667-684
Turnball, D. (1993): The ad hoc collective work of building gothic cathedrals with templates, string, and geometry, in: Science, Technology and Human Values 18: 315-340
Turnball, D./Stokes, T. (1990): Manipulable systems and laboratory strategies in a biomedical research institute, in: LeGrand (ed.) (1990): 167-192
Turner, F.M. (1978): The victorian conflict between science and religion: A professional dimension, in: ISIS 69: 356-376
Vademecum (1973): Stifterverband für die Deutsche Wissenschaft (Hg.), 6. Auflage, Düsseldorf
Vademecum (1988): Deutsche Universitätszeitung (Hg.), 8. Auflage, Stuttgart
Vasoli, C. (1988): The Renaissance concept of philosophy, in: Schmitt (ed.) (1988): 57-74
Veblen, T.B. (1914): The theory of business enterprise, New York
Veblen, T.B. (1917): An inquiry into the nature of peace and the terms of its perpetuation, New York
Veblen, T.B. (1921): The engineers and the price system, New York
Vickers, B. (1992): Francis Bacon and the progress of knowledge, in: Journal of the History of Ideas 53: 495-518
Voigt, W. (1998): Atlantropa: Weltbauen am Mittelmeer. Ein Architektentraum der Moderne, Hamburg
Wallace, W.A. (1988): Traditional natural philosophy, in: Schmitt (ed.) (1988): 201-235
Walter-Busch, E. (1994): Gemeinsame Denkfiguren von Experten und Laien. Über Stufen der Verwissenschaftlichung und einfache Formen sozialwissenschaftlichen Wissens, in: Hitzler, R. (Hg.) (1994): Expertenwissen: Die institutionalisierte Konstruktion der Wirklichkeit, Opladen: 83-102
Wasmer, H.R. (1973): Internationale Bemühungen in der Abfallbeseitigung, insbesondere auf wissenschaftlichem Gebiet, in: Universitäten Stuttgart und Hohenheim (Hg.) (1973): 65-69
Waxman, C.I. (ed.) (1968): The end of ideology debate, New York
Weber, M. (1922): Vorbemerkung, in: Weber, M. (1922): Gesammelte Aufsätze zur Religionssoziologie, 2. Auflage, Tübingen: 1-16

Webster, C. (1986): Puritanism, separatism and science, in: Lindberg/Numbers (eds.) (1986): 192-217

Wehking, K.-H./Holzbauer, R. (1989): Normmüll - eine neue Möglichkeit zur Optimierung der Entwicklung und des Testes von förder-, lager- und handhabungstechnischen Einrichtungen für die Entsorgungswirtschaft, in: Müll und Abfall 21: 242-248

Weidner, H. (1995): 25 Jahre Umweltpolitik. In alten Bahnen an die internationale Spitze, in: WZB-Mitteilungen 67: 7-11

Weinberg, A.M. (1972): Science and trans-science, in: Minerva 10: 209-222

Weinberg, A.M. (1985): ‚Science and its limit': The regulator's dilemma, in: Issues in Science and Technology 2: 67-85

Weingart, P. (1972): Wissenschaftsforschung und wissenschaftssoziologische Analyse, in: Weingart, P. (Hg.) (1972): Wissenschaftssoziologie I, Frankfurt/M.: 11-42

Weingart, P. (1976): Wissensproduktion und soziale Struktur, Frankfurt/M.

Weingart, P. (1983): Verwissenschaftlichung der Gesellschaft - Politisierung der Wissenschaft, in: Zeitschrift für Soziologie 12: 225-241

Weingart, P. (1984): Anything goes-rien ne va plus. Der Bankrott der Wissenschaftstheorie, in: Kursbuch 78: 61-75

Weingart, P. (Hg.) (1989): Technik als sozialer Prozeß, Frankfurt/M.

Weingart, P. (1989a): Einleitung, in: Weingart (Hg.) (1989): 8-14

Weingart, P. (1989b): „Großtechnische Systeme" - ein Paradigma der Verknüpfung von Technikentwicklung und sozialem Wandel? In: Weingart (Hg.) (1989): 174-196

Weingart, P. (1997): Neue Formen der Wissensproduktion: Fakt, Fiktion und Mode, Bielefeld (iwt paper 15)

Weingart, P. (Hg.) (1989): Technik als sozialer Prozeß, Frankfurt/M.

Weiss, C.H. (1977): Introduction, in: Weiss, C.H. (ed.) (1977): Using social research in public policy making, Lexington: 1-22

Weyer, J. (1991): Experiment Golfkrieg. Zur operativen Kopplung systemischer Handlungsprogramme von Politik und Wissenschaft, in: Soziale Welt 42: 405-426

White, L. Jr. (1968): Die mittelalterliche Technik und der Wandel der Gesellschaft, München

White, L. Jr. (1972a): Technology assessment from the stance of a medivial historian, in: American Historical Review 79: 1-13

White, L. Jr. (1972b): The expansion of technology 500-1500, in: Cipolla, C.M. (ed.) (1972): The fontana economic history of Europe. The middle ages, London: 143-174

Wiedemann, H. (1985): Analyse der amerikanischen Anforderungen an Deponien für gefährliche Abfälle, in: Müll und Abfall 17: 33-37

Wienbeck, U. (1976): Über die Geschichte der Abfallbeseitigung, in: Wasser und Boden 28: 97-99

Wildt, M. (1994): Am Beginn der „Konsumgesellschaft". Mangelerfahrung, Lebenshaltung, Wohlstandshoffnung in Westdeutschland in den 50er Jahren, Hamburg

Willeke, S. (1995): Die Technokratiebewegung in Nordamerika und Deutschland zwischen den Weltkriegen, Frankfurt/M.

Williams, W./Evans, J.W. (1972): The politics of evaluation: The case of head start, in: Rossi, P./Williams, W. (eds.) (1972): Evaluating social programs, New York: 247-264

Willke, H. (1986): Entzauberung des Staates, Königstein/Ts.

Willke, H. (1992): Ironie des Staates, Frankfurt/M.

Winter, R. (1985): Die neuen Pharaonengräber, in: Winter, R. (Hg): Rettet den Boden. Ein Stern Report 1985: 260-283

Wippel, J. (1977): The condemnations of 1270 und 1277 at Paris, in: Journal of Medieval and Renaissance Studies 7: 169-201

Wittgenstein, L. (1977): Philosophische Untersuchungen, Frankfurt/M.

Wood, R. (1986): The great society in 1984: Relic or reality? In: Kaplan/Cuciti (eds.) (1986): 17-24

Woolgar, S. (ed.) (1988): Knowledge and reflexivity. New frontiers in the sociology of knowledge, London

Wüsthoff (1955): Die Entwicklung des Wasserrechts und der Wasserwirtschaft in der Bundesrepublik, in: Neue Juristische Wochenschrift 8: 1777-1780

Wynne, B. (1982): Institutional mythologies and dual societies in the management of risk, in: Kunreuther, H.C./Ley, E.V. (eds.) (1982): The risk analysis controversy, Heidelberg: 127-143

Wynne, B. (1989): Establishing the rules of laws: Constructing expert authority, in: Smith, R./Wynne, B. (eds.) (1989): Expert evidence: interpreting science in the law, London: 23-55

Wynne, B. (1992): Carving out science (and politics) in the regulatory jungle, in: Social Studies of Science 22: 745-758

Yearley, S. (1992): Green ambivalence about science: Legal-rational authority and the scientific legitimation of a social movement, in: British Journal of Sociology 43: 511-532

Zieschank, R. (1991): Mediationsverfahren als Gegenstand sozialwissenschaftlicher Umweltforschung. Kriterien für den Umgang mit einem neuen Forschungsfeld, in Zeitschrift für Umweltforschung 1: 27-51

Zilleßen, Horst (Hg.) (1998): Mediation. Kooperatives Konfliktmanagement in der Umweltpolitik, Opladen

Zilsel, E. (1945): The genesis of the concept of scientific progress, in: Journal of the History of Ideas 4: 325-349

www.ingramcontent.com/pod-product-compliance
Lightning Source LLC
Chambersburg PA
CBHW050159230526
45470CB00001B/153